The Civilization of
Construction

营建的文明

修 订 版

中国传统文化与传统建筑

柳肃

著

清华大学出版社

北 京

图书在版编目（CIP）数据

营建的文明：中国传统文化与传统建筑 / 柳肃著. —修订本. —北京：清华大学出版社，2021.5（2024.11重印）
ISBN 978-7-302-55411-0

Ⅰ.①营… Ⅱ.①柳… Ⅲ.①古建筑－文化－研究－中国 Ⅳ.①TU-092.2

中国版本图书馆CIP数据核字（2020）第073338号

责任编辑： 徐　颖　张　阳
封面设计： 吴丹娜
版式设计： 谢晓翠
责任校对： 王凤芝
责任印制： 杨　艳

出版发行： 清华大学出版社
　　　　　　网　　址：https://www.tup.com.cn，https://www.wqxuetang.com
　　　　　　地　　址：北京清华大学学研大厦A座　　　邮　编：100084
　　　　　　社总机：010-83470000　　　　　　　　　邮　购：010-62786544
　　　　　　投稿与读者服务：010-62776969，c-service@tup.tsinghua.edu.cn
　　　　　　质量反馈：010-62772015，zhiliang@tup.tsinghua.edu.cn

印装者： 小森印刷（北京）有限公司
经　销： 全国新华书店
开　本： 170mm×230mm　　**印　张：** 24.5　　　**字　数：** 380千字
版　次： 2014年4月第1版　　2021年5月第2版　　**印　次：** 2024年11月第2次印刷
定　价： 139.00元

产品编号：085939-01

柳肃教授

　　1956 年生，博士，毕业于日本鹿儿岛大学工学部建筑学科。现为湖南大学建筑学院教授、博士生导师。担任中国科学技术史学会建筑史专业委员会主任委员、中国城市规划学会理事、国家文物局古建筑专家委员会委员。长期从事建筑历史与理论、历史建筑修复和保护、历史城镇村落保护规划等方面研究。

　　在国内外出版学术专著 23 部，在国内外学术刊物和学术会议发表论文 170 多篇，承担过 2 项世界文化遗产、30 多项国家级、省级、市级重点文物建筑的修复保护设计以及 10 多项历史文化名城、名村的保护规划。享受国务院政府特殊津贴，2016 年获中国建筑教育奖，2019 年获中国勘察设计协会授予的"全国勘察设计行业建国七十年杰出人物"称号，2019 年获中国勘察设计协会传统建筑分会"终身荣誉会员"称号。

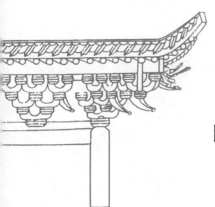

目 录

绪　论

　　世界古代有六大文明——古代埃及、古代西亚、古代印度、古代爱琴海、古代中美洲，还有古代中国，这六大文明都是在没有受到其他文明影响的情况下独立生长出来的，自成体系。在这六大文明体系中，古代埃及文明以尼罗河流域遗留的许多巨大石块堆砌而成的金字塔和巨型石构的太阳神阿蒙神庙为代表；地处西亚的底格里斯河和幼发拉底河两河流域产生了美索不达米亚文明，其建筑以泥砖构筑的高台形城墙、宫殿、塔庙为主要特征；古代印度文明体现在大量石头建造的印度教和佛教寺庙、陵墓以及宫殿建筑上；古代爱琴海文明的高峰是古希腊罗马的大量石构神庙和公共建筑，并以其美轮美奂的各种柱式造型成为西方古代建筑的经典；古代中美洲文明主要是加勒比海地区古代玛雅文明遗留下来的大量奇异的石构建筑——金字塔、庙宇、宫殿等为其典型代表。从建筑的角度来看，在六大文明中，古代埃及、古代印度、古代爱琴海、古代中美洲四个文明都是石构建筑的文明，古代西亚是一个土石建筑的文明，唯独古代中国是以木构建筑为主的文明。并且，这种文明由中国进而影响到整个东亚、东南亚，包括朝鲜半岛、日本以及东南亚各国，均以木构建筑为特色。因此，在人类文明史上，以中国为代表的木构建筑作为一种重要的建筑体系，在世界古代建筑之林中独树一帜，成为东方建筑文明的代表。

与以中国为代表的东方建筑文明相比较，历史悠久而又影响世界至今的只有一个古代爱琴海文明。这一文明最初是克里特－迈锡尼文明，后来又发展出古希腊罗马文明，最终成为今天整个西方世界的文化源头。应该说，在当今世界上影响最深远、影响面最广而历史又最悠久的两个文明，就是源自古代中国的东方文明和源自古希腊罗马的西方文明。

　　从表面看来，石构建筑和木构建筑只是建筑材料的不同；然而，若在一个文明体系中来看，在不同建筑材料的使用这一基础之上所表现出来的差异，实际上是整个生产和生活方式、文化形态、艺术审美以至于思维方式的差异。以木构为特点的中国古代建筑，以及由此而产生的文化艺术形态，在数千年的历史发展中，取得了很高的技术和艺术成就，是一份值得永久保存的文化遗产。

　　在中国，也许大多数人都没有意识到一个事实：建筑这个被一般人认为是工程技术的东西，其背后所蕴藏的文化因素之多，简直难以想象。可以说建筑是世界上包含文化内容最多、涵盖面最宽、综合性最强的一种文明产物。

　　建筑绝不是一般的工程技术，也不只是建筑师们常说的"技术＋艺术"。建筑不仅涉及科学技术、物质生产、生活方式等物质文化方面，而且涉及社会政治、哲学思想、宗教意识、审美观念、民俗民风等精神文化的内容，可以说它是一个时代、一个民族全部社会生活的集中体现。所以，人们说"建筑是石头的史书"，一个时代的历史全都可以从建筑上看到，而且比从文字历史中所看到的更直观、更真实。

　　例如，我们今天看到北京故宫（也称紫禁城），其恢宏的气势、严整的布局、宏伟的建筑体量和金碧辉煌的装饰就能让我们遥想当年皇帝的威严，以及皇宫中朝会的场景。这比多少文学作品的描绘都更直观，更能让人身临其境。同时，对于古代皇宫布局中的"五门三朝""左祖右社""前朝后寝"等制度，人们仅从文字记录中很难想象出它的真实面貌，然而摆在人们眼前的故宫，却能让人们实实在在地、真切地看到这些古代宫禁制度。同样的道理，历史上曾经赫赫有名的秦朝阿房宫、唐朝大明宫现在已经不存在了，尽管有着历朝历代许多历史典籍、文学作品的记述和描绘，但我们对它们当年的宏伟和华丽仍只能停留在模糊的想象之中。

　　又如岳阳楼。假如今天没有岳阳楼的存在，没有岳阳楼下烟波浩渺的洞庭湖，那么范仲淹的《岳阳楼记》所描绘的景色以及由此而生发出来的情感也许很难被我们理解。正是因为岳阳楼的雄伟，正是因为站在岳阳楼上面对着那"衔远山，吞长江，浩浩汤汤"的洞庭湖，我们才真正感觉到了那种忧国忧民的伤感情怀。建筑和场景要被人看见才能真正有所感受，即所谓"触景生情"。没有景，何来情？

建筑承载着历史，也承载着文化。当我们看到皇宫和都城的建筑规划，就能了解古代的社会形态和政治制度；当我们看到天坛、地坛、社稷坛，就知道了中国古代哲学中的天地信仰；当我们看到民间的祠堂，就明白了中国古代的祖先崇拜、家族制度和宗法观念；当我们看到中国的古典园林，就知道了中国古人对自然山水的爱好和审美情趣；当我们看到各地各民族丰富多样的民居住宅，就懂得了不同地域、不同民族的生活习惯和宗教信仰。如此等等，当政治、哲学、宗教、民俗这些文化形态作为一种理论形式呈现在人们面前的时候，人们会感到枯燥乏味、艰深难懂。但当它们以形象化的建筑出现的时候，人们就会感到它们明白易懂，甚至乐趣无穷。

正是因为这样，对于那些作为一种文化遗产而留存于世的历史建筑，我们所有的人都有尽力保护它们的责任。各国家、各民族都有自己的不同于他人的特点，也正是因为如此，我们今天这个世界才有那么多不同的文化和艺术，才这样的多姿多彩。我们可以设想，如果有一天这个世界完全统一了，文化也全都统一了，所有的人都建造同样的建筑，都唱同样的歌，跳同样的舞，穿同样的服装，那么这个世界该是多么的单调、无趣。我们也可以设想，也许有那么一天，世界统一了，各国之间经济一体化了，政治上也达成共识，和谐相处了。但是文化是不能统一的，也不应该统一。世界的文化应该是多元的、丰富多彩的，永远不能只有一种建筑、一种歌曲、一种舞蹈和一种服装。这就是各国家、各民族都在尽力保存自己文化的根本原因。

话虽如此，我们今天在保护历史文化遗产的道路上仍然是步履艰辛、困难重重。大片的历史城区、大量的历史建筑都在我们城市的开发建设过程中消失了。其实并不只是今天才这样，我们历史上就是如此。在中国的传统文化中，存在着一种不良基因——一种破坏欲，对历史遗产的不珍惜，甚至有意地破坏。在中国历史上，每次改朝换代几乎都是把前朝的东西摧毁重来，或者一把大火烧掉，或者把原来的都城废弃，换一个地方重新建都。因此那些在史书上留下赫赫威名的、被文学作品一再赞颂的皇宫殿宇和宏伟都城，其中绝大多数我们都不可能一睹其真容，比如秦朝都城咸阳城、阿房宫，汉朝长安未央宫、长乐宫，唐朝的长安城、太极宫、大明宫，等等。对于这些大名鼎鼎的都城和宫殿建筑，我们只能在史书和文学作品中去遥想它们的尊容，而我们能看到的往往只是最近一个王朝的都城和宫殿。在这一点上，反而是清朝这个少数民族建立的朝代，没有毁掉明朝留下的历史遗产，把它们全部继承了下来，让我们今天还能看到明清时期的都城和皇宫——古都北京和紫禁城。

今天，当我们的东方邻国日本、韩国仍在继承着中国古代传统文化的时候，我们自己却正在逐渐地丧失它们。当年日本人曾骄傲地宣称，要看唐朝的建筑，必须到日本去，中国已经没有了。梁思成先生正是在这一论断刺激之下，发誓要找到中国存留下来的唐朝建筑。经历了千辛万苦后，他终于找到了保存在山西五台山深处的唐朝建筑——佛光寺大殿。后来又发现了南禅寺大殿，我们终于可以说中国还有唐朝建筑的存在。但是我们不得不承认，这些建筑是在那些偏远角落，没有被我们破坏到的地方，才得以保存了下来。在我们城市的周边地区还有多少年代久远的历史建筑呢？与之相较的，在日本的京都、奈良这些中心城市里或城市郊区还存在着大量的唐朝建筑。当日本人伊东忠太写出了《中国建筑史》的时候，中国还没有人对自己的建筑进行系统的研究，梁思成先生又是在这个事实的刺激之下，发誓要写出中国人自己的《中国建筑史》。同样，1980 年中国的书法家代表团在日本看到日本全社会大规模的汉字书法热时，才想到我们中国居然还没有书法协会；2005 年韩国人把端午节申报为世界文化遗产的时候，我们自己还没有把端午节列为国家法定节假日……我们确实太不在乎自己的历史和传统，似乎丢掉了也并不觉得可惜。历史上无数次的政治动荡或战争，摧毁了很多的传统文化遗产，这有其一定的历史原因，可以理解。然而，在今天和平环境下的城市建设中，这一毁坏行为仍在时时上演，就不能被原谅了。

在西方，在日本、韩国，他们能够那样地重视文化遗产的保护，而我们为什么就这么难以做到？

我们中国历史悠久，但我们却不太尊重历史；我们中国人崇拜祖先，但我们却并不爱惜祖先留下来的东西；我们的历史文明光辉灿烂，但我们却常常做出一些不文明的事情。

我们中国人是否真是那样不重视对文化遗产的保存呢？事实并不完全是这样。

中国很早就有收藏古玩古董的历史，至少早在唐代就有大量关于王公贵族和文人士大夫收藏赏玩字画古董的记载。宋代的皇帝大多是文人艺术家，在收藏古代文玩字画方面不遗余力。清朝乾隆皇帝更是一位收藏大家，他在自己的宫殿里专设"三希堂"，收藏自己喜爱的字画古玩。不仅皇帝朝臣收藏，就连一般文人甚至普通百姓，只要经济条件稍有宽裕便收藏古玩。中国民间古玩收藏风气之盛、收藏之丰富，恐怕是世界少有，而且这种风气一直延续到今天。这种收藏古玩的风气，应该说是对文化遗产的一种珍视。但奇怪的是，我们在对待建筑这类文化遗产的时候，却完全是另一种态度，不但没有那种珍视，而且每当改朝换代或经历各种政治变故的时候，经常是把过去的宫殿付之一炬或完全拆除。古玩古董和古建筑同样都是前人创造的文化遗产，我们中国人在面对这两者时采取的却是两种截然不同的态度。这是为什么呢？究其原因，有两个不可忽视的因素，即人的自私心理和社会的政治倾向。

说到人的自私心理，是因为古玩字画之类的东西可以拿在手中或摆在家中欣赏，可以被人据为己有。而建筑则不然，除了私宅园林之外，谁也不可能将皇宫庙宇之类的大型建筑据为己有，以供自己玩赏。既然不能为自己所有，眼看它被毁掉也就无关紧要了。而社会政治倾向则是认为建筑，尤其是皇宫建筑，一定是某个特定的政权的代表。人们在仇恨一个政权的时候，往往对于这个政权的形象代表——皇宫也就带有一种同样的仇恨，所以人们在推翻这个政权的时候，也就以对待敌人的方式来对待这些其实并不是敌人的建筑了。

建筑作为一种文化遗产，与一个时代的政治制度和政治文化密切相关，但它并不是政治本身。相反，它更多体现的是人类文化的创造，而这种文化创造是跨时代、跨民族、跨国界的，是全人类的。

第二次世界大战进入尾声的时候，美国大规模轰炸日本本土。在进攻之前，美军听取了中国的古建筑学家梁思成先生关于保护日本文化遗产的建议，梁先生在日本地图上圈出了京都和奈良这两座最重要的古城。随后，包括东京在内的日本许多重要城市都遭到美军毁灭性的轰炸，而京都和奈良却保存完好。即便在战争年代，对待敌国的文物古建筑尚能采取如此措施，表现了对于文化遗产的一种正确态度——文化遗产是全人类的，不论是谁都有责任保护它们。无独有偶，中国解放战争时期，解放军包围了北平城，一面敦促守城的国民党守将傅作义将军进行和平谈判，一面做好了武力攻城的准备。同样地，清华大学的梁思成先生也在北平地图上为解放军圈出了城中需要保护的古建筑，这样在进攻的时候即使付出较大的牺牲也不会用重炮轰击这些重要的古建筑所在地。当然，最后的结果是和谈成功，皆大欢喜，解放军没动一枪一炮，所有的古建筑得以完好保存。但是就在几年以后，20世纪50年代在建设新北京的运动中却对这些古建筑开始了大拆大建。环绕北京的完整古城墙和大多数城楼，以及天安门周边和城内的很多古建筑都被拆除了。这些曾经准备牺牲大量生命去保护的古建筑，却在和平建设时期毁于自己手中。这就是我们常说的"建设性破坏"，而且这种破坏一直延续到今天。

我们必须清楚地意识到，今天，这种传统中的破坏性基因仍被我们继承着。在这些年的大规模的经济建设和土地开发过程中，摧毁、破坏了多少文物古建筑？恐怕难以统计，而且这种破坏文物古建筑的事情至今仍在不断发生。有的地方打着保护历史和传统文化之名，拆毁了有文化特色的真正古建筑而建造出大量商业性的粗制滥造的仿古建筑。今天很多城市都有一条仿古街，实际上这些都是假古董。很多农村地区亦是如此，有地域特色的村落消失殆尽，取而代之的是毫无文化性、艺术性的现代房屋，或者是模仿西洋建筑风格的所谓"欧陆风"。殊不知，拥有自己的风格以及别人不具有的东西，这才是最宝贵的。人人都有的，到处都能看见的东西，就没有了价值。

要认识建筑艺术的价值，就必须懂得建筑，懂得欣赏建筑。然而中国古代并没有欣赏建筑艺术的传统。但在西方，自古希腊罗马时代开始，人们就把建筑当作是美术的一个门类来看待。西方美术有三大门类：绘画、雕塑和建筑。建筑师属于艺术家，普通民众都把建筑当作艺术作品来欣赏。而中国古代则不同，国家朝廷一方面把建筑当作一个政治概念来阐释，如皇宫、都城等，为此制定了完备的制度；另一方面，建筑的设计和建造过程又是工匠的事情。工匠不是艺术家，不属于知识阶层，而是属于劳动阶级。普通民众也没有把建筑当作艺术品，而是把它看作一种工程技术，于是导致了中国人对建筑艺术缺乏了解和欣赏的能力。

不会欣赏建筑导致的结果是不会生活，缺少情趣。例如对于商业建筑，我们现在往往一味追求宏大的场面、金碧辉煌的装饰，却不知小巧精致的店铺里充满温馨和亲切；对于住宅建筑，我们往往只追求面积大、房间多、装修豪华，却不知居住以舒适为第一要务，而不在于华丽；农村的住宅以模仿城市中的方盒子水泥房屋为美，而城市建筑则以闪闪发亮的金属、玻璃为美。面对着这样的建筑风格，很多人不懂得传统木建筑雕花门窗的趣味，也不懂得闷在房屋内的人们更需要的是自然山水园林。我们并不是不需要物质的享受而一味追求精神生活，但精神生活的缺失一定会致使物质的享受变得庸俗。

今天，很多人抱有一个错误的观念，认为保留着古建筑就意味着落后，只有现代的高楼大厦才代表着发达和先进。然而事实上，包括巴黎、罗马、柏林在内的大量欧洲城市都保留着大片大片的古建筑，甚至是全城的古建筑。难道我们能说他们不发达、不先进吗？说到底还是文化。懂得自己的文化，并对它充满自信，懂得它的价值，才能真正下决心保护它。

历史遗产之所以宝贵，在于它的唯一性和不可再生性。

所谓唯一性，是指任何一座古建筑都是独一无二的。世界上存在的古建筑数量不少，即使是同类的古建筑也很多，但是某一特定时代、特定地点、特定类型的古建筑却都是唯一的。例如：中国古代的皇宫很多，但是作为明朝和清朝皇宫的只有北京紫禁城；中国古代的寺庙很多，保存下来的也不少，但是位于西安、建于唐朝、还保存着大雁塔的慈恩寺全世界只有一个；中国古代的书院很多，保存下来的也不少，但是位于长沙、建于宋朝、至今保存完好的岳麓书院世上也只有一个。人们常说"物以稀为贵"，而世上唯有一件的东西，其价值就无法估量了。

所谓不可再生性，是指真正的古建筑是不可替代的。古建筑身上保存着很多古代的信息，例如在材料、制作中所保存的古代科学技术的信息，在雕刻、绘画、装饰艺术中保存的古人审美、宗教、文化方面的信息等。这些东西是不可再生的，复制、仿造的只是复制品、赝品，它没有包含古代的信息。所以人们收藏古董一定要收到真品，不愿意收到赝品，就是这个道理。

唯一性和不可再生性决定了古建筑和文化遗产的价值。简单说来，任何一幢新建的建筑都可以用价格来衡量，而一座古建筑却是不可能用价格来衡量的。北京紫禁城能用多少钱买到？北京天坛能用多少钱买到？它们无价！只有某一天它们不存在了的时候，我们才会感到无法挽回的遗憾。

保存历史建筑和文化遗产不只是为了展示给后人看，还有一个重要的目的——对文化史的研究。建筑上所表现出来的文化信息是最真实、最直观、最丰富、最准确的。通过它们，我们可以了解古代社会的方方面面，不论是正面的还是负面的，都是真实的历史。事实上，通过建筑这部史书，我们确实能够看到中华文明史上许多文化现象，它们之中也确实有正面和负面两方面的因素，它们共同组成了我们中华民族的文明史。我们要真实地研究历史，准确地了解和表述历史，那么在赞颂和继承优秀历史文化遗产的同时，我们也要研究和了解自身历史文化中的缺陷，没有必要为祖先而掩饰，只有这样才算是真正科学的历史观。

第一章

中国政治与中国建筑

在中国古代的建筑文化中,政治是一个非常重要的因素。可以说世界上没有哪个国家像中国这样,在建筑中包含着那么多的政治意义。大的方面如城市规划、皇宫布局中体现的皇权思想和政治意识形态、城市的管理制度和建筑中的等级礼制等;小的方面如工程营造的法式、规范,以及对平民百姓的伦理道德教育等,这些都可以通过建筑来表现。

一、营造法与建筑学——中国和西方建筑观的差异

"建筑学"一词来自西方,中国古代没有建筑学,只有营造法。这两者的区别绝不只是字面意思上的不同,而是有本质意义上的差异。首先,从概念上来看,建筑学是从工程技术和艺术、文化的角度出发来研究怎样把建筑做好;营造法则是作为一种法规和规范来告诫人们怎样做建筑,怎样使建筑符合统一的规定。其次,从基本性质上来看,建筑学是一种对科学技术和文化艺术的研究,本身并不含有政治性,它是科学性的、学术性的;而营造法作为政府的法规,是由朝廷颁布强制推行的,它是政治性的、制度性的。事实上,中国历史上关于建筑的两部最重要的著作——宋朝的《营造法式》和清朝的《工程做法则例》,本质上就不是建筑学的专著,而是朝廷颁布的关于建筑的规范和制度,类似于今天政府颁布的建筑规范和建筑法规。在中国古代的书籍分类中,《营造法式》和《工程做法则例》也不是被归为工程技术或者经济类,而是和礼制、法典、律令等一起被归为"政书"类。这一点也清楚地表明了营造法的政治性因素。

中国古代没有建筑师,只有工匠,这两者是有本质区别的。建筑师属于知识阶层,他们并不亲自动手建造房屋,而是在科学的理论指导下进行建筑设计,最后由工匠来实现其设计意图。工匠属于劳动阶层,他们并不懂理论,一般也不会做正规的设计,他们不知道什么风格、流派、思潮,也不懂得什么形式美的规律。但他们有实践经验,常在细微之处有巧妙的构思。当然也有少数具有一定文化水平的工匠,既有长期的实践经验,又具有一定的思想理论,上升到了设计师的水平。这种情况在中国古代也是常有的,例如清朝皇家匠师"样式雷"家族,就属于这一类。

在中国古代，甚至于到了现在，一般官员和老百姓都没有把建筑当作艺术，而是仅仅把它看作是一种工程技术——"盖房子"。中国人一方面把建筑看作是一种实用技术；另一方面又把建筑当作人身份地位的代表，平民百姓以建筑来体现财富，统治者则以建筑来表达权力和威仪。中国古代建筑中的艺术性主要就体现在这一方面——用宏大的体量和豪华的装饰来彰显社会身份。而西方则不同，人们自古希腊时代起就把建筑当成一种艺术，属于美术的一类。美术包括绘画、雕塑和建筑，这是西方自古以来的观念，直到今天一些西方大学的建筑学科还是设在美术学院里面的。英文中的architecture（建筑、建筑学）与building（建造、建构、楼房）是两个不同的概念，architecture 是有艺术性、文化性的，而 building 只是功能性地盖房子。西方人理解的建筑是前者，中国人理解的建筑是后者。所以西方在古代就有了建筑学，有了专门从事建筑设计的知识分子——建筑师。古罗马的维特鲁威就是一位著名的建筑师，他写的《建筑十书》成为世界上第一部建筑学专著。由于观念的不同，中国古代建筑和西方的建筑走着两条不同的道路。

中国古代没有建筑学，没有一个叫作建筑师的知识阶层来专门研究建筑，但是这并不等于不重视建筑，相反，中国人还是非常重视建筑的，甚至比西方人更重视。中国人虽然不注重建筑的艺术性，但是非常注重建筑的政治性。古代各朝代在兴建重要建筑，特别是与政治相关的国家重要建筑的时候，首先要做的事情就是集中很多懂得礼仪制度的礼官、史官、史学家和经学家来研究和考证过去这类建筑是什么样的形制。一个新的王朝建立，要规划建设都城和皇宫，首先就是考证历代关于都城和皇宫的制度和做法。这说明统治者在建造这种重要建筑的时候很看重它的政治含义，并不是随心所欲地建造。

中国古代关于建筑设计和施工建造类的书籍、专著基本上是两类：一类属于建筑制度、规范、法规等，是由政府颁布强制执行的，主要就是《考工记》《营造法式》和《工程做法则例》这三部；另一类是民间工匠的技术经验的总结，像《木经》《鲁班经》等。显然，后一类不能算是建筑学的专著，它们只是一种技术书籍。而前者（《考工记》《营造法式》和《工程做法则例》）实际上也不是建筑学的专著，而是一种"官书"或"政书"。所谓"官书"或"政书"，是由朝廷颁布、下面必须遵照执行的规范，即我们今天的建筑法规。例如《考工记》就是一本"官书"，它的全名叫《周礼·冬官·考工记》，是一部关于工程技术方面的规范、制度类的书籍。《考工记》最初只是春秋时期齐国的一部官书，并不是《周礼》中的。《周礼》中有"六官"——天官、地官、春官、夏官、秋官、冬官，分别掌管国家各个不同的职能部门，例如"天官"负责朝廷内部事务，而"冬官"则主管工程营造方面的事务。经过春秋战国和秦朝的战乱，到汉朝再重新整理《周礼》的时候，"冬官"部分已经散失，《周礼》因而不全了，于是将春秋时期齐国的一部关于工程技术的官书《考工记》补入《周礼》，因此便成了《周礼·冬官·考工记》。

宋朝的《营造法式》不仅是一部官书，而且其产生的过程有一定的政治因素。北宋中期，官场腐败、贪污成风，朝廷大兴土木，宫殿、衙署、园林、庙宇建造精美豪华，铺张浪费，主管工程的官员贪污严重。宋神宗启用王安石变法，节省财用、杜绝贪污。王安石请将作监李诚主持编修一部建筑工程的技术规范，规定了建筑的等级式样、用材规格、施工过程等相关技术规则，其中，尤以"工限"和"料例"部分最有特色。"工限"和"料例"实际上就是建筑用工和用料的计算方式。建筑设计和施工以"材"为模数，建筑上的所有构件尺度都以"材"为模数来进行计算，例如柱子的高度是多少个"材"，柱子的直径是多少个"材"等。"材分八等"，根据建筑的等级来决定"材"的等级，确定了"材"的等级，也就确定了建筑上各种构件的尺度，也就知道了这座建筑需要用多少工、多少料，这样就算是想贪污也不容易了。实际上《营造法式》的政治意义远大于建筑学本身的意义。后来清朝又颁布了一部《工程做法则例》，是仿照宋朝《营造法式》的形式编撰的，其内容、作用、意义都类似于《营造法式》，只是建筑的式样、构件的名称、尺度模数的算法不同而已，又是政治意义大于建筑学本身的意义。

以上这些都说明中国古代对于建筑是非常重视的，但这种重视不是从科学的建筑学或者建筑艺术的角度来重视，而是政治上的重视。

二、皇权思想与城市规划

中国古代建筑文化中政治因素所占比重之大，是全世界古代各国家、各民族中少有的。究其原因，主要是因为中国古代是一种现实理性型的社会形态，与世界上许多民族的宗教型社会形态不同。例如西方古代长期受宗教文化影响，宗教在整个社会生活中占据统治地位，在政治上教权高于皇权，文化艺术甚至科学技术都必须服从于宗教。因此，西方古代社会历来是宗教建筑高于一切，从古希腊、古罗马的神庙到中世纪的教堂，欧洲历史上最著名、最重要的建筑基本上都是宗教建筑。世俗权力服从于宗教权力，皇权服从于教权。直到文艺复兴以后，皇权和世俗权力才得以加强。在十六七世纪法国的夏宫、卢浮宫、凡尔赛宫等一批皇宫建筑出现之前，欧洲几乎没有一座特别著名的皇宫，最宏伟的建筑都是宗教建筑，如神庙和教堂。

在中国古代，政治形态在世俗社会中始终占据统治地位，任何朝代都是政治权力高于一切。中国历史上任何一个朝代都没有过宗教权力高于皇权的情况，因此中国历史上最著名、最重要、最宏伟的建筑一定是皇宫，如秦朝阿房宫，汉朝未央宫、长乐宫，唐朝太极宫、大明宫以及明清紫禁城，等等。它们中的多数已经烟消云散，被淹没在历史长河里，但时至今日却仍然不断地出现在许多文学艺术作品之中。中国历史上佛寺、道观等宗教建筑虽然数量多，保存下来的也不少，但其规模、名声以及社会、政治和文化的影响力，都远不能与宫殿建筑相比。在中国人的心目中，皇宫就代表着那个时代，阿房宫就代表秦朝，大明宫就代表唐朝，北京紫禁城就代表明朝和清朝。而在欧洲，却是以宗教建筑作为代表，如帕提农神庙就代表着古希腊，巴黎圣母院就代表着法国的中世纪，佛罗伦萨大教堂和圣彼得大教堂就代表着文艺复兴时期，等等。中国古代的都城一定是以皇宫为中心，地方城市也以官府衙署为中心，西方古代的城市则一定是以大教堂为中心（图1-2-1、图1-2-2）的。这就是中国和西方政治和宗教的不同关系在两部不同的文明史中的体现。

中国古代建筑中的政治因素首先表现在城市和皇宫的规划方面。古代城市有两类：一类是自然形成的城市,这类城市一般是在交通便利的地方（例如河流、道路经过的地方），由于商业集市的发展而逐渐形成；另一类是由人工规划建成，这类城市一般是都城或其他政治文化中心。尤其是都城，中国古代改朝换代的时候大多改换地方，重新建都，于是就要重新选址，重新规划。例如长安、洛阳、南京、北京等都曾是多个朝代建都的地方，然而每一次建都即使是在同一个城市也往往是异地重建。例如长安（西安），汉代的长安、唐代的长安和今天的西安都不在同一个位置上（图1-2-3）。又如北京，元朝建都于北京，称为"大都"。明朝朱元璋建都南京，元大都被废弃。明成祖朱棣迁都北京，重建北京城，城址在元大都的基础上向南移。虽然很大一部分与元大都重合，核心的皇宫位置也与元大都皇宫重合，但是毕竟元大都已毁，明朝北京城等于是完全重建。清朝入关倒是没有破坏明朝的北京城和皇宫，基本上是全盘接收，适当加以改造、修复、利用。

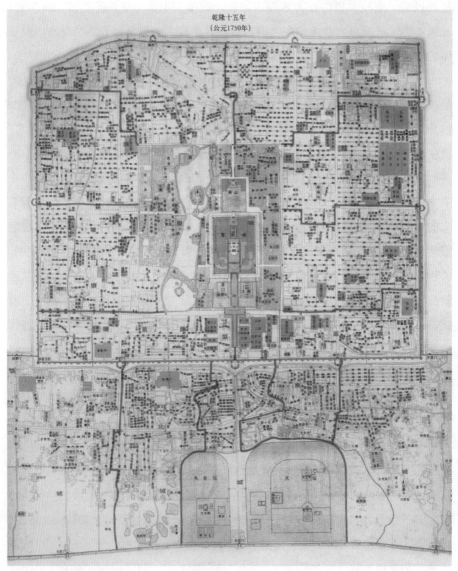

图 1-2-1　中国城市以宫殿、衙署为中心（明清北京城平面图）

图 1-2-2 西方城市以教堂为中心（意大利佛罗伦萨，城市中央最高的建筑是佛罗伦萨大教堂）

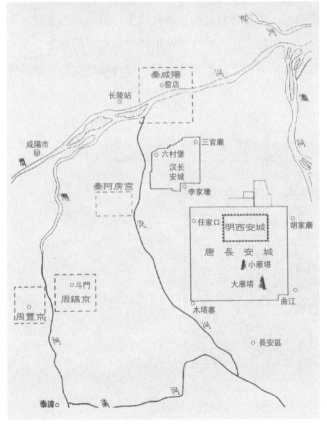

图 1-2-3 陕西西安城址变迁

因此，中国古代的都城总是在不断地重新规划、重新建造。都城是国家的政治中心，皇宫又是国家最高权力所在，所以都城和皇宫的规划首先要体现的就是政治因素。中国古代对于城市的规划和宫殿的建造，历来都非常重视，希望以此来表达政治权力和社会的理想，每一次规划都要组织朝廷史官及文人学者进行大量的研究和考证，尤其是在皇宫建筑的规划设计时特别注重考证。在中国古代各朝各代记录朝廷事务的《会典》《会要》之类的典籍中，关于都城皇宫的规划过程及其历史考证的记载都很详细，因为这些虽然看起来是建设工程技术问题，实际上都是政治问题。

在中国古代都城规划中，中轴线是首先考虑的问题。之所以首先考虑中轴线，是因为皇宫总是处在主轴线上。不论是在中国古代最早论述城市规划制度的《考工记》中，还是在历朝历代实实在在的城市规划中，都明确地体现了这一基本的原则。确定了主轴线也就确定了皇宫的基本位置，虽然在不同的朝代，皇宫在轴线上的位置有所不同，但皇宫总是处在中轴线上。例如唐长安皇宫处在中轴线北端（图1-2-4），元大都（北京）皇宫在中轴线南端，明清北京皇宫处在中轴线中央。明清北京紫禁城的布局更是达到了登峰造极的地步。皇宫紫

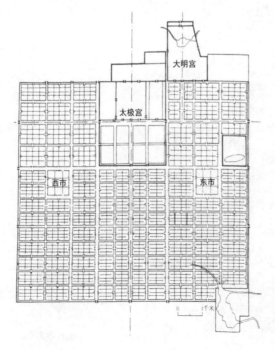

图1-2-4 中国古代城市中轴线（唐长安城平面图）

禁城处在中轴线的中段，皇宫的大门是午门，午门南面是端门，端门南面是天安门，天安门南面是大前门（明代叫大明门，清代叫大清门，民国改称中华门），大前门南面是前门大街，前门大街一直往南，直到最南端，便是北京城的正南门——永定门。回过头往北，从紫禁城出北门神武门，正北边是景山，景山山顶正中有一座知春亭，穿过景山知春亭再往北，中轴线上有钟楼、鼓楼和鼓楼大街。从南到北一条笔直的中轴线纵贯北京城，皇宫处在中轴线的中段，而皇宫的中心又是皇帝上朝的三大殿（太和殿、中和殿、保和殿）。另外，都城南边有天坛，北边有地坛，东边有日坛，西边有月坛，四方拱卫，天下以皇帝为中心的思想表达得非常明确（图1-2-5）。

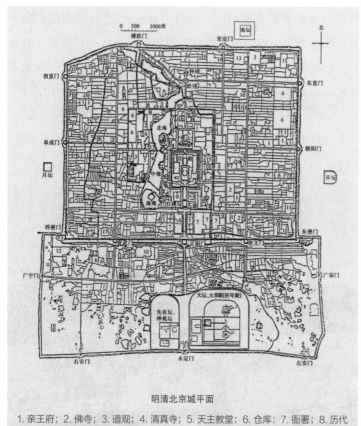

明清北京城平面

1. 亲王府；2. 佛寺；3. 道观；4. 清真寺；5. 天主教堂；6. 仓库；7. 衙署；8. 历代帝王庙；9. 满洲堂子；10. 官手工业局及作坊；11. 贡院；12. 八旗营房；13. 文庙、学校；14. 黄史成（档案库）；15. 马圈；16. 牛圈；17. 训象所；18. 义地、养育堂

图 1-2-5　北京四坛

都城以皇宫为中心，地方城市则一般以衙署为中心。翻开各地的地方志我们就会发现，中国古代的地方城市虽然没有都城那样完整的规划，没有那样规整的中轴线，但是几乎所有的城市都是衙署（府衙、州衙、县衙）处在城市中心位置，这一点也足以体现中国古代城市规划中的政治性因素。

不仅城市的规划有着明确政治性的规划制度，皇宫的规划更是有着详细的定制，其中比较重要的有"前朝后寝""五门三朝""左祖右社"等规定。所谓"前朝后寝"，是指皇宫分为前、后两个区域。前面的区域被称为"朝"，是皇帝朝会群臣处理政务的场所；后面的区域即人们常说的"后宫"，被称为"寝"，是皇室及宫女、太监等宫中人员居住生活的场所。用今天的话说就是"前面是工作区，后面是生活区"。这同时也符合中国传统农业社会"男主外，女主内"的习惯，一般情况下皇后是不能去前朝的。所谓"垂帘听政"，体现的也是一种象征意义，因为女性是不能去前朝的，要去也得象征性地挂一道帘幕，表示没有直接到前面去。今天北京故宫紫禁城就是以乾清门为界线，拉开一条长长的隔墙，把整个紫禁城分割成前后两个区，即"前朝"和"后寝"（图1-2-6）。

图1-2-6 "前朝后寝"（北京紫禁城乾清门）

辛亥革命成功后，当时革命党和清皇室达成协议，皇帝主动退位，革命党优待皇室。优待的政策是允许退位的皇帝溥仪和清王朝的遗老遗少们继续住在紫禁城内，但是规定他们只准在后宫中活动，不准越过乾清门。实际上这就是一种象征，只在后宫活动，不越过乾清门进入前朝部分，就等于只是生活，没有政治了，由此可见建筑的政治性意义。

所谓"五门三朝"，是古代宫殿制度规定皇宫前面要有连续五座门。《礼记·明堂位》曰："天子五门，皋、库、雉、应、路。"即五座门分别为皋门、库门、雉门、应门、路门；而皇帝的朝堂要有三座，分别为外朝、治朝、燕朝。在今天北京故宫中相应的"五门"就是大清门（明朝叫大明门，民国改称中华门，1976年拆毁）、天安门、端门、午门、太和门；"三朝"即故宫中的三大殿——太和殿、中和殿、保和殿（图1-2-7）。这三座殿堂分别有不同的功能，太和殿相当于"外朝"，是皇帝朝会文武百官和举行重大典礼仪式的场所；中和殿相当于"治朝"，是皇帝举行重大典礼之前临时休息的地方，有时也在这里处理一般朝政，每届科举考试中最后皇帝亲自主考、钦点

图1-2-7 故宫三大殿中的中和殿、保和殿

状元的殿试也是在这里举行；保和殿相当于"燕朝"，是皇帝个别会见朝臣、处理日常朝政的场所，点状元的殿试有时也在保和殿里举行。其中最重要的是太和殿，它是皇宫中最重要的殿堂，皇帝的登基大典必须在这里举行，太和殿里的皇帝宝座就是最高权力的象征（图1-2-8）。

所谓"左祖右社"，是指皇宫的左边是祭祀祖宗的祖庙，右边是祭祀社稷的社稷坛。中国人是一个重视祖先的民族，祭祖是中国人世代相传的历史传统，皇帝也不例外，而且要做全国人民的表率，要把祭祖宗的祖庙建在皇宫旁边最重要的地方。《礼记》中说："君子将营宫室，宗庙为先，厩库为次，居室为后"（《礼记·曲礼下》）。祭祖宗的地方比居住的地方更重要。祭社稷也是如此，"社"是指社神——土地之神，"稷"是指稷神——五谷之神。中国古代是农业国，皇帝必须隆重地祭祀社神和稷神，"建国之神位，右社稷而左宗庙"（《礼记·祭仪》）。在春秋战国时代的《考工记》中，正式确定了王宫规划中"前朝后寝，左祖右社"的制度。在今天北京故宫的布局中我们还能完整地看到"左祖右社"的痕迹——天安门的东边是太庙（皇帝的祖庙叫"太庙"），即今天的劳动人民文化宫；天安门的西边是社稷坛，即今天的中山公园（图1-2-9）。需要注意的是，这里

图 1-2-8 故宫太和殿中的皇帝宝座

说的"左右",是按照皇帝坐在皇宫中坐北朝南的方位,即他的左右。当我们站在天安门外,面朝皇宫里的时候,左右就正好反过来了。中国古建筑所说的"左右"都是这样看的,这一点非常重要,因为在中国古代建筑中,或在人们的座位次序排列中,左右关系是有着等级地位的差别的。

"前朝后寝""五门三朝""左祖右社"等一系列关于皇宫规划的制度,目的都是为了突出皇权意识,用建筑来表达社会政治观念。

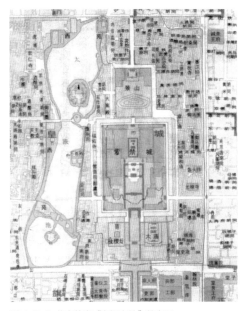

图 1-2-9 北京故宫"左祖右社"的布局

不仅城市规划突出政治的因素,就连建筑群的布局规划也是如此。中国古代建筑和西方古代建筑的一个区别,也是最重要的区别就是:西方古代建筑重单体,重立面;中国古代建筑重群体、重平面。西方古代的建筑基本上都是独立的,不论是神庙、教堂、宫殿,还是其他公共建筑,都是一栋一栋独立的。中国古代建筑则基本上都是群体组合,因为中国古代建筑最重要的特点之一是庭院,几栋建筑围合成一个庭院,若干个庭院组成一个建筑群。在中国的古建筑中,除了一些风景名胜和园林等地方有一些孤立的亭台楼阁作为风景点缀以外,其他的建筑基本上没有一栋是独立的。宫殿、寺庙、园林、祠堂、书院、会馆,直到人们居住的民居、住宅,都是庭院组合的建筑群。西方建筑注重的是单体建筑的立面造型,柱子、墙面、屋顶的雕刻装饰等,强调的是个性;中国建筑注重的是平面布局和建筑群体的组合,立面造型则没有很多特色,强调的是共性(社会性)。在庭院布局和建筑群的组合方面,中国取得了很高的成就:宫殿庙宇前的大庭院,宽阔的大空间,庄严宏大的仪式场面;住宅书楼内的小庭院,狭窄的小空间,静谧安宁的个人天地。按照建筑的使用功能和精神需要来组合建筑、布置庭院,这是中国建筑最精彩、最具魅力的特色,我们甚至可以说庭院就代表中国建筑。

中国的庭院和建筑群绝不只是为了满足使用功能的需要，而且是有精神功能的。一个建筑群就是一个小社会，社会中有主要人物、次要人物，有领导者和被领导者。在一个建筑群里面也是一样，有中心的建筑、主要建筑，它一定是最高大、最宏伟的，处在建筑群的中心位置，也有附属建筑。皇宫建筑群一定是以皇帝上朝的殿堂为中心，其他建筑围绕在周边；佛教寺院以如来佛所在的大雄宝殿为中心，周围环绕有观音殿、文殊殿、弥勒殿、天王殿等；道教宫观以玉皇殿或三清殿为中心，周围分布灵官、城隍、关帝、地藏等各路神仙；祠堂建筑以供奉祖宗牌位的正堂为中心；书院建筑以宣教的讲堂为中心；就连老百姓的民居住宅也是以家长居住的正房为中心，儿孙下人们居住的厢房、耳房、后房等分布于前后左右。一个建筑群就是一个小社会，建筑群的布局就是社会结构的体现，有主有次，突出中心。

三、城市制度与城市管理

中国古代很早就有关于城市规划的完整制度，而且代代延续，只是各朝代有所修改变更而已，说明中国历史上对于城市规划的重视，与世界上其他国家相比，显得特别突出。目前能够看到的关于中国古代最早、最完整的城市规划制度的记录，是《考工记》中记载的关于古代王城规划的制度。由于《考工记》是朝廷颁布的官书，因此可以断定中国自古就把城市规划当作是国家政治制度的内容之一，后来的事实也证明，历朝历代关于城市规划，特别是都城的规划，都是被写入了朝廷政治制度的。

《考工记》中关于王城规划最著名的一段话是："匠人营国，方九里，旁三门。国中九经九纬，经涂九轨。左祖右社，面朝后市，市朝一夫。"（图 1-3-1）文中"国"即诸侯国的王城。意思是：匠人营造的王城为四方形平面，边长九里，每一方向有三座城门；城中有九条纵向道路和九条横向道路，主要道路的宽度是九轨（车子两个轮子之间的宽度为"一轨"）；王宫的左边是祭祖的祖庙，右边是社稷坛，前面是朝会场所，后面是市场，市场和朝会场所各占百步见方（边长一百步的正方形为"一夫"）。虽然在后世的城市建设史以及现存的中国古代

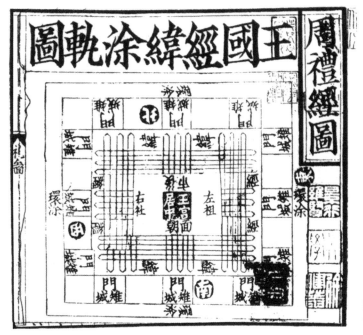

图 1-3-1 《考工记》
"匠人营国"图

城市实例中，完全符合《考工记》中规定的城市规划制度的情况还没有看到，但是受其基本思想影响的情况却比比皆是。其中影响最大的有两个方面，一是"九经九纬"；一是"左祖右社"。

《考工记》规定的"九经九纬"制度，在后世城市中并没有几个是真正按此规划的，但是采用纵向、横向道路把城市规整地划分成方格网状，却是中国古代城市规划最主要的、延续几千年的规划方式，应该说这种规划思想最初主要就来自于《考工记》中"九经九纬"的影响。中国古代有一种城市规划的方法和制度叫作"里坊制"。所谓"里坊制"，就是用纵向和横向的道路将整个城市划分成棋盘似的许多小方格，每一个方格就是一个"里"，或者一个"坊"（北魏以前叫"里"，北魏以后叫"坊"），也就相当于我们今天的一个街区。每个"里"四周都有高高的围墙，每面开有一个门，叫"里门"或"坊门"。这种"里坊制"不仅是一种城市规划方式和规划制度，更是一种城市管理制度。中国古代是农业国，国家实行"重农抑商"的政策，里坊制就是配合这种政策而制定的一种城市制度。按照里坊制的要求，里坊四周建高墙，不准沿街设商店，城内的居民只能在规定的区域、规定的时间才能买到东西，这就是"市"。例如唐朝长安城中设有"东市"和"西市"作为买卖交易的场所（图1-2-4）。即便是有专做买卖的"市"，也不是随时可以买到东西，必须是上午"击鼓"开市到下午"击钲"收市之间才能进行买卖。

里坊的里门"昏而闭，五更而启"，夜晚关闭，不准出入，城中实行宵禁（"夜禁"）。夜晚街上不准人行走，当然也不能买东西。说到"买东西"，这个词语历史上也就是这样来的，唐长安城中有"东市"和"西市"，要买物品必须去那里，久之人们就习惯称"买东西"了。由此我们也可以想象那时的城市生活和城市面貌：笔直宽阔的大马路，纵向横向规整严谨；大路两旁是高高的坊墙，没有商店；夜晚人们不能出门，也没有今天的电视，只有早早睡觉，那时的人们真可谓"早睡早起"；夜晚街上实行宵禁，有军队巡逻，遇到有晚上出门犯了"夜禁"的人则抓起来"杖罚"，史书上就有过因犯夜禁而被"杖杀"的记载。正因为有了如此严的制度，城中才会夜不闭户、盗贼不兴，社会治安极好。这就是当时的城市面貌，可见这种城市规划也是首先从社会政治管理方面出发的。

里坊制在中国延续上千年，到唐朝达到顶峰，从唐朝中后期开始衰亡，到宋朝宋仁宗庆历年间被正式取消了（参见贺业钜《中国古代城市规划史》）。里坊制消失的主要原因是商业的发展。商业发展依靠的是市场，而像里坊制那样沿街不准开商店、夜晚不准人上街的制度显然是不能适应商业发展的。事实上，里坊制本来就是为了抑制商业发展而制定的一种城市制度，然而人们慢慢地意识到了商业的逐渐繁荣所带来的经济利益和对生活的改善，便有了打破里坊制、改变城市生活状况的需要，政治上的管制最终抵挡不住经济上的诱惑。到了唐朝中晚期，政治逐渐衰弱，管理也逐渐松懈。虽然仍然有法令禁止，但是打破里坊制的事情屡屡发生。史书记载，长安城中有些里坊的坊门开闭不守规矩，有的清晨更鼓尚未响时就已经开了，有的夜已深了还未关闭；里坊内不准开商店的规矩也被打破，据史书记载，有一些里坊内开设有各种各样的店铺。到了唐朝后期，更有"侵街"的现象出现。所谓"侵街"，就是里坊内的民居店铺打破坊墙，突出到墙外的街道边，甚至朝向街道开商店。

宋朝是中国历史上商业发展的第一个高峰，商业的繁荣超过了历史上任何一个朝代。虽然总的来说唐朝是中国历史上最繁荣、最强盛的时代之一，但是仅就商业而言，宋朝的繁荣程度已远远超过唐朝。最初，宋朝统治者还是想延续传统的里坊制，但是终究抵挡不住商业发展的要求。宋初曾经就有"侵街"问题引发了社会的矛盾，统治者要维持封闭的里坊制坊墙，而城市居民则要打破坊墙朝街上开商店。不断激化的矛盾让统治者不得不做出一些让步，到宋徽宗时开始征收"侵街房廊钱"，以税收的方式解决问题，实际上就是将"侵街"合法化了，可以说这就是延续千年的里坊制的正式取消。过去的坊墙不见了，代之以沿街鳞次栉比的店铺，商客往来于市，街道车水马龙，甚至出现了通宵达旦经营的夜市，城市商业一派繁荣。关于这种城市景象，我们能从一幅著名的古画——《清明上河图》中得到直观的印象。《清明上河图》画的就是北宋都城汴梁（今河南开封）城中商业繁荣的景象（图1-3-2）。

古代的里坊制虽然随着城市商业的发展而消亡了，但是里坊制的影响却长久地存在。在日本，里坊制的影响非常明显。那时的日本全盘学习中国。日本古代最著名的都城——京都和奈良都是按照中国的里坊制规划建造的，尤其是京都（古代叫"平安京"），完全就是模仿唐朝长安城规划而成，甚至连"东市""西

图1-3-2 《清明上河图》中的城市景象

市"，以及城市中的一些道路名称都是模仿唐长安的，例如中轴线南端的道路叫"朱雀大路"，南边的门叫"朱雀门"（图1-3-3）。现在，尽管里坊制已经消

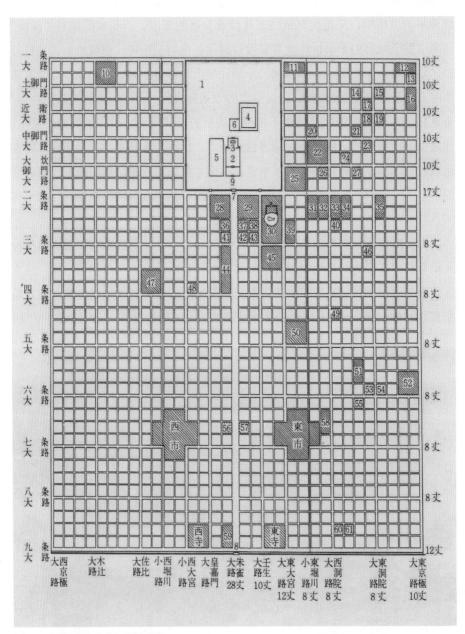

图1-3-3 日本平安京（京都）平面图

亡多年了，但我们仍能从元大都和明清两代的北京城中看到它的影响。虽然元大都和明清北京城不是严格按照里坊制的形式来规划建造的，但是其城市布局方式却是沿袭里坊制，纵向横向的道路网将城市划分成许多方格形街区。今天北京老城区内的街道和胡同基本上仍然保持着南北向和东西向的网格状格局，所不同的只是借用了里坊制的规划方式，而没有沿用里坊制的管理制度。

在民间，里坊作为与人们的居住、生活关系最紧密的概念，长久地留存在人们的心中，以至于我们今天的语言中仍然有许多类似于"邻里""街坊""里弄""坊间"的常用词语，全都来源于"里坊"的观念。另外，在许多传统城市村镇中至今仍然保存着一些里门和坊门，它们显然都是古老的里坊制在人们观念中的遗存（图1-3-4、图1-3-5）。在这里，里门或坊门已经没有任何控制人们出入活动的功用，纯粹只是人们出于对自己居住生活的小区域的认同感和亲切感而建造的一种标志了。

图 1-3-4 湖南长沙九如里里门

图 1-3-5 福州三坊七巷文儒坊坊门

四、历史上的"形象工程"

中国古代建筑的政治性因素的另一个重要表现，就是以建筑的形象来表现政治权力和社会地位。今天很多地方政府以建造宏伟的建筑来展现自己的经济实力、社会地位和影响力，人们谓之"形象工程"，殊不知在中国古代很早就有了这种"形象工程"。

在中国建筑发展的早期——商、周、春秋战国，直到秦汉时代，统治阶层中流行建造高台建筑。殷商有鹿台，周代有灵台，春秋战国时期更是建高台成风，楚国的章华台、魏国的文台、赵国的丛台、韩国的鸿台等都是历史上著名的高台。后来秦朝的咸阳宫、阿房宫，汉朝的长乐宫、未央宫等实际上也都是高台建筑，直到东汉曹魏时期还有过著名的铜雀台，此后高台建筑才逐渐减少、消失。

历代统治阶层对建造高台建筑投入如此高的热情，都是为了一点——用以夸耀自己的权力和财富，所谓"高台榭，美宫室，以鸣得意"，以至于互相攀比、推波助澜之风大盛。汉朝张衡的《东京赋》中说："七雄并争，竞相高以奢丽。楚筑章华于前，赵建丛台于后。"在整个春秋战国时代，这种互相攀比竞相建筑高台的事例比比皆是。郦道元《水经注》中记载了楚国章华台的情景："水东入离湖……湖侧有章华台，台高十丈，基广十五丈。"（《水经注·沔水》）东汉文学家边让在《章华赋》中写道："穷土木之技，殚珍府之实，举国营之，数年乃成。"举国家之财力、物力营建高台，穷极豪奢。

《说苑》中记载："晋灵公造九层台，费用千亿，谓左右曰：'敢有谏者斩！'"（《说苑·佚文辑》）可见其劳民伤财，极尽奢靡，还不准人提意见。

《韩诗外传》中记载："齐景公使人于楚，楚王与之上九重之台，顾使者曰：'齐有台若此者乎？'"（《韩诗外传·卷八》）楚王建造了极其宏伟华丽的九重之台，邀请齐景公的使者登台观赏，还以挑衅的口气问："齐国有像这样的台吗？"

春秋战国是建造高台建筑的一个高峰，到秦汉时期，逐渐以大型宫殿建筑群取代单独的高台，但是这时期的宫殿建筑也还是建在高台之上的。秦都咸阳的大量宫殿建筑群之间都有"阁道"相连。所谓"阁道"就是高架于空中的走廊，宫殿与宫殿之间用阁道连接起来，说明这些宫殿都是建在高高的台基之上的。

中国古代建造"形象工程"的第一人当推秦始皇。秦始皇是一位好大喜功的皇帝，司马迁的《史记》中记载，秦始皇在征讨六国的战争中"徙天下豪富于咸阳十二万户……秦每破诸侯，写仿其宫室，作之咸阳北阪上，南临渭，自雍门以东至泾渭，殿屋复道周阁相属，所得诸侯美人钟鼓以充入之。"（《史记·秦始皇本纪》）咸阳城中宫殿之多难以计数。在秦末农民起义战争中，项羽攻入咸阳，放火烧毁秦皇宫，大火三月不灭，足见其宫殿数量之多，规模之大。

除了咸阳都城中的宫殿以外，周边地区也大兴土木，建造离宫。从史书中能看到的建于咸阳周边的秦朝离宫就有兴乐宫、信宫、章台宫、上林苑、兰池宫、望夷宫、长杨宫、梁山宫、甘泉宫、蕲年宫等。关外还有很多离宫则难以考证，因为有些外地的离宫名不见经传，最远的建在了渤海之滨。

秦始皇的"形象工程"中最著名的当然要数三大工程——阿房宫、骊山陵和长城。阿房宫究竟有多大的规模，豪华到什么程度？今天已无从考证。由于史书记载并不详细，仅从人们的口头传说和后世文学作品中的描述来看，阿房宫是一座空前宏伟、举世无双的宫殿建筑群。相传秦朝末年项羽攻进咸阳时放火将其烧毁，然而时至今日，在阿房宫遗址上连续多年的考古发掘，发现完全没有焚烧的痕迹，证明这里根本没有被烧过。从考古的事实推论，直到秦朝灭亡的时候阿房宫还没有建成。现在有确凿证据能够证明的只有阿房宫前殿，这仅仅是阿房宫中的一座殿堂，据司马迁《史记》中记载，阿房宫前殿的规模是"东西五百步，南北五十丈，上可坐万人，下可建五丈旗。"考古结果也证实了司马迁的记载，现存阿房宫遗址内有一座巨大的长方形夯土台基，残高仍有8米左右，经探测实际长度为1320米，宽420米。这大概就是《史记》中所说的"东西五百步，南北五十丈"。

骊山陵是秦始皇的陵墓，陵墓主体是一个三层方形夯土台，东西宽345米，南北长350米，现存残高87米。它有内外两层围墙环绕，内墙长2.5公里，外垣长6.3公里，为中国历史上最大的陵墓。秦始皇陵内部的情况，两千多年来一直是一个未解之谜，这也是文学作品中津津乐道的一个话题。因为它用了70多万刑徒，干了10年才得以建成，其工程之浩大，内部之奢侈程度，让人们浮想联翩。今天，我们为了保护的需要而没有发掘它，所以不能确切地知道陵墓内部的情况。但司马迁《史记》中也有一段关于秦始皇陵内部情况的记述："始皇初即位，穿治骊山。及并天下，天下徒送诣七十余万人。穿三泉，下铜而致椁，宫观百官奇器珍怪徙臧满之。令匠作机弩矢，有所穿近者辄射之。以水银为百川江河大海，机相灌输，上具天文，下具地理。以人鱼膏为烛，度不灭者久之。"陵墓地宫顶部做成半球形穹隆，镶嵌珠宝，像日月星辰；地面开挖沟渠，灌注水银，像江河大地。用东海鱼油点长明灯。所有这些做法无非就是一种象征，即秦始皇是天地之间永久的统治者。秦陵内的情形是否真如司马迁所描述的那样，我们目前不得而知，但是有一个间接的证明，就是近年来考古学界用科学仪器对秦陵封土堆进行探测，发现封土堆中汞（水银）的含量高于周边土壤中几百倍，证明陵墓中确实存在大量的水银。此外，另一个间接的证明，就是秦始皇陵兵马俑的发掘。轰动世界、被称为"世界古代第八大奇迹"的兵马俑，还只是陵墓的陪葬坑，按一般道理，陵墓主体中一定有比陪葬坑更加壮观的场面。

秦始皇三大工程中的另一项，就是著名的长城。长城之宏伟、建造工程之浩大，已经是人尽皆知，无须更多描述。仅就它所花费的人力、物力，就已经是一个历史奇迹。长城在几千年的中国历史中始终被人感叹，被文学作品所描绘。著名的故事"孟姜女哭长城"被人们熟知，可事实上"孟姜女千里寻夫"的故事跟秦始皇修长城毫无关系，甚至连孟姜女本人都不是秦朝的人。史籍中关于孟姜女的故事版本众多，时间、地点、人物、故事由来都各不相同。但是因为秦始皇修长城工程过于浩大，劳民伤财，使人民陷入无边的痛苦之中，历代人民就借"孟姜女哭长城"的故事来表达对统治者的怨恨。

秦王朝维持的时间不长，从公元前221年统一六国，到公元前209年灭亡，仅有13年。一个这么强大的帝国，能够灭六国，统一天下，然而仅维持了十多年的统治。其中原因与不顾国力民力大兴土木有直接的关系，可以说秦朝是因为"建筑"而亡国的。据史书记载，秦始皇的任何一项工程都是宏大无比，动辄几十万人，耗费十几年、几十年的工夫。秦朝没有户籍记载，到了繁荣的汉武帝时代，根据户口统计是全国两千万人，秦朝大约与此相当。那个时代生产力水平低下，要好几个人才能供养起一个不生产的人。全国总人口才两千万人，一项工程就动用几十万人，还有那么多的军队要养着。国家和人民怎么负担得起？怎么能不引起全国人民的愤怒？所以当陈胜、吴广起义一爆发，全国各地群起响应，空前强大的秦朝在很短的时间内就土崩瓦解了。

秦朝因建筑而亡国了，而紧接着的汉朝却又有一段关于建筑的故事耐人寻味……秦末农民起义推翻了秦朝，但是天下大乱。全国各地风起云涌的农民起义军没有统一的首领，互相征战、兼并，最后由刘邦夺得天下，建立了汉朝。这时国家已经是极度贫困，民不聊生。有史书描述当时国家的穷困状态，朝廷官吏出巡甚至连马车都没有，只能坐牛车。汉高祖刘邦来自底层，深知民间疾苦，约法三章，制定了休养生息的政策。刘邦亲率军队四处征战，平定天下，委托他的谋士萧何在长安建设都城。《汉书·高帝纪》中记载："二月至长安，萧何治未央宫，立东阙、北阙、前殿、武库、太仓。上见其壮丽，甚怒，谓何曰：'天下匈匈，劳苦数岁，成败未可知，是何治宫室过度也？'何曰：'……天子以四海为家，非令壮丽亡（无）以重威，且亡（无）令后世有以加也。'上说（悦），自栎阳徙都长安。"刘邦在外征战，回到长安看到萧何正在大兴土木，建造宏伟壮丽的宫殿建筑，责问他为何"治宫室过度"，而萧何关于"天子以四海为家，非令壮丽之（无）以重威"的回答令刘邦无言以对，并且很高兴地接受了建议。于是就在秦朝亡国后不久，汉朝又开始了新一轮的大兴土木，只是稍有收敛，没有了秦朝那样过度的奢华。汉朝宫殿之壮丽也是历史上有名的，有长乐宫、未央宫、桂宫、建章宫等。皇宫中还建有园林，未央宫有沧池，建章宫有太液池。著名的皇家苑囿上林苑，围墙周长四百多里，苑内放养野生动物，开挖昆明池，长四十里。从出土的汉朝宫殿建筑的瓦当尺寸就可以想象当年殿宇之宏伟，所谓"秦砖汉瓦"，确实名不虚传（图1-4-1）。

图1-4-1 汉朝"长乐未央"瓦当（左）与现在琉璃瓦当（右）的比较

虽然汉高祖刘邦鉴于秦朝亡国的教训而有志于节俭，但是萧何的名言"非壮丽无以重威"却明确地道出了国家建筑形象的政治意义，令人无法抗拒。自此，这一观点也就成为中国历朝历代穷尽财力建造宏伟宫殿建筑的思想基础。而且这一思想一直影响到今天，就是所谓的"形象工程"。今天很多地方政府建造豪华办公楼，并不是实际使用功能上的需要，实际上仍然是为了表达"非壮丽无以重威"的思想。

五、礼仪制度与建筑礼制

中国古代建筑中的政治因素最集中的体现是等级礼制。礼制是中国古代一种特殊的文化现象，礼制绝不只是一种政治制度，"礼"也绝不只是我们平常说的"文明礼貌"，而是贯穿于社会、生活所有领域的一种行为规范。"礼"所涉及的范围包括国家政治、法律制度、伦理道德、礼仪交往、文化教育、艺术审美、家族关系，乃至人们日常生活中的衣、食、住、行等所有细节方面。中国古代强调以礼治国，国家政治、法律制度和一切社会规范都按照"礼"的原则来制定，所以中国被称为"礼仪之邦"。

以礼治国的思想原则是周朝确定的，周朝制定了完备的礼仪制度，叫《周礼》。《周礼》是统一国家的时代符合中国宗法家长制封建社会的社会基础的一种治国方式，然而在春秋战国那个群雄争霸的时代，《周礼》显然不合时宜，于是各诸侯国都按照自己的原则来决定治国的思想和制度。当时有很多思想家、哲学家提出各种各样的思想理论，形成了很多哲学流派，包括儒家、道家、法家、墨家、阴阳家、兵家、农家等，这就是中国历史上著名的"诸子百家"，形成"百家争鸣"的局面。各诸侯国的君主根据自己的想法和本国的实际情况，决定采用哪一种思想来治理国家。大家都希望富国强兵，争霸天下，而提倡谦虚礼让的《周礼》和符合于《周礼》精神的儒家当然不被人们重视，周朝以来形成的以礼治国的局面，至此已经是"礼崩乐坏"，一片混乱。儒家的代表人物孔子为了恢复《周礼》而奔走呼号，却处处碰壁，不受欢迎，用他自己的话形容是"惶惶然如丧家之犬"。秦朝统一天下后，仍然没有恢复《周礼》，这是因为春秋战国时期的秦国就是采用和儒家思想完全对立的法家思想而富国强兵、夺得天下的，因而在统一六国之后，秦朝仍然坚持法家思想，而不用儒家提倡的礼治。直到汉朝再一次建立起稳固的统一国家时，才决定恢复《周礼》，以礼治国。汉武帝采纳了董仲舒的"罢黜百家，独尊儒术"的建议，定儒家为一尊，从此儒家思想成为国家推崇的正统思想。

礼制的主旨思想和基本内容就是等级制，通过各种礼仪规范，让人们明确自己在社会中的等级地位和角色。《礼记·经解》中解释："礼之于正国也，犹衡之于轻重也，绳墨之于曲直也，规矩之于方圆也……故以奉宗庙则敬，以入朝廷则贵贱有位，以处家室则父子亲，兄弟和，以处乡里则长幼有序。孔子曰：'安上治民，莫善于礼。'此之谓也。"如果人们都能按照礼的规范来行事，整个社会就会秩序井然，不会出乱子。《论语》中记载："孔子谓季氏，'八佾舞于庭，是可忍也，孰不可忍也。'""八佾"是古代的一种宫廷乐舞，舞者排成八条纵向队列，称为"八佾"，这是只有天子才能享用的礼乐。季孙氏只是一个大夫，竟敢在自己家里享用八佾之舞，这是一种僭越。所谓"僭越"，就是等级、地位低的人去追求享用高等级的礼遇。春秋战国时代礼崩乐坏，发生这样的僭越礼仪的事情是常有的，维护礼治的孔子对此当然深恶痛绝，"是可忍也，孰不可忍也"。

建筑是礼仪制度中很重要的一个方面，建筑中的礼制主要表现在两个方面：一是建筑等级制度；二是礼制建筑。

建筑等级制度是中国古代建筑一种独特的文化现象，在世界各国各民族建筑史上，像中国这样把建筑划分出如此明确、如此详细的等级的只有中国。建筑等级制度是按照建筑使用者的社会地位把建筑划分成若干等级，什么样的人享用什么等级的建筑。建筑的等级表现在建筑的各个方面，首先表现在屋顶式样上。中国古代建筑有多种屋顶式样，其中最主要的有：庑殿、歇山、悬山、硬山、攒尖、卷棚、盝顶、盈顶等（图1-5-1）。庑殿顶是最高等级的式样，只有皇家建筑才能用；歇山顶次之，可用于宫殿、寺庙等一般较大规模的建筑；而一般平民百姓的建筑只能用悬山顶、硬山顶。庑殿顶和歇山顶又有重檐和单檐之分，重檐等级高于单檐。一般来说，庑殿、歇山、悬山、硬山几种式样是有等级区别的，而攒尖、卷棚、盝顶、盈顶等其他式样一般不加入等级序

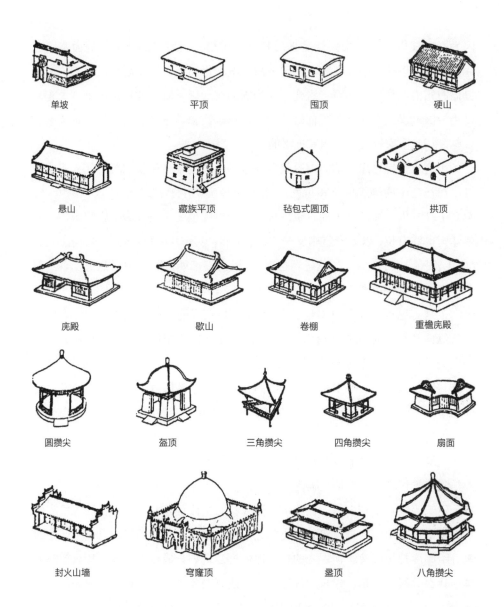

图 1-5-1 中国古建筑屋顶式样

列。因为这几种式样都属于艺术性较强的建筑式样，一般较少用于宫殿、寺庙等正规的建筑群，而多用于风景园林之中，用以点缀景观，例如盔顶的岳阳楼（图 1-5-2）、攒尖顶的爱晚亭（图 1-5-3），这些建筑就无所谓等级差别了。另外还有一些是属于有地方特点的式样，例如山西、陕西的单坡顶民居，东北地区

图 1-5-2 湖南岳阳楼（盔顶）

图 1-5-3 湖南长沙爱晚亭（攒尖顶）

的囷顶民居，甘肃、青海的平顶民居，等等。

建筑的数量关系也是表现建筑等级的重要手段。例如：《礼记》中规定祭祀祖宗的宗庙建筑是"天子七庙……诸侯五庙……大夫三庙……士一庙……庶人祭于寝"。（《礼记·王制》）意思是祭祀祖宗的庙宇，天子的有七座殿堂，诸侯的有五座，大夫的有三座，士有一座，平民百姓就在自家住宅里祭祀。又如建筑的开间数（建筑物两根柱子之间叫一个"开间"）表明建筑的体量规模，分别为九开间、七开间、五开间和三开间。九开间的是皇帝专用建筑，只有皇宫和皇家庙宇才能使用；七开间的是皇亲贵族的王府和朝廷高品级大臣的建筑；五开间的是一般官吏和地方政府建筑；老百姓的建筑只能做三开间。即使是家财万贯的大富商，也不能建造五开间、七开间的建筑，于是就只能在装饰上做文章。那些代表民间宗族势力的祠堂和商人集团的会馆建筑都是虽然装饰极度豪华，但是开间数不能突破规制。皇帝的最高等级九开间在明朝时有一个突破，北京紫禁城中的太和殿做到十一开间（图1-5-4），但是在制度上仍然以九开间为最高等级。这是因为"九"是一个有着特殊含义的数字，它是阳数（奇数）中最大的数（1、3、5、7、9），也就是阳数之极，所以"九"就成了皇帝

图1-5-4 北京故宫太和殿

的专用数，只有皇帝的建筑上才能用"九"。除了开间数以外，还有如斗拱九踩、台阶九级、门钉九路（皇宫大门上的巨大铜钉排列成九行）（图1-5-5）、屋脊上坐兽九尊等，都是最高等级的象征。随着数字的降低，建筑等级也随之降低。

　　除了数字之外，还有很多方面都是有等级差别的。例如色彩，以黄色为最高等级，是皇帝的专用色；其次是红色；再次是绿色；最后是蓝色。除皇家建筑之外，任何人都不准在建筑上使用黄色，红墙黄瓦是皇家建筑的色彩。在严格实行礼制的时代，任何人的建筑都是不能用黄色琉璃瓦的。长沙岳麓书院和旁边的文庙一个白墙黑瓦，一个红墙黄瓦，两个关系紧密、直接相连的建筑群，

图 1-5-5 门钉九路

却是完全不同的建筑风格（图1-5-6）。因为孔子创立的儒家思想是国家推崇的正统思想，文庙作为祭祀孔子的庙宇，在历朝历代都被列为最高等级，等同于皇家建筑，与皇宫一样——红墙黄瓦。而书院只是一般民间建筑，与文庙不是一个等级，所以它们虽然同在一起，却采用不同的建筑风格。除了建筑，其他方面也是如此，例如服装，除了皇帝以外的任何人不能穿黄色，"黄袍加身"就是当皇帝的象征。皇帝若给谁"赏穿黄马褂"，就是给予了最高的奖赏。

建筑等级除了表现在上述屋顶式样、数字、色彩等方面之外，还表现在其他方面，如彩画的式样、台基的式样、踏步的式样等。

建筑的等级制度作为礼仪制度的一个重要组成部分，进入国家政治制度和法律制度之中，对礼制等级的僭越是犯法的行为，严重者可招致杀身之祸。四川平武县有一座报恩寺，据说原是明代当地佥事王玺想仿照北京紫禁城为自己建造的王府，被朝廷发觉，欲问其罪，王玺立即解释不是为自己建王府，遂以"报答皇恩"为名奏请修建"报恩寺"。明英宗颁旨："既是土官不为例，准他这遭。"土官王玺算是逃过一场杀头之祸。然而建好的宫殿也不敢住了，真的就做了报恩寺（平武报恩寺在2008年汶川大地震中受到严重破坏）。

"朝觐之礼，所以明君臣之义也。"（《礼记·经解》）礼仪制度的制定，目的就是要在人们心里树立起等级观念，让人们不要有过多的奢望。然而结果却

图 1-5-6 湖南长沙岳麓书院与文庙

适得其反，反而促使人们更加向往更高等级的礼遇，僭越的事情不断发生，而且这种事情作为一种文化现象和社会心理的反映，变成了一种代代相传的"传统"。直到今天，一些地方政府大楼仍然互相攀比，一个比一个雄伟壮丽，县政府想要超过市政府，市政府想要超过省政府，甚至有的模仿白宫，模仿天安门。这其中或许有"非壮丽无以重威"的考虑，或许有僭越等级礼制的心理。现代建筑的风格式样和过去不同了，但过去的建筑文化心理还在延续着。

礼制在建筑中的影响，除了建筑中的礼制等级外，另一个重要的方面就是与礼制相关的建筑类型。中国古代有很多种建筑类型都是因礼仪制度和礼制文化而产生的，例如象征最高权力的礼制建筑——明堂，祭天地祖宗的祭祀建筑——坛庙、祠堂，宣明伦理政教的教育建筑——学宫、文庙等。这些建筑类型都是中国所特有的，都和儒家礼教直接相关，可以说就是因礼教而产生的，没有礼教就没有这些建筑。

明堂是中国古代一种特殊的建筑，它是天子的建筑，但是又不是皇宫中处理朝政的殿堂，也不是皇帝居住的宫室，而是一种只是用来举行仪式的纯粹象征性的建筑，这就是一种礼制建筑。这种建筑没有实际的使用功能，却是天子权力的象征，意义重大，地位崇高。从各种史籍中关于明堂的记载也可以看出其重要性。《礼记》中记载："（周）武王崩，成王幼弱，周公践天子之位以治天下。六年朝诸侯于明堂，制礼作乐颁度量，而天下大服。"周公代天子执政，必须在明堂进行，因为明堂是天子权威的象征。"明堂也者，明诸侯之尊卑也。"《礼记·明堂位》中也记载有天子于不同季节在明堂朝会诸侯，并率领他们前往各处坛庙进行祭祀，举行敕封、奖赏等仪式。著名长诗《木兰辞》中描写了木兰从军立功回朝时的情形："归来见天子，天子坐明堂，策勋十二转，赏赐百千强。"这些都说明明堂是一种象征性的礼制建筑，它代表国家，代表天子的权威。

关于明堂的建筑形制，历史上有过多种考证和推测，今天已很难得出准确的定论。早在《周礼》中就有关于明堂的明确规定，但是在经历了春秋战国的"礼崩乐坏"和秦朝的战乱之后，人们已经不知道明堂究竟是什么样子了。汉朝恢复了儒学的地位后，当人们要再建明堂的时候，关于明堂的性质、作用、建筑格局和式样等都无法确定，各种说法莫衷一是。汉武帝祭泰山时要建造明堂，竟不知道怎样建，于是请来一帮文人仔细考证秦朝以前周朝、商朝、夏朝的明堂建筑形制，甚至连传说中的黄帝的明堂都考证了出来。一个叫作公玉带的儒生画了一个图样，说是他考证出来的黄帝明堂式样，其可靠性显然是值得怀疑的，然而汉武帝还是采纳了，这说明人们对于礼制和"正统"的重视。

史书中关于明堂的建筑形制有不同的说法，《考工记》中记载"明堂五室"，即金、木、水、火、土五室。东汉经学大师郑玄解释："堂上为五室，象五行也。……木室于东北，火室于东南，金室于西南，水室于西北，……土室于中央。"但《礼记》中却说明堂九室。从各方面的考证来看，《礼记》中"九室"之说应该是比较准确的。所谓"九室"，就是在一个正方形平面的建筑中，用"井"字分格的方式划分为九个堂室。中央的叫"太室"，东、南、西、北四个室分别叫"青阳""明堂""总章""玄堂"（有的书中叫"元堂"，古书中"玄"与"元"同义）。同时按"金、木、水、火、土"五行与方位的对应，东南角为"火室"，西南角为"金室"，西北角是"水室"，东北角是"木室"，中央的"太室"同时也是"土室"。《礼记·月令》中明确记载了皇帝一年中十二个月分别在不同的室中进行活动："孟春之月，……天子居青阳左个……。仲春之月，……天子居青阳太庙……。季春之月，……天子居青阳右个……。孟夏之月，……天子居明堂左个……。仲夏之月，……天子居明堂太庙……"依此类推。

《文献通考》中记载："朱子曰：'论明堂之制者非一，某窃意当有九室，如井田之制。东之中为青阳太庙，东之南为青阳右个，东之北为青阳左个；南之中为明堂太庙，南之东即东之南为明堂左个，南之西即西之南为明堂右个；西之中为总章太庙，西之南即南之西为总章左个，西之北即北之西为总章右个；北之中为元堂太庙，北之东即东之北为元堂右个，北之西即西之北为元堂左个；中是太庙太室。凡四方之太庙异方所，其左个、右个，则青阳之右个乃明堂之左个，明堂右个乃总章之左个也；总章之右个乃元堂之左个，元堂之右个乃青阳之左个也。但随其时之方位开门耳。'"按清代学者陈澧的解释，四个角上的四个室根据方位朝向的不同都有两个名称：东北角上的"木室"，相对于东方来说叫"青阳左个"，相对于北方则叫"玄堂右个"；东南角上的"火室"，相对于东方叫"青阳右个"，相对于南方则叫"明堂左个"，依此类推（图 1-5-7）。

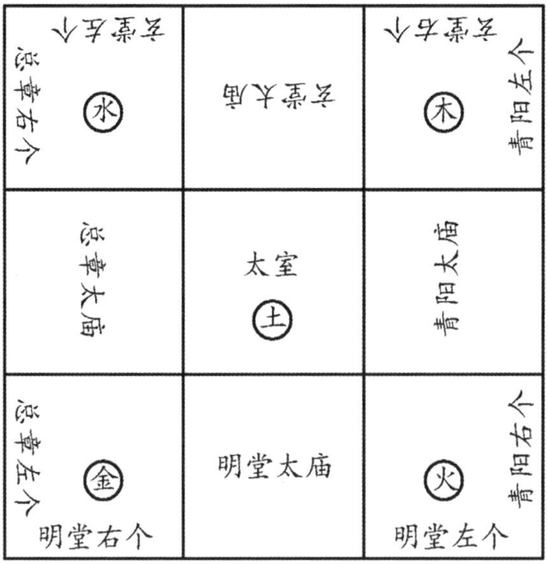

玄堂右个 总章左个 水	玄堂太庙	玄堂左个 青阳左个 木
总章太庙	太室 土	青阳太庙
总章右个 明堂右个 金	明堂太庙	青阳右个 明堂左个 火

图 1-5-7　按朱熹的说法描绘的明堂平面示意图

　　1956 年，在西安南郊的考古发掘中发现了汉朝的礼制建筑群，这是到目前为止所发现的规模最大、最完整的古代礼制建筑实例，它实际上就是明堂建筑。通过对其考古发掘的平面图进行分析，本人认为《礼记·月令》中所说的"左个"和"右个"可能并不像朱熹和陈澔所说的那样四个角上的房间根据方位朝向的不同都有两个名称，例如东南角上的房间朝向东边就是"青阳右个"，而朝向南边就是"明堂左个"。从西安南郊的礼制建筑群考古发掘平面图来看，中央是一个正方形大房间，东、南、西、北四个朝向的房间每个都有三个开间，四个角上还各有一个正方形小房间（图 1-5-8），与史籍中记述的礼制建筑的基本形制是比较吻合的。中央的四方形大房间是"太室"（"土室"），其他四个角上的正方形小房间分别是东北角上的"木室"、东南角上的"火室"、西南角上的"金室"和西北角上的"水室"。东、南、西、北四个朝向的房间每个都有三开间，每一个开间即一个房间。朝东边的三间是"青阳右个""青阳太庙""青阳左个"；朝南边的三间是"明堂右个""明堂太庙""明堂左个"；朝西边的三间是"总章右个""总章太庙""总章左个"；朝北边的三间是"玄堂右个""玄堂太庙""玄堂左个"（图 1-5-9）。这样，中央的太室（土室）加上东、南、西、北的青阳、明堂、总章、玄堂四个堂

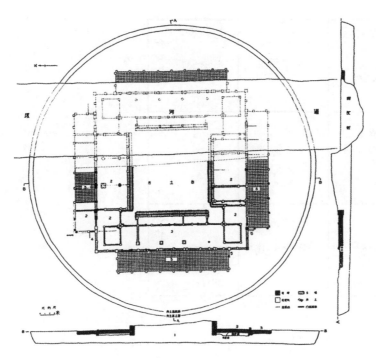

图 1-5-8 陕西西安南郊汉朝礼制建筑考古平面图

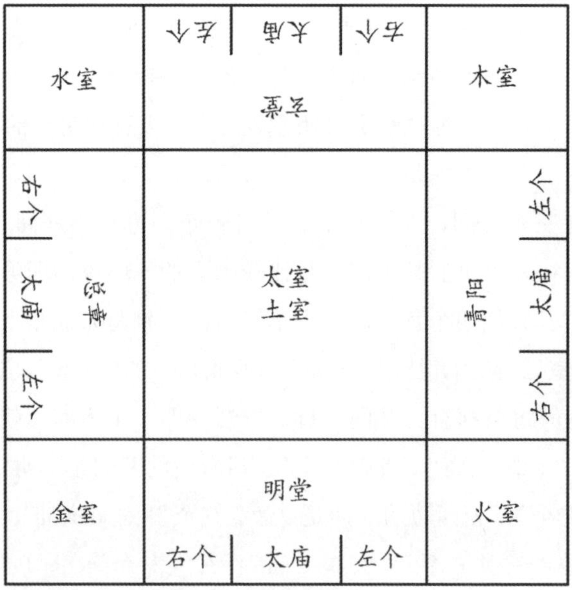

水室	右个 太庙 左个 玄堂	木室
右个 太庙 左个 总章	太室 土室	左个 太庙 右个 青阳
金室	明堂 右个 太庙 左个	火室

图 1-5-9 根据陕西西安南郊汉朝礼制建筑遗址推测的明堂平面示意图

（每个堂有三间），再加上四个角上的木、火、金、水四个室，即是《礼记》中所说的"明堂九室"。

　　汉朝是礼制建筑发展的一个高峰，因为汉朝开始定儒学为"一尊"，全面恢复周朝开始推行但还没来得及完善的礼制。东汉以后，到魏晋南北朝又是战乱、分裂的时期，礼制再一次遭到破坏。直到隋唐的统一，礼制才又得以恢复。史书记载，唐朝武则天时期在东都洛阳建造了一座中国历史上最大的明堂，其遗址在今洛阳市唐宫路、中州路与定鼎路相交处。据史书记载，其建筑"凡高二百九十四尺，东西南北各三百尺"，是当时洛阳最宏伟的建筑，号称"万象神宫"。这座建筑不仅规模大，而且特别高。这样的建筑高度在中国古代是罕见的，故又称"通天宫"。此后再也没有建造过这样大的礼制建筑。今天我们能看到的现存的唯一一座礼制建筑——辟雍，在北京国子监内，它是清朝皇帝讲学之处。一个圆形水池，中央一座四方形殿堂，这是古代礼制中规定的明堂辟雍的典型形制（图1-5-10）。西安南郊发现的礼制建筑也是圆形水池、中央一座方形殿堂，只是清朝的明堂辟雍方形殿堂的内部格局已经有所变化，不再是古代的"五室"或"九室"的划分了。

图 1-5-10 北京国子监辟雍

六、国家表彰——牌坊的意义

中国古代有一种特殊的建筑——牌坊，这是一种没有实际使用功能的、纯粹精神性的建筑，一种标志性、表彰性、纪念性的建筑。

牌坊也叫"牌楼"，今天在一般人们的概念中两者是没有区别的，但若严格地从建筑学的角度来看，本来它们是有区别的。牌楼的"楼"，是指牌楼上面的小屋顶。平时形容一座牌楼叫"三间三楼""三间五楼"，即指牌楼的造型和规模，有几个开间（建筑上两根柱子之间叫一个"开间"），上面有几个小屋顶（图1-6-1）。还有一类没有小屋顶的，只有几根横枋穿插着（图1-6-2）。如果严格划分的话，应该是上面有屋顶的叫作"牌楼"，没有屋顶的叫作"牌坊"，但是平时人们一般也就没有刻意去区分了。

然而，我们注意到"牌坊"的"坊"字，并不是作为一种建筑构件的横枋的"枋"，而是里坊、街坊的"坊"。牌坊的由来和中国古代城市的里坊制有关，里坊制本来就是一种带有政治性的城市管理制度（见前面相关章节），"坊"是里坊制中划定的一个街区单位、管理单位，以"坊"的管理来防止老百姓违反道德的行为。《礼记》中专门有一篇《坊记》，其中说："君子礼以坊德，刑以坊

图1-6-1 北京十三陵牌坊

图1-6-2 上海文庙牌坊

淫，命以坊欲。……子云，夫礼者，所以章疑别微以为民坊者也。"元代学者陈澔注释说："'坊'与'防'同，言君子以道防民之失，犹以堤防遏水之流也。"（《礼记集说》）"坊"就是"防"的意思，就像堤防着水的泛滥一样，礼防着人们的行为逾越规矩。里坊制中的每个里坊都有"里门"或"坊门"，而当儒家礼教思想日臻完备的时候，坊门这种带有防止老百姓作乱的实际功能的建筑就发展成了一种特殊的精神性建筑——牌坊。

牌坊的作用主要有二：一是表彰和纪念；二是地域标志。后者是由前者演变而来。所谓表彰和纪念，是中国古代封建社会弘扬道德思想的一种手段，国家通过对某人的表彰和纪念来宣传一种道德理想，用以教化民众。被表彰和纪念的人主要有几类，如积德行善的好人、坚守贞节的女性、读书做官的才俊、乃至健康长寿的老人等，而且这种表彰都必须是由皇帝亲自下旨的。我们可以看到一般牌楼正中间最上面都有一块较小的竖匾，上书"圣旨"或者"恩荣"，表明是皇帝亲自下旨表彰，古代规定没有皇帝的圣旨是不能立牌坊的。

牌坊中数量最多的是表彰女性的所谓"贞节牌坊"。中国古代封建社会中男女之间的关系是礼教重点防范的一个领域。"子云：'夫礼坊民所淫，章民之别，使民无嫌，以为民纪者也。故男女无媒不交，无币不相见，恐男女之无别也。'"

（《礼记·坊记》）礼必须严格防范人们逾越男女规矩的行为，而要防范的对象尤其是女性，于是制定出许多专门用以规范女性的道德戒律，总的来说就归结为"贞节"，要求女性们严格遵守。到礼教发展高峰的宋代，甚至出现了"饿死事小，失节事大"的极端观念。中国古代关于女性贞节观，所谓"节妇""烈女"的故事比比皆是，有的甚至近乎残忍。《烈女传》上说，楚昭王在外听说家乡发生洪水，派使者回家接夫人出来，因使者走得急，没有带楚昭王的亲笔信，夫人明知危险，但就是因为没有丈夫的手迹而不肯随使者出走，以至于被活活淹死；《穀梁传》上记载，贞女伯姬家中失火，众人劝她逃避，而伯姬却因坚持"父母不在，宵不下堂"的信条，不肯逃离而被活活烧死；"孟姜女哭长城"的故事在中国老幼皆知，然而孟姜女下嫁杞良的故事也足以说明她的"贞节"。《珚玉集》中说杞良因逃避苦役翻墙跳入孟家后院，偶见孟姜女正在洗浴，孟姜女便因"女人之体不得再见丈夫"的理由，愿以一个大家闺秀的身份下嫁一个苦役；《明史》上记载有吴县的王妙凤，因为一男子调戏她，碰了她的手，便操刀砍掉自己的手臂。如此等等，贞节故事千奇百怪，何等"壮烈"。封建礼教在这一点上发展到残忍的地步，所以"五四新文化运动"的启蒙，很多都是从冲破家庭婚姻的礼教开始的。中国古代这些关于女性贞节的观念，通过各种方式的宣传，树立榜样而教育民众。而各地矗立着的贞节牌坊就是这种教育的一个重要手段，以至于中国民间有"既当婊子，又立牌坊"的俗语，用以讽刺那些表里不一的人。这说明在人们的心目中，牌坊似乎就是专门用来表彰女性贞节的。然而事实上，牌坊所表彰的对象和内容远不止是女性的贞节。

积德行善的好人也是立牌坊表彰的重要一类，我们今天在全国很多地方都能见到"乐善好施"之类的牌坊。所谓"乐善好施"，用今天的话说就是做好人好事，我们可以设想雷锋要是活在古代，国家肯定会为他立座牌坊。中国现存最大规模的牌坊群是安徽歙县棠樾村牌坊群，一连七座牌坊矗立在村外的大道上（图1-6-3）。这个牌坊群就是为了表彰棠樾村中的一个大家族——鲍氏家族的贡献。鲍氏家族自南宋时迁来此地，世代居住在棠樾村，村中男性大多在外经商、读书、做官，为国家做出了很大的贡献；女人们在家相夫教子，孝敬老人，友爱乡里，多次得到皇帝的表彰，因此建了那么多的牌坊。如果说表彰女性的贞节牌坊是封建礼教的极端观念的表达，它的背后甚至可能是一部血和泪的历史，

图 1-6-3　安徽歙县棠樾村牌坊群

那么这种充满善良、友爱、积极上进的德行则是促使社会进步的，是应该表彰和值得纪念的。棠樾村牌坊群中有一座为旌表宋代鲍佘岩、鲍寿逊父子而建的"慈孝里坊"。父子二人被盗匪抓获，要二人杀一，并要他们自己决定。不料父子争死，以求他生，甚至感动得盗匪都不忍下手。此事被上报朝廷后，皇帝赐建此坊，并且明朝永乐皇帝和清朝乾隆皇帝都曾颁旨表彰，成为父慈子孝的楷模。

　　牌坊中还有一类较常见的是表彰功名的，中国古代的功名简单来说就是读书做官。科举取士是古代人们进入仕途求取功名的唯一途径。而各地方政府也要以这些人的功名之路来教育和激励后人，鼓励求学上进。今天在很多地方都能看到"状元""进士及第""大学士"等带有官职名称的牌坊，它们都属于这一类。显然，从国家和社会政治来说，读书做官是对国家的一种贡献，当然要给予表彰。

　　从我们今人的眼光来看，最难以理解的一类是表彰长寿的牌坊。例如湖南溆浦县有一座"百岁坊"就是老人活到百岁，皇帝给予表彰；安徽绩溪县有一座"双寿承恩坊"，老两口都活到高寿，受到皇帝表彰（图 1-6-4）。健康长寿当然是好事，但是这本来应该只是个人和家庭的事情，无关乎国家和社会政治。不过中国人一直都有敬老的传统，这个传统还有政治性的含义。因为在宗法社会中，年纪大就意味着辈分高，同时社会地位也高。所谓"伦理"，就是长幼

图 1-6-4 安徽绩溪"双寿承恩坊"

上下的等级次序，年纪大、辈分高当然就处在伦理关系中的高端位置。处在伦理等级的高端就不仅仅是受人尊敬，而且拥有相应的权利。《礼记·王制》中说："五十杖于家，六十杖于乡，七十杖于国，八十杖于朝，九十者天子欲有问焉则就其室，以珍从。"这里明确了人的年纪和权利地位的关系，五十岁可以拄着拐杖在家里行使权利；六十岁可以拄着拐杖在地方上行使权利；七十岁可以在地方政府行使权利（"国"指诸侯国，相当于今天的一个城市或一个地区）；八十岁则可以在朝廷里说话了；而若活到了九十岁，天子要是有问题请教还得亲自登门并带上礼物。当然，《礼记》那个时代经济生活和医疗条件都比今天差许多，人的年龄也不能和今天相比，俗话说"人生七十古来稀"，而今天七十岁甚至都不能算老了。那时活到七八十岁是不容易的，九十岁就已经是很难得了。中国古代把超过一百岁的老人称作"人瑞"，意思是他已经变成了一个像神一样的祥瑞之物了。古代在国家繁荣昌盛的时候，皇帝要在宫廷中举行"千叟宴"，尽可能把各地的长寿老人都请来赴宴，康熙和乾隆皇帝就在北京紫禁城中举行过"千叟宴"（图1-6-5）。世界上可能没有哪个国家像中国这样，把人的年纪上升到社会政治的高度来认识。从这个角度来看，专门为长寿老人立牌坊就不难理解了。

牌坊作为一种表彰纪念性的建筑，往往建在最突出、最显眼的地方，建筑高大雄伟，富有艺术装饰性，久之就变成了一种标志性的建筑。后来人们便专门采用牌坊的形式来做地域标志或重要建筑的标志，一些大型庙宇、祠堂、书院或其他重要建筑都有可能在前面大路口竖立牌坊，告诉人们到了某某地域了，必须恭敬严肃了。例如北京孔庙和国子监所在的成贤街，就在街口竖立了牌坊。

图 1-6-5 北京中国国家博物馆藏《乾清宫千叟宴》局部

甚至有些并不是重要建筑所在地，而只是人口集中、商业繁荣的地方，也树立起牌坊，一是作为地域的标志，二是通过牌坊上的名称起到道德教化的作用。例如北京城中的"东四""西四"和"东单""西单"，就是因古代那里都竖有标志性的牌坊而得名。有意思的是，东四牌楼和西四牌楼都是在一个十字交叉路口朝四个方向分别竖有一座牌楼。东四的四座牌楼分别叫作"思诚坊""仁寿坊""保大坊"和"明照坊"，西四的四座牌楼分别叫作"金成坊""鸣玉坊""积庆坊"和"安福坊"。而东单和西单分别只有一座牌楼。但是，我们今天只知其地名，却再也看不到古代街坊的真实场景了。不过，在一幅清朝古画《都畿水利图卷》中，我们还能看到当时北京城中东四、西四、东单、西单的大致情形（图1-6-6）。除了作为城市街道的标志之外，还有一些城市在快要进入城市之前的大路上也竖立一座牌坊作为城市的标志。今天很多城市都有"三里牌""五里牌"之类的地名，可以肯定的是这些地方曾经是进城之前的一个标志，告诉人们离城还有多远。

中国古代注重建筑的政治性，牌坊由一种表彰和纪念性建筑发展成一种标志性建筑，本身也说明了中国古代建筑中所包含的政治因素。

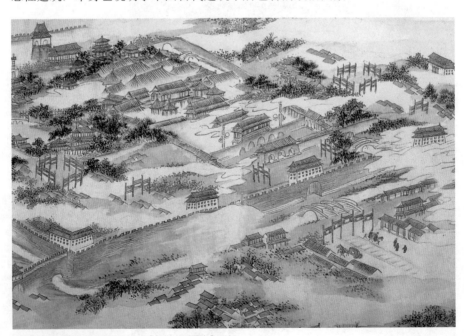

图1-6-6 北京中国国家博物馆藏《都畿水利图卷》局部

第二章

中国哲学与中国建筑

哲学作为一种思维方式，也在建筑的各方面体现出来。不论是关于天地阴阳的宇宙观，还是表达人与自然关系的环境观、生态观，或是中国传统的风水思想，等等，实际上都属于哲学的范畴。中国古代建筑中的哲学思想，比较多地表现在人与自然的关系问题上，例如天地祭祀、风水观念、园林艺术等。而恰恰是中国建筑中最具特色的一些方面。

一、自然哲学与生态意识

中国古代哲学和西方哲学有着很大的区别。从哲学的起源上看，西方哲学起源于自然科学。在古希腊时代，哲学是所有科学的总和，英文中的"哲学"（philosophy）一词来自古希腊，是由希腊文中的"爱"和"智慧"两个词组成。凡是研究自然界运行规律的科学，人类的一切智慧——天文、地理、物理、化学等都是"哲学"。西方古代的哲学家也大多是自然科学家，比如古希腊时代的德谟克利特、赫拉克利特、毕达哥拉斯、亚里士多德，中世纪和文艺复兴时代的布鲁诺、哥白尼、笛卡尔、牛顿，以及现代的普朗克、爱因斯坦等，他们都是自然科学家，同时也都是哲学家。而中国古代哲学起源于社会科学，中国古代哲学研究的内容主要是社会政治、伦理道德等人与社会、人与人之间的关系问题。与此相应的，中国古代的哲学家都是思想家、政治家、教育家、文学家等，从孔、孟、老、庄等先秦诸子百家，直到明清时期的王阳明、王夫之，等等，中国历史上著名的哲学家几乎没有一个是自然科学家。

由于以上原因，中国古代哲学和西方古代哲学的研究方法也有很大区别。西方古代哲学重理性，重逻辑，具有推理性特征，有点类似于自然科学的方法，需要经过大前提、小前提等一大堆推理，才能得出一个结论。古希腊罗马时代，哲学家们在学院里、在街边广场上、在大庭广众之中进行着辩论，互相诘难对方，看谁的推理更严谨，逻辑更严密，一旦抓到对方的逻辑漏洞就可以击垮对方。而中国古代哲学重感性，重直观，具有说教性特征，作为一种社会政治和伦理道德的行为规范，它仅仅是告诉人们要怎么做，不要怎么做，没有多少论证和推理。孔子《论语》中教人们应该这样做，不应该那样做，这样做是对的，那样做不对，往往都不需要论证。

中国哲学和西方哲学的差异起源于先民生存的地理环境的差异。希腊半岛多山，由许多小岛组成，海岸线蜿蜒曲折，国土大部分是石头山，土地贫瘠，不适宜农作物生长。在这里，光靠农业种植是不能生存的，必须依靠手工业制作和商业贸易、对外交流，才能得到足够的生存资料，所以他们很早就发展出航海和商贸活动。应该说老天爷对他们不够友好，给了他们一种严酷的生存环境。于是在他们的心目中从一开始就形成了一种意识——大自然是残酷的，人类只有认识自然、改造自然才能得以生存。而在中国大地上，文明起源于黄河、长江流域，这里土地肥沃、气候温和，非常适合植物生长和农业耕种。除了少数时候出现自然灾害，大多数情况下都是风调雨顺，人们过得轻松而满足。中国民间的一句俗语"三亩地，两头牛，老婆孩子热炕头"，就是对这种惬意生活的简单总结。应该说老天给了中国人很优越的生活条件，因此中国人的观念中认为老天对人是友好的，不要与天作对（改造自然），只要顺应自然就可以风调雨顺、五谷丰登，就能过上好日子。

在这两种不同的生存环境条件下，中国和西方形成了两种不同的自然观和思维方式。西方人倾尽全力去解决人与自然的关系问题，研究自然、了解自然，掌握自然界背后的规律，目的在于改造自然以服从于人的利益需要。中国人则不太关注对于自然的研究，只要顺应自然，按照自然的法则进行耕种就可以了。中国人更多地把注意力放在人与人的关系上，研究社会政治、伦理道德问题，所以就形成中国哲学和西方哲学的根本差异：西方是自然哲学、科学哲学，而中国是社会哲学、政治哲学。同样，也是因为这个原因，致使中国的科学技术史和西方的科学技术史走上了两条不同的道路：西方科学技术史上较多的是某某定理、定律的发现，例如毕达哥拉斯定律、阿基米德定律、笛卡尔定律、牛顿定律等，是对于自然规律的发现；中国科学技术史上较多的则是实用技术的创造发明，最典型的是以造纸术等为代表的"四大发明"。当然，中国也有纯自然科学的研究和对自然规律的发现，但是相对西方就少多了。

中西哲学自然观的这一重要差别，最终落实在对待自然的两种基本态度上，即顺应自然还是改造自然。西方哲学认为人与自然是对立的，人的目标是认识自然，改造自然来为人服务；中国哲学主张人与自然是和谐统一的，人要顺应自然，不要为了人的目的而去改造自然。中国古代诸子百家、各种哲学流派的思想千差万别，在社会政治、伦理道德等各方面都有不同的思想观点，有的甚至截然对立，但是在关于人与自然的关系问题上，各种哲学流派却是惊人地一致，都认为人与自然是统一的，而不是对立的。儒家的"天人合一"，道家的"道法自然"，以及哲学中的阴阳五行学说、医学中的经络理气、建筑中的风水观念，等等，都表达着同样的思想——人与自然和谐统一。中国古代表达人与自然对立思想的哲学流派是极少的，像荀子（战国时代儒家学派著名哲学家）那样提出"人定胜天"思想的只是凤毛麟角。

中国和西方哲学自然观对待自然的两种不同态度，在数千年的历史上长久地产生着影响，并一直延续到今天。西方研究自然、认识自然和改造自然的倾向，导致了西方科学技术的长期繁荣发达，同时也带来了因为过度改造自然而破坏生态环境、引发自然灾害的后果。中国古代哲学不注重自然科学研究的结果是中国在科学技术上逐渐落后于西方，但在生态环境的保护方面却有着优越性。然而当西方人看到科学技术的过度运用带来破坏的时候，发现原来东方哲学中关于人与自然和谐相处的思想应该更符合人类的未来。但是这时的中国反而因为学习西方科学技术，改造自然的规模越来越大，丢掉了中国哲学中的精华。

中国古代哲学自然观是符合今天的生态意识的，在这种哲学思想的指导下，中国古人对自然的尊重在生产、生活的各个方面都表现出来。例如人们常说的"天时、地利、人和"，实际上就是关于天地自然和人们日常生活互相关联的一种通俗表述，它贯穿在人们日常生活和工作的各个方面，在建筑和工艺制造等方面也不例外。例如中国古人砍伐树木讲究"必以时"，就是说砍伐树木必须按照自然界一年四季的时间规律来进行。一年之中万物生长是有规律的，"春生，夏长，秋收，冬藏"，所以春夏两季是不能砍树的，只有秋季和冬季才能进行。事实也是如此，春夏两季树木含水量大，此时砍伐的树木容易腐烂，不利于保存。人的活动必须符合自然规律，在这件细小事情上就能看出。而在对待山川河流等大自然的问题上，中国古人更是极其慎重，甚至于把人和自然的关系提高到社会政治和国家治乱的高度来认识。《文子•上礼》中有一段记载："老子曰：衰世之主……构木为台，焚林而畋，竭泽而渔，积壤而丘处，掘地而井饮，浚川而为池，筑城而为固，拘兽以为畜。则阴阳缪戾，四时失叙，雷霆毁折，雹霜为害，万物焦夭，处于太半，草木夏枯，三川绝而不流。"砍树造建筑，焚毁森林而开垦为田地，把水抽干捞鱼，掘井抽取地下水，把河流拦起来做水池，把野生动物圈养起来……如此等等，都是违背自然的，会使得自然界阴阳错位，四时失调，会带来灾祸，是"衰世"的象征。文子是老子的弟子，是春秋战国时期道家学派的一位哲学家。《文子》中记载的这段话说是老子所言，目前并不能确证是否真是老子说的。也许是文子借老子而发挥，但是这一观点属于道家学派的思想却是无疑。我们今天的很多做法，就已经实实在在地破坏了自然，招来了很多自然灾害。

人在认识了自然规律的基础上，在不改变自然规律的前提下，对自然界做适当的修正，以增加有利因素，改变不利因素，这是正确的。例如两千多年前修建的都江堰工程，就是一个古代先民顺应自然规律，适当修正自然以趋利避害的优秀典型。它既解决了成都平原的水利灌溉问题，又消除了水旱灾害，还没有破坏自然。两千多年来直到今天，成都平原都在享受着它带来的恩惠。作为一个中国古人正确对待自然的伟大工程，它已经被列为世界文化遗产，让后世永远铭记。

二、墨子与鲁班之争

众所周知，墨子是一位著名的哲学家，他是一位工匠出身的平民哲学家。同样，所有人都知道鲁班是一位著名的工匠，是中国历史上最著名的能工巧匠。然而，人们却不知道墨子和鲁班之间发生过一场争论。他们两人一个是哲学家，一个是工匠。虽然墨子是工匠出身，但他毕竟是一个哲学家，平时的争论对象都是儒家、法家等诸子各家，怎么会和工匠鲁班发生争论？事实上，这场争论是一个哲学故事，也表达了一种哲学思想。因为两人都是工匠或工匠出身，所以争论就围绕着工艺技术方面的问题展开了。

中国古代哲学具有很强的实用主义色彩，这也是中国人一般思维方式的特征，即所有的事物都以其是否具有实用性来判定其价值。墨子与鲁班的争论也是围绕着一项工艺技术是否实用的问题，争论的焦点归结为一个"巧"字和一个"拙"字。《墨子·鲁问》中记载:"公输子削竹木以为鹊,成而飞之三日不下。公输子自以为至巧。墨子谓公输子曰:'子之为鹊也不如翟之为辖,须臾镂三寸之木而任五十石之重,故所为巧。利于人谓之巧,不利于人谓之拙。'"鲁班用竹木做了一只鸟,能在天上飞翔三日而不落地(相当于我们今天的"机器鸟"),鲁班自以为很"巧"。墨子则对鲁班说:"你做木头鸟不如我做车子('辖'是指车轮轴头上的小栓子,用以闩住车轮使之不掉出来,此处泛指车子本身),随便雕镂三寸的木头便可以装载五十石('石',读音'担',古代容量单位,一石即一担)的重量,这才是真正的'巧'。"对人有用才是"巧",没有用就是"拙"。法家代表人物韩非子也记述过一个同样的故事,不过写的不是墨子与鲁班,而是墨子自己。《韩非子·外储》中记载,墨子自己用木做了一只鸢,能飞,他的弟子称赞他"巧",他却说做木鸢不如做车輗(大车辕端头与横杠连接处的栓),能任重而致远,这才是真正的"巧","巧为輗,拙为鸢"。

鲁班是以"巧"而著名的,在中国家喻户晓,老幼皆知。中国古代的工匠均以鲁班为祖师爷,全国各地泥木行业的会馆都叫作"鲁班殿",今天全中国建筑项目施工质量奖仍然叫"鲁班奖"。中国古代关于鲁班之巧的故事多如牛毛,有很多都已经变成了神话。东汉王充所著《论衡·儒增》中记载了一个"鲁班巧,亡其母"的故事:"犹世传言曰:'鲁般巧,亡其母也。'言巧工为母作木车马,木人御者,机关备具,载母其上,一驱不还,遂失其母。"意思是说鲁班做了一架木头马车,由一个木头人驾驭,让其母亲坐在车上。结果车子一跑便没了踪影,从此鲁班失去了母亲。这里显然将鲁班之"巧"神化了。全国各地都有关于鲁班神助某座精巧建筑的故事,地方不同,建筑不同,但故事的情节却大体相同。无非都是说某座建筑极其精巧,非一般人力所能为,在其建造的时候人们发现每天都是干活的人多一个,而吃饭的人少一个,这个神出鬼没暗中帮忙的人就是鲁班爷。意思是说,只有在他的帮助下人们才有可能建起如此精巧的建筑。河北民歌《小放牛》中唱道:"赵州桥来什么人修,玉石栏杆什么人留?……赵州桥来鲁班修,玉石栏杆圣人留。……"赵州桥明明是隋朝的工匠李春修建的,却要说是春秋战国的鲁班修的,说明人们愿意相信所有好东西都是出自鲁班之手。民间对于巧工绝技的称颂是出于对劳动创造的赞美,并没有太多的哲学思考。然而哲学家们对于这些事情,哪怕是民间工艺技术问题,也往往要上升到理性的高度来考虑。

墨家和法家的思想特征都是直接功利主义的。墨子作为一个工匠出身的平民哲学家，其哲学思想中的实用主义倾向理所当然，这种功利主义思想在对待技术文化的看法上就表现为对"巧"和"拙"这对辩证范畴的纯实用性考虑。总之，在他们看来，无实用价值的东西即使做得再"巧"也是"拙"。这种纯粹实用主义的技术观虽然有它强调技术为实用服务的合理一面，但并不利于技术本身的发展和提高。在这里，表面看来很笨拙但是具有使用价值的车辖、车輗都是我们今天所谓的"实用技术"，而类似于能飞三日而不落的木头鸟和能够跑得无影无踪的木头马车、木头人这些无实用价值的"巧"，实际上相当于我们今天所说的"基础理论"。墨家和法家倾向于强调实用技术而忽视基础理论研究，显然没有看到基础研究和实用技术之间的关系，没有看到这种表面看来无实用价值的基础理论研究本身的意义。这和中国古代哲学思想中普遍存在的实用主义思维方式不无关系。

儒家思想中对于工程技术的态度是明确的，它一方面高度地称颂和赞扬对人类文明做出贡献的技术发明创造。《考工记》开宗明义："国有六职，百工与居一焉。……坐而论道，谓之王公；作而行之，谓之士大夫；审曲面势，以饬五材，以辨民器，谓之百工。"把百工和王公、士大夫并列，看作是立国所不能缺少的"六职"之一。"百工之事，皆圣人之作也。烁金以为刃，凝土以为器，作车以行陆，作舟以行水，此皆圣人之所作也。"很明显，这里不仅肯定了百工之事的重要性，而且对它给予了极高的评价，称之为"圣人之作"。儒家思想中对技术发明创造的肯定与它强调"立志"的积极入世观点分不开。所谓"立志"就是要有所作为，对社会有所贡献。或者是社会政治的——治国安邦；或者是伦理道德的——修身齐家；或者是物质财富的——利国利民，这些都属于"立志"的范围。中国古代神话中有许多有关发明创造的传说：燧人氏钻木取火给人带来温暖和光明；神农氏尝百草，教会人们种植；有巢氏构木为巢；黄帝做宫室，造舟车；嫘祖发明丝织养蚕，如此等等，不可胜数。这些被推为神话人物或祖先的人，都是一些立志解救人类，对物质文明的发展有功的文化英雄。《易经》中说的"备物至用，立成器以为天下利，莫大乎圣人"，便是对这种思想的总结。它也说明中国古代对技术发明推崇备至的历史传统。另一方面，儒家强烈地反对奢侈浪费的所谓"淫巧奇器"。《礼记·月令》中说:"百工咸理,监工日号,毋悖于时,毋或作为淫巧,以荡上心。"百工在为朝廷制作器物时,监工时刻提醒,不要做淫巧之器以动摇皇上的心志,使他生奢侈之念,玩物丧志。这种对于"淫巧奇器"的批评和限制,在儒家经典中多处提到,表明了儒家思想中提倡廉政反对奢侈的态度。然而从纯粹技术发展的角度来看,它却在某种程度上扼杀了基础技术的研究,实际上那些所谓的"淫巧奇器"之中,往往预示着某种科学原理或者新技术的发明。

清朝乾隆年间,外国人给乾隆皇帝送礼,其中很多是包含有较高科技因素的器物,例如有西洋式的钟表,可以自动报时,时间到了一扇小门自动打开,出来一只鸟"咕咯咕咯"叫几声,或是出来一个小人打一通鼓。这种玩意确实很好玩,以至于乾隆皇帝和他母亲争抢着玩。这恰恰是古代儒家所谓的"淫巧奇器",但是我们绝不可以否认其中所包含的科学技术。这些"淫巧奇器"中的技术照样可以用于枪炮和船舰,用于其他的工矿产业。当年鲁班制作的木头鸟、木头马车等也都是同样的道理。在这一点上,墨家、法家反对无实用价值的"巧",和儒家反对供人玩耍的"淫巧奇器",实际上是异曲同工,都是用完全实用功利的眼光来看待所有的事物。

中国古代的思维方式中功利主义、实用主义的色彩较浓厚。最集中地体现在哲学思想和科学思想上。它也是中国哲学史不同于西方哲学史、中国科学技术史不同于西方科学技术史的一个重要特点。在哲学上,西方哲学各家各派都在讨论物质第一还是精神第一这个宇宙观的基本问题,而中国哲学对世界本体、宇宙的起源不感兴趣;在科学技术方面,中国人注重的是对实实在在的有实际用途的事物进行研究,西方人则较多地注重于对某种看来虚无缥缈的宇宙规律的探讨。因而纵观世界科学技术史,西方较多的是科学定理、定律的发现;中国较多的是实用技术的创造发明。实用技术的发明能立竿见影,产生作用;科学规律的发现也许一时看不到实际用途,但其不可估量的作用将在后头。中国古代科学哲学、技术哲学中体现的实用主义倾向是制约中国科学技术发展的一个主要因素。也许就是因为这一原因,中国古代技术文明比西方发达,但后劲不足,而西方在古代虽不如中国,但后来居上,超过了中国。近代以来,大量的自然科学以及各种完整的学科门类都是从西方引进的,这一点也就足以说明中国人在理论的纯科学的研究上有所欠缺，我们把绝大部分的精力都放在了能够直接看到用处的实用技术研究上，而对那些不能马上看到用处的，哪怕稍微远一点才有用的东西不屑一顾。

过度的功利主义倾向不利于科学的发展，同样也不利于建筑的发展。中国古代之所以没有一门作为专门学科的建筑学，就与这种只把建筑当作一个纯粹实用物品的思想倾向有着直接的关系。在这里，墨子的思想又有着典型的代表性，他对于建筑的看法就是："高足以辟润湿，旁足以圉风寒，上足以待雪霜雨露，宫墙之高足以别男女之礼。谨此则止，费材劳力不加利者，不为也。"（《墨子·辞过》）建筑只要各方面都满足了实用功能的需要就可以了，其他如为了审美的、艺术的、文化风格的等方面的追求都是不必要的。当然，帝王权贵们要用建筑来表现权力地位，宗教要用建筑来营造神秘氛围，这些也都是精神的需要，并不是纯粹的物质性实用功能。但是，这些精神功能的表现实际上也还是一种实用的需要，所以我们对于建筑学的纯科学的研究就不够了。

三、天圆地方的宇宙观与坛庙形制

中国古代哲学自然观中关于天地的形象表述是"天圆地方"，即天是圆的，地是方的。所以北京的天坛以圆形为主要构图形式，主要建筑都是圆形的（图 2-3-1），而地坛则以方形为主要特征，主要建筑都是方形的（图 2-3-2）。天坛是祭天专用的建筑，就要像天；地坛是祭地的，就要像地——这就是所谓"象天法地"。

中国古代的天地崇拜不是宗教，而是起源于原始时期人们对于天地自然的敬畏和感恩。中国是农业国，人们认为是否风调雨顺、五谷丰登，是由天地自然决定的，它们也决定了国家的命运和人们生活的一切。所以，人们对于天地神灵、自然万物充满着敬畏和感激之情，于是自古就形成了在一年之中的特定时节祭祀天地的传统。当礼仪制度确立以后，这些祭祀就成为国家政治中不可或缺的重要组成部分，也是历朝历代礼仪制度中最重要的部分之一。"凡治人之道，莫急于礼，礼有五经，莫重于祭。"（《礼记·祭统》）祭祀是礼仪的发端，

图 2-3-1 北京天坛

图 2-3-2 北京地坛

也是所有礼仪中最隆重的部分。祭祀分为两类，一类祭祀天、地、日、月、社稷，以及风云雷电、山川河流等自然神灵，这类祭祀表达的是人与自然的关系。其中祭天是最高等级的仪式，只有皇帝才能祭天，因为皇帝是"天子"，上天之子，其他人都是无权祭天的；另一类祭祀人物，其中国家级的、最高级别的是祭孔子，全国各地都有孔庙、文庙等。数量最多、最普及的是老百姓祭祖宗，于是有了家庙、祠堂。此外，各地也会祭祀一些著名人物、历史功臣等，例如祭屈原的屈子祠、祭柳宗元的柳子庙、祭诸葛亮的武侯祠、祭关羽的关帝庙，等等。这类祭祀表达的是人与人的社会关系。祭祀自然神灵的建筑叫"坛"，例如天坛、地坛、社稷坛等；祭祀人物的建筑叫"庙"或者"祠"，例如孔庙、家庙、祠堂等。

"坛"本来是没有建筑的，"垒土为坛"，只是一个垒起来的露天坛台，在坛上举行祭祀活动。最早的坛甚至连垒土都没有，只是"扫地为坛"，所谓"扫地而祭，于其质也，器用陶匏，以象天地之性也"（《礼记·郊特牲》）。天地之性是质朴，所以不在于祭祀建筑之豪华。今天我们看到的北京天坛祈年殿，在坛台上建建筑，这是明代开始的变化。祭天的日期是不能改变的，如遇风雨天，担心皇帝祭天有伤龙体，只能临时搭帐篷。明初定都南京后，在钟山之南建天坛，在圜丘坛南边建造一座大殿，若祭天之日遇风雨时便在大殿之中"望祭"。后来干脆就在祭坛上建起了一座殿堂。《大明会典》记载："十年春，始定合祀之制，即圜丘旧址为坛，以屋覆之，名大祀殿。"这是中国历史上在天坛上建殿堂之始，打破了过去"坛者不屋"的惯例。明成祖朱棣定都北京后，建造北京天坛，继续沿用了这种在坛台上建造殿堂的做法。与后来不同的只是这时期坛台上建造的殿堂还是方形的，后来才演变成圆形的。

"坛"的建筑是有明确的象征意义的。首先是选址，按照中国传统的方位观念，南为阳，北为阴；东为阳，西为阴；天为阳，地为阴；日为阳，月为阴。所以天坛在都城南郊，地坛在北郊，日坛在东郊，月坛在西郊（图1-2-6）。古代祭祀天地神灵都在城郊设坛，称为"郊祭"。最初明成祖朱棣建造北京城时，南城门是在正阳门，即今天的大前门，天坛是在南城门之外的郊区。由于后来城市向南边扩建，南城门到了永定门，所以天坛就到了城内了。

天坛建筑的象征意义表现在多方面，主要有"形"的象征、"色"的象征、

"数"的象征三个方面。所谓"形"的象征即建筑形象上的象征，天坛做成圆形以象天，地坛做成方形以象地。"天圆地方"的宇宙观来自古代的"盖天说"，这是关于宇宙天地的一种较为原始朴素的看法，认为大地是一个方形的盘子，天则是一个半球形的穹隆，盖在地上。实际上对于这种说法很早就有人提出了质疑，春秋战国时期孔子的弟子曾参就曾提出："诚如天圆而地方，则是四角之不揜也。""揜"即"掩"，读音与含义与"掩"相同，意思是说如果天圆地方，那么地的四个角就掩盖不到了。汉代张衡提出了"浑天说"，认为天地就像一个鸡蛋，天是蛋壳，地则是蛋黄，天包裹在地的外面。汉代以后，这种"浑天说"就得到了人们的认可并且流传开来，成为人们对天地宇宙的一般看法。但是，直至明清时期建造的天坛，为何仍然延续着这种早已被推翻了的"天圆地方"说呢？这主要是传统的礼制思想影响的结果，因为礼仪祭祀很早就形成了，早期的祭祀就是以圆和方分别代表天和地的形状，礼制规定了"祭天于南郊之圜丘，祭地于北郊之方泽"（《五礼通考》）。南为阳，北为阴，所以祭天在南郊，祭地在北郊；天圆且高，所以用"圜丘"，地方且低，所以用"方泽"，这些都是有象征意义的，已经成为历朝历代沿用的惯例。况且建筑形制只是一种艺术化的象征性形象，并不一定符合科学的宇宙观。所以天坛以圆形代表天的形象就是必然的，祭天的祭坛——圜丘坛是一个三层的圆形坛台（图2-3-3）；存放"昊天上帝"牌位的皇穹宇是一座圆形殿堂（图2-3-4）；皇穹宇所在的庭院是一个圆形的庭院，即所谓的"回音壁"；北端的祈谷坛又是一个三层圆形坛台，它的最典型代表祈年殿是一个三层的圆形攒尖顶，成为中国古建筑中一个最奇特也最美的建筑造型（图2-3-5）。一般人们一说到北京天坛就立刻想到祈年殿，然而人们并不一定知道其实天坛中最重要的建筑并不是祈年殿，而是那个没有建筑的圜丘坛，因为那是皇帝一年一度举行最高等级的祭祀典礼——祭天大典的场所。只是因为祈年殿建筑之美，使人们都认为它是整个天坛中最重要的建筑了。

天坛祈年殿的环境和建筑造型之美，确实是中国古建筑的一朵奇葩。祈年殿并不是孤立的一座建筑，而是由祈年门、祈年殿和两侧厢房组成的一个建筑群。祈年门前面有一条360米长的神道，叫"丹陛桥"，高出两边的地面。南端高出4米多，北端高出6米，成一条缓缓上行的坡道。丹陛桥两旁下边的地

图 2-3-3 北京天坛圜丘坛

图 2-3-4 北京天坛皇穹宇

图 2-3-5 北京天坛祈年殿

面上满植苍松翠柏，人走在丹陛桥上，能看到两旁脚下的茫茫林海一直延伸到远处的天际，遥望正前方高高矗立于远处的祈年殿建筑群，犹如天宫楼宇。沿着丹陛桥的坡道缓缓向上，走向祈年殿，就像走向天庭（图 2-3-6）。这种环境的营造，明明白白地向人们表达了"天"的意境。祈年殿建筑本身又是一个建筑艺术的杰作。高高的三层白色汉白玉圆形台基之上，耸立着一座红柱碧瓦的三层圆形攒尖顶的建筑，高大宏伟的体量、金碧辉煌的装饰，辉映在蓝天白云之下，让人感受到"天"的庄严。建筑造型比例之美，也完全符合形式美的原理。

　　色彩的象征也是天坛建筑的一个突出特色。中国古代建筑的色彩是有等级之分的，黄色是最高等级，其次是红色，再次是绿色，其他色彩一般只是用于装饰了。然而天坛却是一个特例，这里最重要的颜色是蓝色，因为这是天的颜色。天坛中最重要的建筑都是蓝色屋顶，在这里蓝色的地位高过了皇帝专用的黄色，甚至天坛中皇帝居住的建筑——斋宫也不敢用黄色，而用绿色（图 2-3-7）。在

图 2-3-6 北京天坛丹陛桥

图 2-3-7 北京天坛斋宫

"天"的面前，皇帝也不敢尊大，他只是上天之子——天子。明代最初建造天坛时，圆丘坛上是用蓝色琉璃砖铺面，大概是因为琉璃砖铺地不耐久的原因，清朝乾隆年间将其换为"艾叶青"石块。虽然不是蓝色，但还是青色。天坛祈年殿的三层蓝色圆形攒尖顶是象征天庭的最典型代表，然而最初明朝建造的祈年殿并不是三层屋顶都采用蓝色，而是最上层为蓝色，中间一层为黄色，下面一层为绿色，三层屋顶采用三种颜色。蓝色象征天，黄色象征地，绿色象征皇帝，也象征天下万物生灵。这种色彩象征也很有意思，我们今天若设想当年三层屋顶三种颜色的情形，也许别有一番情趣。清朝乾隆年间重修祈年殿的时候，将三层屋顶全部换成了蓝色。光绪年间祈年殿遭雷击被烧毁，后按原样重建，仍做成了三层蓝色屋顶，这就是我们今天看到的祈年殿了。

天坛建筑中还有另外一种象征手法——数的象征。在中国的建筑文化中，"数"是有特殊含义的，其中一类是信仰层面，或者哲学层面的，即"术数"。例如《周易》和阴阳八卦中就有大量的"术数"，并由此而演变出各种天地万物的哲学范畴。在天坛建筑中"数"的象征都是围绕一个"天"字，所有的数字都与天有关。祭天的圆丘坛正中间是一块突出地面的圆形石块，叫"天心石"，周围用扇形石块墁铺，石块的数量均由九和九的倍数组成，因为"九"是阳数之极，就是天的象征。"天心石"周围第一圈是九块石块，名曰"一九"；第二圈是十八块，名曰"二九"；第三圈是二十七块，名曰"三九"，依此类推，直到第九圈的九九八十一块（图2-3-8）。整个上层坛面共有石块四百零五块，由

图2-3-8 北京天坛圜丘坛铺地

四十五个九组成，而四十五又恰好是"九五"，正合"九五之尊"。另外，祈年殿的建筑结构也是一个以数的象征为特征的杰作。其圆形建筑由内外两圈柱子和中央四根柱子支撑，中央四根柱子象征一年四季；内圈十二根柱子象征一年十二个月；外圈十二根柱子象征一天十二个时辰；两圈加起来一共二十四根柱子，象征一年二十四个节气；加上中央四根柱子总共二十八根，象征天上二十八星宿；建筑上部结构中有八根童柱（不落地的短柱叫"童柱"），与二十八根柱子合起来是三十六根柱子，象征道教星神三十六天罡（图2-3-9）；祈年殿东边与宰牲亭相连的长廊有七十二开间，象征七十二地煞。在这里，几乎所有的数字都与"天"相关，在建筑结构上要符合于天数，而建筑造型又要美，这表明当时的工匠确实是大大动了一番脑筋。无怪乎天坛建造成功后，皇帝破天荒给那些有功的工匠们封了相当品级的官位。

祭天之礼是中国古代礼仪之中最隆重、规格最高的仪式，是国之大典。祭天必须是皇帝亲祭，也只有皇帝一人才有资格祭天，其他任何人都不能祭天。皇帝是"天子"，皇帝的权力也是上天给予的，所以古代皇帝颁布的圣旨、诏书开篇第一句总是"奉，天承运，皇帝诏曰……"因此皇帝在"天"的面前也

图 2-3-9 北京天坛祈年殿内部

只能称臣，而且还必须有出自内心的恭敬。北京天坛中有一组特殊的建筑——斋宫，这是皇帝祭天之前斋戒的地方。每次祭天大典举行之前，皇帝要提前三天来到天坛，居住在斋宫中进行斋戒，不吃酒肉，不近女色，过几天清苦日子，以表示对天的虔诚恭敬。因此斋宫的建筑也是所有皇家建筑中最朴素的，不用黄色琉璃瓦，而用绿色琉璃瓦，不用雕梁画栋的装饰，而是采用砖石拱券的简单造型（图2-3-10），室内也是非常俭朴，基本上没有装饰（图2-3-11）。斋宫大殿之前还建有一座小亭子，叫"斋戒铜人亭"，亭子中间有一石台，上面站立着一尊铜制的小人像（图2-3-12）。相传这铜制人像塑造的是唐朝宰相魏征。魏征是中国历史上著名的忠臣贤相，以忠言直谏、敢于向皇帝提意见而著称，连唐太宗皇帝都怕他。把魏征的铜像放在这里，目的在于监督皇帝是否真正虔诚斋戒。

　　天坛里的斋宫尽管防卫森严，但皇帝仍为自己的安全担心。试想要皇帝离开紫禁城在这古柏森森的天坛中独宿三昼夜，其担惊受怕的心情可想而知。于是清雍正帝便想出一个"内斋"和"外斋"相结合的办法。清雍正九年（1731）他下令在紫禁城内东南角另建一座斋宫，叫"内斋"，天坛中的斋宫就叫"外斋"。

图2-3-10 北京天坛斋宫正殿

图 2-3-11 北京天坛斋宫室内

图 2-3-12 北京天坛斋戒铜人亭

因此紫禁城里面也有了一个斋宫，就是这样来的。祭天前三日，皇帝进入紫禁城中的斋宫斋戒，叫"致内斋"，直至祭天日的前一天午夜，才移到天坛的斋宫中"致外斋"，天亮之前便开始祭天。这样算来，皇帝在天坛的斋宫中只待几个小时。看来皇帝想要要点名堂也必须找理论依据，只有在这里皇帝是最谦卑的，因为在中国人的心目中"天"是一个最高的存在，没有比"天"更大的了。

四、中国园林与西方园林的差异

园林艺术是用建筑的方式表达人与自然的关系，也是一种哲学思想的表现。人们在园林中游览、观赏，领会着人在自然中的位置。中国园林和西方园林有着完全不同的造园手法，而这种造园手法的差异却是直接来源于哲学自然观的差异。中国哲学的自然观是人与自然和谐统一，人类顺应自然，所以，中国园林以顺应自然、模仿自然为基本特征。园林中的山体、水体、花草植物都是自然生长的形态，即使假山溪流是人工设计仿造的，也一定要做得像自然生成的样子（图2-4-1）。中国古代第一部、也是最重要的一部造园学专著——明代计成撰写的《园冶》，其中关于造园思想的经典论述就是"虽由人作，宛自天开"。它明白地道出了中国园林造园手法的特点——虽然是人工做成的，却要像是天然形成的。与此相反，西方哲学自然观是人与自然的对立，人类改造自然，所以西方园林的基本特征就是对称、规则的几何造型，体现人工之美。笔直的大路、圆形的水池喷泉、修剪平整的草地、整齐排列的树木……一切都做成人工的形状，甚至连本来是自然形态的树木也都被修剪成几何形（图2-4-2）。总之，一切都体现人对自然的改造。欧洲的古典园林，不论是法国、德国还是意大利，都是如此，唯一有点特别的是英国园林。英国园林是西方园林中唯一的自然式园林，山水树木大多取自然形态，但是和中国园林也有所不同。例如，英国园林中仍然会有大片修剪得很好的草坪或草坡，虽然不是法国园林中那样几何形的平面，而是在自然的山水之中，但也经过了人工修剪。而中国园林中完全没有这种经过修剪的大片草坪，因为自然界本来就不会有经过修剪的草坪，凡是经过修剪的就一定是人工的。

图 2-4-1 江苏南京瞻园

图 2-4-2 意大利园林

早在 18 世纪的时候，英国园林曾经一度受到中国园林的影响。英王乔治三世的皇家建筑师钱伯斯（William Chambers）曾经游历中国，写了关于中国建筑园林方面的著作《中国人的房屋、家具、服装、机器与器皿之设计》（*Designs of Chinese Buildings，Furniture，Dresses，Machines and Utensils*）和《东方园艺论》（*A Dissertation on Oriental Gardening*）。这些书对于当时并不了解东方而又对东方的神秘充满好奇的西方人来说，无疑具有很大的影响，以至于当时在英国乃至欧洲掀起了一股"中国热"。当时有很多贵族请钱伯斯设计中国式园林建筑，他在这一时期设计建造的一些园林建筑现在仍保存着，作为英国的文物建筑被保护。其中最著名的代表作是丘园（Kew Garden）。尤其是园内中国风格的宝塔成为该园的标志性建筑，保留至今，成为这一时期英国园林中"中国热"的象征性作品。英国园林中的自然式风格，加之对神秘的东方文化的好奇，使得中国园林曾经在西方产生过一定的影响。

与钱伯斯把中国园林介绍给西方前后差不多的时间，几个西方人把西方的园林艺术介绍给了中国，于是有了著名的圆明园。在 18 世纪的中国，少数西方传教士和商人带来了一种完全不同于中国的文化和艺术，于是中国人开始对西方文化产生好奇，在园林建筑领域最典型的代表就是圆明园。圆明园中的西洋建筑是清代乾隆年间以郎世宁为首的几位长期生活在中国宫廷中的外国人参与设计的，其中起重要作用的是郎世宁。郎世宁是一位意大利的传教士，同时也是一位优秀的画家，他年轻时受教会指派来中国传教，同时进入皇家画院从事绘画工作。他具备娴熟的西洋油画技艺，并且能将西洋油画和中国画的风格和手法相结合，给皇帝皇后们绘制了大量精美的画像，因此深受康熙、雍正、乾隆三朝皇帝的器重，在中国的皇宫中度过了大半生。他参与设计的圆明园西洋楼园林建筑群以意大利文艺复兴后期的巴洛克风格为基调，表达了西方园林艺术的基本思想和艺术手法——对称的建筑布局、规整的喷泉水池、修剪整齐的树木花草，等等。

水是园林的重要组成部分，也是园林艺术中一种非常重要的表现手段。然而园林中的水实际上表达的也是一种哲学自然观。中国园林中的水无疑是完全模仿自然的，不论是大面积的湖面，还是细小的溪流，都是取法自然的形态。而西方园林中的水，都是规范在方形的、圆形的等几何形状的水池之中。特别是喷泉，通过人工增加压力的方式，使水柱高高地喷射出来，更是体现了人工的力量。正是因为中国缺少这方面的研究和技术，所以中国皇帝对西方园林的喷泉特别感兴趣，圆明园中的"大水法"（大喷泉）就是最重要的景观之一。之所以称之为"水法"，是因为按照中国人的理解，喷泉就是关于水的技术。圆明园的"大水法"把喷泉出水口做成中国的十二生肖形象，围坐在水池旁边，按照不同的时辰水从不同的生肖动物口中轮流喷出（图2-4-3）。这确实是一个精巧的设计，它已经超出了园林和建筑艺术的范畴，是一个自然科学、工程技术、建筑艺术和传统文化相结合的产物，其中最重要的因素还是自然科学和工程技术。中国园林中有瀑布，实际上也是人工把水提升到一定的高度再让它流下，但仍然是按照自然的状态流下。西方园林中的喷泉则是用机械的力量使水流强力地喷射，完全改变了水流的自然形态。在这里中国人仍然是"顺应自然"，西方人仍然是"改造自然"。

不论是钱伯斯把中国园林介绍给西方，还是郎世宁等人把西方园林介绍给中国，虽然都受到了欢迎，但是实际上都只是出于对异域文化的一种猎奇心理的表现而已，并没有实质性的意义。它们毕竟是不同的文化背景、不同的哲学自然观的产物，东、西方园林之间即使有过一些交流和融合，也只是在有限的范围和有限的深度之内，也只是皇家和宫廷贵族们猎奇的玩物而已，东、西方园林总的趋势和基本特征是改变不了的。在园林艺术的审美趣味上，中国改变不了西方，西方也改变不了中国。

图2-4-3 北京圆明园"大水法"十二生肖喷泉

五、皇家园林与私家园林的差异

中国古代园林在文化风格和表现形式上分为两类——皇家园林和私家园林。

皇家园林的特点是占地面积大，大山大水，视野开阔；园中开辟大片湖面，象征东海，湖中做岛，象征东海神山；建筑宏伟，色彩华丽，装饰金碧辉煌，体现皇家气派（图2-5-1）。私家园林的特点是占地面积小，小桥流水，树木荫蔽，曲径通幽，假山怪石点缀其间；建筑朴素，色调淡雅，无过多装饰，体现文人气质（图2-5-2）。

皇家园林占地面积大本身也是权力地位的象征，"普天之下，莫非王土；率土之滨，莫非王臣"（《诗经·小雅·北山》），全国的土地都是皇帝的，他想占多大就可以占多大。据史书记载，秦汉时期著名的皇家园林——上林苑周长四百里，差不多是今天一个县的范围。今天我们能够看到的皇家园林，如北京

图2-5-1 皇家园林（北京颐和园）

图 2-5-2 私家园林（上海豫园）

颐和园、北海、中南海、承德避暑山庄，虽然已经没有那么大的面积，但也已经非常大了。皇家园林占地大还与它最初的起源有关。早期的帝王园林叫"囿"，后来叫"苑囿"。这种"囿"或"苑囿"，除了具有我们今天一般园林的游览观赏的功能以外，还有一个重要的功用就是种植蔬菜、瓜果、农作物和放养动物，这些实用功能的重要性甚至超过了游览观赏的功能。种植农作物不是为了观赏，而是可供宫中的人们享用，中国最早的文字——商朝甲骨文中就有了"囿"（ ）字，它的样子明确地告诉人们，"囿"是用来种植的。而苑囿中放养动物也有不同的目的，一方面是为了供应宫中肉食的需要；另一方面，在大范围内放养野生动物可以借用狩猎的方式来练兵。今天保存下来的清朝皇家园林承德避暑山庄仍然部分地保留着早期苑囿的功能，清朝皇帝每年赴承德避暑休假一次，都要带着军队去狩猎，练习骑射（图 2-5-3）。因此承德避暑山庄的占地面积比北京的皇家园林更大，而北京颐和园等其他皇家园林都已经只剩下游览观赏的功能了。

图 2-5-3 清朝围猎图

　　皇家园林都要做很大的湖面，湖往往都是人工开凿的，同时借挖湖的土石堆砌成湖中的岛屿和山。这种造园手法来自于神仙方术的信仰。在中国古代神话中，东海中有神山，一种说法是四座：蓬莱、方丈、瀛洲、壶梁；一种说法是三座：蓬莱、瀛洲、方壶（把方丈和壶梁合二为一）。这些神山不论是三座还是四座，都是仙山琼岛，岛上住着神仙，长着能让人长生不老的仙药。中国历代皇帝都信奉这种关于长生不老的仙术，一心向往仙山琼岛上的神仙生活。其中最著名的当属秦始皇派方士徐福带领三千童男童女去东海神山寻找仙药的故事。徐福一去不返，相传是到了今天的日本。日本今天仍有很多地方流传着关于徐福登陆日本，带来先进的文化和生产技术的传说。其中最著名的一处是在日本九州西南海边的串木野，这里与中国的山东半岛隔海相望。相传当年徐福因找不到仙药而不能回国，晚年在此隔海遥望家乡，最后取下自己的发冠供在山顶，此山今天仍叫"冠岳"。日本串木野市政府为纪念两千多年前徐福在此登陆，决定在冠岳山下花川地区建造日中文化交流园，邀请笔者做中国园林建筑设计，配以日本园林景观设计。此园于 2006 年建成（图 2-5-4）。

图 2-5-4 日本串木野市花川日中文化交流园（柳肃设计）

自秦始皇以后，几乎每个朝代都有皇帝炼丹求仙的故事。笃信黄老之术、向往长生不老成了古代帝王们共同的追求。在今天山东半岛上还有一个城市叫"蓬莱"，临海的山顶上建有一组类似仙山琼阁的古建筑，叫"蓬莱阁"。为什么这个传说中的可望而不可即的神山仙岛会出现在大陆上呢？就是因为古代皇帝常到东海边去眺望海中神山，去得最多的就是这个当时叫作"东莱"的地方。据记载，秦始皇、汉武帝都曾多次巡幸此地，到这里来"望仙"。秦始皇就是死在了去东海望仙回去的途中，汉武帝曾经八次巡幸此地。他们之所以到这里来"望仙"，是因为这里的海上经常出现海市蜃楼，古人误以为那就是仙山琼岛。据今天的科学研究来看，山东蓬莱山外海面的地理气候条件最适宜产生海市蜃楼的现象，这里也确实是中国沿海记录出现海市蜃楼最多的地方。相传当年汉武帝多次巡幸这里，大概是觉得向往中的海中神山看来太遥远、太渺茫，于是就在这个现实中的地方建造了"蓬莱城"，于是这里的地名也就叫"蓬莱"了（图 2-5-5）。

图 2-5-5 山东蓬莱阁

　　皇帝们向往长生不老的仙山琼岛却可望而不可即，因此就在皇家园林中模仿东海神山，做出大片的湖面以象征东海，湖中做岛屿，象征东海中的神山。这种造园手法就成了历朝历代皇家园林的固定手法和共同特点，从史书中记载的秦汉皇家苑囿，直到今天我们能看到的清朝皇家园林都是如此。不仅造园手法，甚至连名称都是来自于东海神山或者与此相关的含义。汉朝建章宫中开辟了"太液池"，池中做了三个岛，分别叫蓬莱、方丈、瀛洲；隋朝洛阳西苑中开辟"北海"，周环四十里，中有三山：蓬莱、瀛洲、方丈；唐朝大明宫中有"太液池"，又名"蓬莱池"，池中有"蓬莱山"，池旁有"蓬莱殿"；北宋著名的皇家园林艮岳，本来就是由"万岁山""寿山"改名而来，园中又有蓬壶堂。元朝定都北京，名为"大都"，在皇宫西边建造"大内御苑"，位置就是今天的北海和中南海，只是当时的规模比较小，只有北海和中海，南海尚未开凿。大内御苑的核心是"太液池"，池中从北到南排列三座岛屿，北边的岛叫"万岁山"，即今天北海中的"琼华岛"，南边的岛叫"瀛洲"，即今天中南海中的"瀛台"，延续着秦汉以来"一池三山"的固有做法。明清北京的皇家园林仍然延续着这种观念，只是在名称上稍有变化，不一定直接使用"东海神山"的名称，更注重象征意义。颐和园的昆明湖中做有三个小岛，象征蓬莱三山，颐和园中心的大山叫"万寿山"（也是追求长生不老的意思，见

图 2-5-1）；北海中的岛屿叫"琼华岛"，所谓"琼华岛"，就是神仙居住的地方。在中国古代语言中，凡带有"琼"字的就与神仙有关，神仙住的地方叫"仙山琼阁""琼楼玉宇"，神仙喝的酒叫"琼浆玉液"，"琼华岛"也就是神仙居住的岛。琼华岛上还有"仙人承露"的石雕，一个仙人双手托盘，高举过头，承接天上的露水，用来炼仙丹，炼丹服药是道教神仙方术中追求长生不老的主要手段（图 2-5-6）。总之，在数千年的历史上，中国皇家园林的基本造园手法就是对于长生不老的神仙境界的追求。

图 2-5-6 北京北海琼华岛仙人承露

与之相比，私家园林倒是没有这种追求。中国古代的私家园林大多数是士大夫阶层所有的，这些人有着较高的文化修养，又比较有钱。中国古代的官僚制度是"学而优则仕"，我们今天称他们为"文人"，他们出资建造的园林就被称为"文人园林"。在中国历史上文人园林的兴起和发展有三个重要的阶段，一是魏晋南北朝时期，文人园林开始兴起，成为中国文化艺术中一个重要的类型；第二个阶段是宋朝，文学艺术的发展促使园林艺术发展，造园艺术达到高峰；第三个阶段是明清时期，社会经济和文化的发展使园林艺术再一次达到高峰，留下了以苏州园林为代表的一大批传世杰作，成为中国文化艺术的经典。

魏晋南北朝时期是中国历史上一个特殊的时期。氏族集团之间互相争夺、互相倾轧，导致政权频繁更替。与此同时，北方少数民族大举进入中原，尤其匈奴、鲜卑、羯、氐、羌等五个民族进入中原地区，与汉族争夺生存空间，这就是历史上所说的"五胡乱华"。在民族大冲突、大争夺的同时，也出现了民族文化的大融合。三国、两晋、南北朝、"八王之乱""五胡十六国"等等，仅从这些历史名词就可想见当时的乱象。这一时期的社会状况总的来说就是战乱频繁、政治黑暗、社会动荡、民不聊生。本来中国古代的传统士人——知识分子具有积极入世、批评时政的精神，但在魏晋南北朝那种现实情况下也不能贸然干预时势、批判现实，否则随时都有杀头的危险，只有远离现实、逃离相互倾轧的人间社会。即使是被人们称为"乱世枭雄"的曹操都不免发出"对酒当歌，人生几何"的感叹，其他人就更不用说了。于是他们只有逃避，逃离现实，逃离这个肮脏的尘世。最好的去处就是自然界，山林溪流之间，那是一方远离红尘的净土。于是便有了陶渊明的《桃花源记》，便有了"采菊东篱下，悠然见南山"的自然情趣。这一时期最具代表性的是史上被称为"竹林七贤"的一帮著名文人——嵇康、阮籍、向秀、刘伶等一批文士，他们逃到山林之中，整日间饮酒作乐、弹琴赋诗。嵇康是一位哲学家、音乐家，性格率直傲岸、旷达不羁，善于抚琴吟诵，又喜好打铁自娱自乐。阮籍是一位文学家、思想家，他才华横溢，写诗作赋讥讽时政，又常醉酒逍遥以避祸害。给他官做他不认真做，而不给他官做他自己又要一个小官做，只是因为那里有好酒喝。"竹林七贤"人人好酒，刘伶更是非同一般，他基本上是整天沉溺于酒中，长醉不醒。他常抱着酒壶醉醺醺地坐着鹿车，命一马夫扛着锄头随行，嘱咐马夫"死便埋我"，如此等等。当时的名流文士们崇尚的是"越名教而任自然"的生活，虽然都是儒家文人，思想上却都"弃经典而尚老庄，蔑礼法而崇放达"，以至于在生活上都是一派浪漫风格，放浪形骸、酒墨淋漓。这就是被后世人们所称道的"魏晋风度"或"名士风流"。加之这时期佛教传入，儒学从佛学中吸取营养，崇尚清谈，使儒学本身也上升到一个新的境界。而这种逃离现实玄谈哲理的文化特征又正好符合佛教的基本精神。佛教传入中国之时，恰逢魏晋时代如此乱世，它的迅速传播也就不难理解了。

魏晋时期的哲学被称为"玄学"。因为那种干预社会、针砭时弊的政治理论和道德学说会给自己带来麻烦，甚至杀身之祸，讲一些玄而又玄的哲理则可以逃过这些灾祸。于是清谈哲理的"玄学"便成为这时期哲学的主流，本来积极入世的儒家哲学在这种时候也变成了远离现实的妙理玄思。哲学上逃避现实的玄学清谈、佛教远离尘世的潜心修行，表现在文学艺术上则是远离喧嚣、向往自然的美学倾向。于是欣赏自然之美成为魏晋文人中普遍流行的风气，正是这种社会现实造就了中国古代历史上一朵文化艺术的奇葩——文人园林。

不论是陶渊明，还是"竹林七贤"，抑或是其他名士，这一时期的文人们都以逃离现实、追求自然为共同的思想倾向，并由此而形成当时的风尚。追求自然之美和山林情趣的园林艺术当然也就成为文人们的一种爱好。因为真正要离开现实社会，进入深山老林中去独自生活，并不是很容易做到的事情。而就在城市里，在自己的宅第旁边，做出一片园林，小桥流水、假山怪石、林壑幽深，进到里面就像是与世隔绝，远离了喧嚣，这就是文人园林的旨趣。确实，当我们置身于苏州的拙政园、上海的豫园中，就能够体会到古人那种闹中取静、远离尘世的追求（图2-5-7）。

魏晋南北朝时期还有两种重要的艺术与园林同时兴起，一是山水诗，二是山水画。中国古代很早就有诗歌，春秋时期的《诗经》就是采集了商周以来各地的民间诗词歌谣而成，但是那时的诗歌内容描绘的都是现实生活，如国家大事、战争风云、劳动生产、男女爱情，等等，没有专写自然风景的诗歌作品。而魏晋时期开始出现了不写人、专门歌颂自然山水的诗词歌赋。美

图2-5-7 闹中取静的文人园林（江苏苏州留园）

术也是如此，魏晋以前的中国绘画只有人物画，没有山水画，内容也都是现实社会生活，或朝廷礼仪，或战争场面，或生活小景。山水树木只是作为人物故事的背景在画面里稍微配一点，而且应该说都画得很幼稚，说明人们没有花精力去关注自然山水之美。然而从魏晋时期开始，出现了少画人物或不画人物而专门描绘自然山水的绘画作品。今天，山水画已经成了中国画中一个重要的门类，而且是最重要的门类之一。在魏晋南北朝这一特殊的时期，山水诗、山水画和文人园林同时兴起，这绝不是偶然的巧合，而是由于这一时代特殊的历史背景，导致了人们对于自然美的觉醒。而且欣赏和表现自然之美从此以后一发不可收，成为中国文学艺术中一个主要的内容和最重要的特点，一直延续至今。

　　中国古代园林除了皇家园林和私家园林以外，还有寺庙园林和书院园林，然而事实上寺庙园林和书院园林在文化类型上与私家园林属于同一类，其旨趣也与私家园林相似。他们所追求的不是皇家园林那种东海神山的仙境和长生不老的幻想，而是与魏晋文人们一样逃避现实、追求自然乐趣的精神境界。寺庙园林则更是远离尘世的"净土"的象征，是佛教徒们去除世间烦恼、静心修炼的好场所。佛教的本旨就是超脱尘世、远离俗缘、去除世间的烦恼，躲到深山老林中去修养心性。所谓"名山大川僧多占"，就是这个道理。建造佛教寺庙常常选择远离闹市的深山之中，如果在城市里建造寺庙，往往就在周边建造园林，人工造出一方净土。书院是中国古代的学校，是文人最集中的地方，书院园林供书生士子们游览风景，在欣赏自然美景的同时修养闲情逸致、陶冶性情（图2-5-8）。佛教徒的精神修炼与文人们的性情修养在本质上是相通的。

图 2-5-8 书院园林（湖南长沙岳麓书院园林）

六、阴阳五行与建筑方位

中国古代哲学中一个重要的内容就是阴阳五行，它对中国传统文化影响最深，同时也是最具神秘感的一个哲学范畴。春秋战国时期的诸子百家中就有一个重要的流派——"阴阳家"，专门研究"阴阳五行"的问题。所谓"阴阳五行"，是中国人一种早期的朴素的自然哲学，是对世界的本质和运行规律的一种猜测。"阴阳"是世界的两极，世间万事万物都由阴阳相合而生成，同时任何事物也都有阴阳两个相辅相成的对立面，如天地、乾坤、日月、男女、奇偶、正负、上下，等等。"五行"是组成世界万物的五种基本元素——金、木、水、火、土，世界万物都由这五种元素构成。与之相应，世间事物也都具有五种基本的属性，例如，五方：东、南、西、北、中；五色：青、赤、黑、白、黄；五谷：稻、麦、粟、黍、菽；五金：金、银、铜、铁、锡；五脏：心、肝、胃、肺、脾；五德：仁、义、礼、智、信；五音：宫、商、角、徵、羽；五味：甜、酸、苦、辣、咸；等等。

在中国古代建筑中，阴阳五行的思想也有多种形式的表现。首先，关于阴阳的观念主要表现在方位和数字方面。南为阳，北为阴，东为阳，西为阴，这是方位观念中最基本的要素。因此都城规划时天坛在南郊，地坛在北郊，日坛在东郊，月坛在西郊；皇宫之中，太子、皇子等男性住东宫，公主、妃子等女性住西宫。

数字中的阴阳关系主要体现在奇数和偶数的关系上。奇数为阳，偶数为阴，这一观念最直接地影响着整个中国古代的建筑文化。中国的古建筑都是奇数开间，如三开间、五开间、七开间、九开间，没有偶数开间。之所以采用奇数开间，一方面是因为阴阳观念，另一方面也是由中国传统建筑的功能特点决定的。因为中国传统建筑的庭院组合是中轴对称的，所以中轴线上的主体建筑都是从正中间进门，奇数开间就是正好从中间的明间开门（图 2-6-1）。如果是偶数开间则正中间是柱子，门就偏到一边了。有一个特例是宁波的天一阁，这座中国古代最著名的私家藏书楼，其立面造型极其特殊，底层六开间，上层一开间。上层其实内部是和底层一样的，只是外部形象上做成一开间的样子。之所以做成这样完全是出于一种信仰的原因。中国古代的木结构建筑最怕火灾，藏书楼更是如此。《易经》中说："天一生水，地六成之。"水能镇火，于是天一阁的建造者们把建筑做成上面一开间（"天一"），下面六开间（"地六"），借水来镇火，"天一阁"的名称也就是这样来的。这个建筑特例也是因为对"术数"信仰的产物。因为天一阁的名气，后来连皇家藏书楼都模仿它的形制。清朝乾隆年间编撰了规模巨大的类书《四库全书》，为防不测而另外抄写了六部，一共七部。

分别在北京、承德、沈阳、杭州等地建了七座皇家藏书楼分藏。这七座皇家藏书楼分别取名"文渊阁""文溯阁""文澜阁"等,它们都模仿宁波天一阁的形制,建成六开间,即阴数开间(图2-6-2)。

图2-6-1 建筑单数开间

图2-6-2 皇家藏书楼,六开间(辽宁沈阳故宫文溯阁)

阳数之中以"九"为最大，是阳数之极，也就是最高等级的数，只有皇帝的建筑才可以用"九"的数字。开间九间、踏步九级、斗拱九踩、门钉九路、屋脊仙人走兽九尊，等等，这些都是皇帝的建筑特有的。除了"九"以外，还有一个数字比较特别，那就是"五"。因为"五"是阳数最中间的一个数，"五"和"九"相结合是最高贵、最吉祥的一个数组。《易经》中说："九五，飞龙在天。"古人称皇帝为"九五之尊"，宫殿建筑中很多地方也用到九和五的数字组合。天安门城楼就是面阔九开间，进深五开间，故宫中还有一些殿堂也是如此。

　　"五行"的思想最主要表现在"五方"和"五色"的象征。由"五行"中的木、火、金、水、土，分别对应"五方"中的东、南、西、北、中，以及"五色"中的青、赤、白、黑、黄（图2-6-3）。北京天安门西侧的社稷坛（今中山公园）的祭坛是一座正方形的坛台，坛面上按照不同的方向分别填着五种不同颜色的土壤——东方青色、南方赤色、西方白色、北方黑色、中央黄色（图2-6-4）。同时，围绕社稷坛坛台的四方形围墙也按照方位的颜色用不同颜色的琉璃砖来砌筑，只不过南方本应是红色，而改为了黄色。这是因为

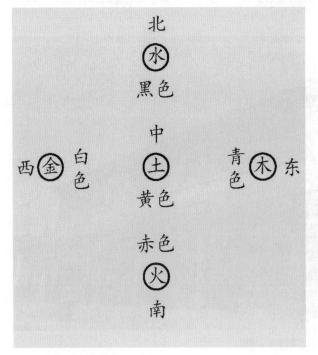

图2-6-3 五行、五方、五色

图 2-6-4 北京社稷坛

在陶瓷烧制的历史上（琉璃也属于陶瓷一类工艺），红色一直是一种烧制难度极高的颜色，至今仍然没有专门烧制的红色琉璃，而正好四方围墙又不能用五种颜色，于是就用中央的黄色代替了南方的红色。于是四方围墙就是东方用青色（蓝色）琉璃砖，南方用黄色，西方用白色，北方用黑色（图 2-6-5）。社稷坛是古代皇帝祭祀土地之神"社神"和五谷之神"稷神"的地方，中国古代是农业国，土地和粮食是关乎国家命运的头等大事。有土地和粮食就意味着国泰

图 2-6-5 北京社稷坛
四方围墙

民安、天下太平。久而久之，人们就把"社神"和"稷神"与国家社会的安定太平联系在一起，所谓"江山社稷"便是由此而来。而国家的土地是一个东、南、西、北、中各方统一的整体，用五种颜色的土壤，分别代表着天下五方，象征着平稳安定的一统江山。

与"五行""五方""五色"直接相关的还有中国传统的五岳祭祀，"五岳"即东岳泰山、西岳华山、南岳衡山、北岳恒山、中岳嵩山。中国古代传说中东南西北中五方各有一位大神掌管，东方青帝、南方赤帝、西方白帝、北方黑帝、中央黄帝，各管一方天地人间事务。皇帝要保持天下各方风调雨顺、五谷丰登、人寿年康、天下太平，就要求得各方大神多多帮忙，于是分别在五岳建祠庙，供祀五方之神位。每年皇帝或亲临祭拜，或委派朝廷大臣代为祭拜，五岳祭祀成为固定的国家礼仪大典。其中尤以东岳泰山祭祀最为隆重，从秦汉时期开始，历朝历代最隆重的典礼就是泰山封禅大典。这种典礼不是每年都有，甚至不是每个朝代都有，而是要在国家大治、天下太平、皇朝盛世的时候才会举行。每次举行封禅大典，不仅皇帝必须亲驾，朝廷文武百官也全部出动，浩浩荡荡，跋涉千里，前往泰山。所谓"封禅"，就是在泰山之上筑坛祭天，这叫"封"；在泰山下的小山上祭地，这叫"禅"。《史记·封禅书》中记载有"封泰山禅梁父""封泰山禅云云"，这里的"梁父"和"云云"都是泰山下的小山的名称。朱熹所著《通鉴纲目》中解释《史记·封禅书》中所说的封禅："此泰山上筑土为坛以祭天，报天之功，故曰封。此泰山下小山上除地，报地之功，故曰禅。"关于泰山封禅的意义，汉代班固的《白虎通义》中说："王者易姓而起，必升封泰山。何？教告之义也。始受命之时，改制应天，天下太平，功成封禅，以告太平也。"《五经通义》曰："天命以为王，使理群生，告太平于天，报群神之功。"因为泰山是五岳之首，所以在泰山上祭天祭地，向群神报告天下太平，并感谢群神之恩。

另外，《礼记·月令》中记载皇帝一年中不同季节在明堂中不同方向祭祀不同的神灵，也是根据五行学说中"五方""五色"的观念来确定的。春祭东方，"其帝太皞，其神句芒"；夏祭南方，"其帝炎帝，其神祝融"；季夏之月祭中央，"其帝黄帝，其神后土"；秋祭西方，"其帝少皞，其神蓐收"；冬祭北方，"其帝颛顼，其神玄冥"。

五岳祭祀不是宗教，而是一种政治性的典礼。其目的是完全政治性的，借礼仪祭祀的形式表达一种政治观念，希望国家政通人和、国泰民安。不仅如此，五岳祭祀还有四方平安、天下统一的象征意义。南宋以后，北方女真人入主中原，汉族人的南宋朝廷退守江南。这时天下五岳已经丢掉四个，只剩下了一个南岳衡山，于是着力经营，南岳及其周边地区得到很大的发展，成为南方地区朝圣的中心，同时也成了经济文化发达的重要地区。与此同时，在北方地区，金兵已占四岳，唯独少了南岳，于是在中岳嵩山的南边不远处草草建造了一座很小的南岳庙，以示统一天下的决心。这说明天下五岳是国家统一的政治象征。

因为五岳祭祀是国家祭祀而不是宗教，所以五岳庙也不是宗教建筑，而是礼制祭祀建筑。同时又由于祭祀规格之高，所以五岳庙的建筑都是属于最高等级的皇家建筑，规模巨大，红墙黄瓦，四周环绕城墙，城楼、角楼一应俱全，完全是模仿宫禁制度。岳庙中祭祀岳神的大殿都是前有正殿，后有寝殿，模仿皇宫"前朝后寝"的布局。泰山下的东岳庙大殿——天贶殿，更是重檐庑殿顶，面阔九开间，是只有皇帝才能有的最高等级的建筑。其他岳庙虽没有重檐庑殿，比东岳庙等级稍低一点，但也都是重檐歇山九开间，都是皇家建筑的规格（图 2-6-6）。

图 2-6-6 岳庙大殿（南岳庙）

七、风水观念与建筑环境

风水是与中国古代建筑直接相关的一种思想、观念或理论，它直接起源于中国古代的哲学思想，即中国哲学中关于"气"的思想。最早、最权威的关于风水思想起源的论述是晋朝郭璞所著的《葬书》中的说法："气乘风则散，界水则止。……古人使聚之不散，行之有止，故谓之'风水'。"风水的根本就在于一个"气"，"气"是中国古代哲学中一个极其重要的概念，很多重要的哲学流派都从不同的角度论述了"气"的问题。有的把"气"看作是一种宇宙物质，是世界万物的本原，即所谓"元气"；有的则认为"气"并不是物质，而只是物质的运行方式，即所谓"精气""神气""运气"等；有的把"气"看作是一种精神力量，例如"正气""浩然之气"等。总之，不论把"气"看作什么，在中国古代哲学中"气"无所不在，而且不只是哲学，在宗教、艺术、医学、养生等各领域，到处都充斥着"气"的元素。风水观念关注的是人与自然的和谐关系，其中自然离不开"气"这一关键元素。从这个意义上说，风水观念实际上也是一种哲学，一种中国特有的哲学。

风水关注的是人与自然的关系问题，它实际上是一种中国的自然哲学。人从自然界中来，又脱离自然而独立，而建筑则是人与自然相互交流的一个媒介，简单地说就是建筑处在人与自然之间。建筑是人造出来的物体，同时又是人躲避自然的手段和工具。人进入建筑就躲避了自然，离开了自然；人离开建筑就进入了自然。然而人不可能完全离开自然，建筑本身也处在自然之中，人通过建筑仍然可以与自然接触，受到自然的影响。风水观念中认为祖先葬得好就会惠及子孙，葬得不好殃及子孙，这实际上是中国人祖先崇拜思想的延伸。祖先生前创下基业，后人或者继承发展，或者坐享其成，于是在祠堂家庙里祭祀祖宗，一方面，感谢祖先的恩德；另一方面，祈求祖先的保佑。而祖先葬得好会保佑子孙后人，这种思想实际上就是起源于此。事实上中国人对待死者甚至比对待生者更重视，这一点将在下一节中论述，而关于风水的思想，也是首先从葬死人（所谓"阴宅"）开始的。中国古代关于风水的系统论述最早的就是晋朝郭璞的《葬书》。人是生活在自然中的，人生最后的归宿也是回归自然。即使回归自然了，还是在自然之中，正像活人住的建筑是在自然之中一样，死人住的建筑（坟墓）也是在自然之中。

所以同样需要好好考虑它的环境，让逝去的先人生活好了，他就能保佑后人。

从古人关于人与自然界关系的认识来看，风水思想的内容大体上可分为两大类：一类是与人的生活直接相关的居住环境的物质因素，例如建筑的朝向、水土的适宜性、周边的山水地形等。实际上这些因素都是与风向、日照、空气和水等与人的健康及生活环境的审美需要直接相关的事物，在这方面，风水思想中的这些内容实际上与我们今天的环境科学和景观艺术是吻合的。另一类则是带有神秘色彩的，至少可以说是人们至今无法解释的事物。例如谁家祖先葬得好就会子孙发达、当官发财，挖了谁的祖坟谁就会倒霉等这些至今无法证实的事实。但是在中国传统的风水观念影响下，很多人都相信其确实存在，直至今天仍然有很多人深信不疑。

中国古代的风水观念与阴阳五行的哲学思想也有着密切的关系，风水的关键是"气"，而处理好阴阳两种气的关系就是风水中一个极其重要的方面。阴气太盛当然不好，但阳气过旺也不行，必须阴阳二气调和顺畅，才是最合适的。五行中的金、木、水、火、土五种属性相生相克，更是风水观念中用来定夺人生大事的决定性依据。而五方五色的思想演变成青龙、白虎、朱雀、玄武"四灵"，成为风水观念中选择地形朝向的吉祥象征。"四灵"各据一方，东方青龙、南方朱雀（一只红色的凤凰）、西方白虎、北方玄武（其形象是一条黑色的蛇缠绕着一只黑色的乌龟），这种"四灵"形象的瓦当早在汉朝建筑中就已经出现（图2-7-1）。按风水思想

图2-7-1 "四灵"瓦当

来选择住宅基地，若是东有流水谓之青龙，西有长道谓之白虎，南有水池谓之朱雀，北有山丘谓之玄武，此为最佳吉形。当然，在现实自然环境中要选到这样的地形是极其困难的，于是人们便通过适当改变自然地形来达到目的。例如在屋后堆起一座小山，在屋前开辟一个水池，或者在并没有真正得到这种自然地形的情况下，通过取名字的方式来得到一种心理的安慰。这种事例在中国历史上比比皆是，在都城规划中，人们经常把南边的大道叫作"朱雀大道"，把南边的大门叫作"朱雀门"，北面的大门则叫"玄武门"。南朝建康城（今南京）南门叫"朱雀门"；唐长安皇宫太极宫的正南门叫"朱雀门"，北面的后门叫"玄武门"，（唐朝李世民发动"玄武门之变"夺得皇位，成为唐太宗，就是这座玄武门）；大明宫的正南门叫"丹凤门"（丹凤就是朱雀），北门也叫玄武门；隋唐洛阳皇宫北门也叫"玄武门"；北宋东京皇城正南门叫朱雀门，皇宫南门叫"丹凤门"，皇宫北门叫"玄武门"；明朝都城南京皇宫北门叫"玄武门"，南京城北面的湖叫"玄武湖"；北京紫禁城北门叫"神武门"（"神武"就是玄武，因为清朝康熙皇帝的名字叫"玄烨"，为了避讳而改"玄武"为"神武"）；等等。这种思想也影响了日本，日本历史上最著名的古都平安京（今天的京都）和平城京（今天的奈良）城中正南边的中央大道叫"朱雀大路"（图1-3-3）。青龙、白虎、朱雀、玄武"四灵"的观念在中国古代的风水思想中影响深远,沿用至今。

说到中国古代的建筑风水，不能不提到一本书——《鲁班经》。这是一本民间建筑匠师的业务用书，全名叫《工师雕斫正式鲁班木经匠家镜》，简称《鲁班经匠家镜》。一般人可能认为这是一本关于民间建筑工艺技术的书，其实不然，这本书的很大一部分内容是关于风水的论述，其中尤以"鲁班尺"最为著名，也最特别。鲁班尺是过去传统工匠必备的一件工具，却并不是我们常人所想象的作为度量衡用来丈量长短尺寸的尺子，它的刻度既不是尺、寸、分，更不是米、厘米、毫米等度量单位，而是一些代表吉凶祸福的文字，是用来丈量吉凶祸福的。不同于一般作为度量衡的尺子，鲁班尺上面没有数字，只有文字，有刻度将整把尺分为八段，一面刻写有财木星、病土星、离土星、义水星、官金星、劫火星、害火星、吉金星等八个刻度；另一面上刻写着贵人星、天灾星、天祸星、天财星、官禄星、孤独星、天贼星、宰相星等八个刻度。每个大刻度两边又分别有权禄、吉庆等五个小刻度（图2-7-2）。鲁班尺总长为一尺四寸四分，每一段是一寸八分。其用法是用此尺去丈量某一个东西，看其长短是否符合尺子上的某一刻度，从而决定其吉凶。在建筑上鲁班尺用得最多的是丈量门的尺寸，所以鲁班尺也叫作"门光尺"。例如用它来丈量门的高度和宽度，如果其长短正好在财、义、官、吉这些刻度上，当然就是好的；如果在病、离、劫、害这些刻度上，当然就不好，就要调整门的尺寸。图 2-7-3 是一把清朝光绪年间的鲁班尺，上面用蝇头小楷书写着尺子的用法："此尺八寸为尺，十分为寸，每寸即营造尺一寸八分也。上列吉凶神煞，在用者审详。凡造门窗床榻之属，纵横交接之际，宜适于吉，勿适于凶，分寸逆数毋过不及。如大门、厅门、堂宜用权禄、吉庆、官禄、天禄；内院房门用子孙、横财、俊雅、安稳；书房门用智慧、聪明；厨房门用清贵、美味。略举梗概，余可类推。"

　　风水思想中充溢着很多神秘的因素，不能用科学的理论来解释。但它却又实实在在地影响着中国人的思想观念，尤其在建筑这一领域，它成了中国古代建筑文化的一个重要的组成部分。

图 2-7-2 鲁班尺上的刻度

图 2-7-3 鲁班尺

八、"事死如事生"——陵墓的意义

在中国古代的风水观念中，人的住宅有两类——阳宅和阴宅。活人的住宅是阳宅，死人住的坟墓叫阴宅。阴宅往往被看得与阳宅同样重要。

先从建筑的方面来看，陵墓本来只是埋葬死人的场所，但是在中国它是古代建筑中一种很重要的建筑类型。之所以成为重要的建筑类型，主要是因为陵墓建筑中最重要的部分是地下宫殿，即所谓"地宫"，而地宫的建造方式主要是采用砖石拱券技术。在古代建筑中，塑造建筑内部空间的手段无非有两种：一种是梁柱结构，柱子支撑起上面的横梁，下面形成空间；另一种是拱券，用小块的砖石可以拱出一个很大的空间。中国古代建筑以木结构为主，木结构是梁柱结构。西方古代建筑以砖石结构为主，砖石结构的长处是拱券，它不需要大体量的构件就可以拱出大空间。两千多年前古罗马时代的输水道就可以做出 40 多米跨度的拱券（图 2-8-1），世界著名的古罗马万神庙也是用砖石拱券做出跨度达 40 多米的穹隆顶（图 2-8-2）。在中国，由于建筑以木结构（梁柱结构）为主，所以砖石拱券结构相对于西方来说比较落后。现在我们能够

图 2-8-1 古罗马输水道

图 2-8-2 古罗马万神庙内拱券

看到的中国古代拱券技术的最高成就是建于隋朝（距今约 1400 年）的河北赵县安济桥，"赵州桥"，其跨度达到 37 米多（图 2-8-3）。除此之外，中国古代的砖石拱券技术主要是在陵墓地宫的建筑中得到发展。因为地宫中潮湿，做木结构容易腐烂，所以只好用砖石拱券来塑造空间，因此中国古代的砖石拱券技术在陵墓建筑中得到发展。

在文化方面，陵墓建筑所体现的则是中国古代对人的生死轮回的思想观念。中国古代历来有厚葬之风，这是因为中国人相信人死之后会在另一个世界继续生活，在所谓的"阴间"过着与阳世同样的日子。而坟墓就是死去的人在阴间居住的房屋，所以叫作"阴宅"。死去的人在阴间过得好不好，决定于他被埋葬得好不好，随葬的东西多不多，也就是送葬的人给他带到那个世界的东西多不多。如果带去的东西多，他在那边就能过好日子，反之就会受苦挨饿。这就是中国古代所谓的"事死如事生"，对待死人要像对待活人一样。这种观念一直延续到今天，我们今天看到人们在送葬的时候要烧"纸钱"，这些"纸钱"就是给逝者带到那个世界去花的"钱"。过去在送葬的时候还要把扎好的纸房子烧掉，让逝者在"那边"有房子住。今天随着时代的发展，有些地方甚至出现把扎的纸汽车、纸手机烧掉的情况，让死人在"那边"还能过上"现代化"

图 2-8-3 赵州桥

的生活。这说明即使在科技文明如此发达的现代，人们还是在延续着传统的观念。正是因为这种观念，导致了中国历史上的厚葬之风，即在埋葬死人的时候，将大量金银财宝、奢侈品和生活用品作为随葬品埋入墓葬之中。富人以大量财富来随葬，穷人也必须倾其所有来送走死人。在中国古代历史和文学作品中，不乏因家境贫寒而不惜倾家荡产来埋葬死人的事迹。著名的"七仙女"故事（黄梅戏《天仙配》）中的男主人董永，穷困潦倒，家徒四壁，竟靠卖身为奴得到一点钱来葬父，足以说明丧葬之重要。穷人尚且如此，富人就更不用说了，考古学界每发掘一座古代贵族墓，只要是保存较好的，每次都有惊人的发现，而且文物往往数量巨大。一座贵族墓葬所出土的随葬物品一般都在千件以上，多的达数千件，甚至上万件。

　　陵墓建筑最典型的代表是著名的秦始皇陵。虽然两千多年过去了，秦始皇陵至今仍然是一个谜。这座动用数十万人，花了十年的工夫，耗资无以数计的巨大工程，因为其巨大的花费成为"厚葬"的典型，它内部"上具天文，下具地理"的做法（参见前述第一章第四节），象征着秦始皇生前是世间的统治者，到了那个世界仍然是天地之间的君王。而轰动世界、号称"古代世界第八大奇迹"的秦陵兵马俑，更是体现了这种阴阳两界的现实转换。因为秦始皇生前统率千军万马，横扫六国，征服天下，死后在那个世界他还需要有他的军队，这就是秦陵兵马俑的真正目的和意义。不了解中国人的这种"事死如事生"的观念，就无法理解为什么要花费那么大的人力、物力和财力去制作这么大量的兵马俑埋入地下。今天已经发掘出来的士兵俑就有七千多件，还有没发掘的，另外还有一百多架战车、四百多匹战马，全都是1∶1的真实尺度。这是一个浩大的工程，因为从陶瓷制作工艺技术的角度来看，这种真人大小的兵马俑像制作一个都不容易，何况如此大的数量。

中国古人的这种厚葬之风直接导致了两种普遍的社会现象的出现。一种现象具有正面的意义，即因为厚葬而促进了包括建筑在内的工艺技术的高度发展。为了把死人埋葬得好，尤其是在地下这种特殊环境中，墓葬建筑必须采取各种措施使之坚固耐久，同时还要采用很多其他的防护和保护技术，这比建造一般的地面建筑难度更大。所以如前所述，中国古代建筑中最高超的砖石拱券技术就是首先在墓葬建筑中发展出来的。中国古代很多砖石雕刻艺术品也是在墓葬中得以保存下来，例如很多汉墓中出土的画像砖、画像石，不仅能让我们看到那些已经不存在了的建筑形象，而且保留下来很多历史、文化、生产、生活等各方面的信息。在防潮防腐技术方面，墓葬建筑也做出了特殊的贡献。另外，厚葬之风也促进了其他工艺技术的提高和进步，因为随葬品一般都是精工细作的工艺品，务尽精美豪华，以表达对逝者的尊敬。例如长沙马王堆汉墓出土的西汉女尸，皮肤还有弹性，还能注射，内脏不仅保存完好，还能根据其病变推测出她的死因，由此而成为世界之最，至今没有被超过。出土的随葬物品更是精美无比，其中一件丝织的"素纱襌衣"，薄如蝉翼，重49克。国内一家丝绸研究所花了十年的工夫仿制出一件，最后重量是51克，还是没有达到古人那样的水平。又如湖北随州的战国时期曾侯乙墓，出土的青铜器物铸造工艺之精美达到登峰造极的地步，完好无损的大型青铜编钟，其规模之大、数量之多、音域之广、音阶之准、音色之美，都达到了极高的水平，成为世界音乐史上的奇迹。古代墓葬中这类高水平随葬品不胜枚举，充分说明了中国人对死者的重视程度。

厚葬之风导致的另一种社会现象是负面的，那就是严重的盗墓风气。中国盗墓之风古已有之，延续至今，成为一种普遍的犯罪现象和严重的社会问题，其原因就是墓葬之中有大量的金银财宝和太多的好东西。直到今天，中国大地上无以计数的古墓始终与盗墓这一社会现象纠结在一起。或者是因为某一墓葬被盗，导致了考古的新发现，而且往往是被动的"抢救性"的发掘和发现；或者是在考古发掘中最后证明此墓早已被盗掘，导致考古发掘无功而返，没有科学价值，所以中国的考古学界最害怕听到的一个词就是"盗墓"。而考古和盗墓两个词又总是不可避免地联系在一起，以至于每次古代墓葬考古工作的第一步就是证实是否被盗，如果没有被盗，就意味着可能会有重要的考古发现；如果发现了盗洞，考古人员的心首先就凉了一半。有意思的是，有时盗墓本身，特别是古代的盗墓也成了考古的一部分。在古墓考古的过程中常常发现有汉代的盗洞、唐代的盗洞、宋代的盗洞等。例如在当年长沙马王堆汉墓的考古发掘过程中就发现了一个唐代的盗洞，万幸的是盗洞没有挖通，盗墓没有成功，马王堆汉墓才得以完整保存下来，而遗留在盗洞中的唐代盗墓工具本身也变成了文物。

"事死如事生"的观念导致的厚葬，在上古野蛮时代最残酷的表现就是"人殉"，即用活人殉葬去陪伴死人。当时一般是用奴隶或者战争中的俘虏来做活人殉葬，这是人类历史上最残酷年代的特殊文化，是人类从蒙昧野蛮走向文明的过渡阶段的产物。当人们逐渐有了文明的觉悟的时候，"人殉"这种残酷的现象也就逐渐消失了。但是按照"事死如事生"的观念，死人在那个世界还需要人服侍，于是就"作俑"来代替活人。在中国古代墓葬的考古发掘中常有人像俑出土，常见的有陶制的和木制的，最著名的就是秦始皇陵陶制的兵马俑。然而，不论是活人殉葬还是用陪葬俑，实际上都意味着对于人的生命的不尊重。因此以提倡仁义道德为主要目标的儒家，就坚决反对这种不尊重人生命的做法。孔子曾经说"始作俑者其无后乎"，骂那些作俑陪葬的人断子绝孙。这是我们能够看到的文质彬彬的孔老夫子骂人骂得最狠毒的特例，说明他对这种作俑陪葬的做法深恶痛绝，而对于活人殉葬那就更不用说了。事实上在关于生和死这一问题上，孔子是一个实实在在的唯物主义者，他的一句名言"未知生焉知死"说得很实在——人们连"生"的问题都还没弄清楚，又怎么能知道"死"的事情呢？然而，两千多年来孔子的其他思想被人们推崇，被人们相信，为什么他尊重生命，充满人性光辉的这一思想就没有被推崇，被相信呢？

九、艺术中的哲学思维

艺术与哲学有着极其重要的关系。因为哲学是人的思维方式的反映，而艺术是由人的思维方式所决定的，有什么样的思维方式就会有什么样的艺术。

哲学对艺术的影响主要表现在艺术思维的方法之上。中国古代哲学的特点是经验性和直观性，中国古代的艺术思维也是经验性和直观性的；西方古代哲学的特点是科学性和思辨性，西方的艺术思维也是科学性和思辨性的。在绘画方面突出表现在对于透视法的理解和掌握，在绘画上的所谓"透视法"，用最通俗的话来说就是近大远小，所有的平行线都向原点集中。绘画的时候都应遵循这一原理，画出来的东西才符合于真实，尤其是画建筑这种方正规整的东西，必须要符合透视法的原理，否则画出来的图像就失去了真实性。在建筑图的表现方面，可以很明显地看出中国古代是不懂透视法的。所以中国的古画中的建筑，透视关系都不对（图 2-9-1）。而在西方的古代绘画中却很早就有了透视关系的表达，例如在意大利庞贝古城的一幅建筑壁画中，就有用透视法来画的建筑图像（图 2-9-2）。庞贝古城是在两千年前古罗马时代维苏威火山的一次爆发中被突然埋没的，这说明古罗马时代的人们就懂得了透视原理。

在建筑图的绘制方面，中国的古人同样不懂得科学的绘图方法。因为中国古代建筑的建造方式是由工匠主持设计建造的，工匠属于劳动阶层，他们

图 2-9-1 敦煌壁画宋朝
第 61 窟中的建筑形象

图 2-9-2 庞贝壁画中的建筑透视

并没有严谨的科学知识和科学方法，所以他们绘制的建筑图是从经验出发，采用直观的表现方法。从今天建筑学的角度来说，这些都是不科学、不正确的。例如建筑平面图并不是画出建筑的平面块体、墙体线条等，而是直接画一个建筑的立面形象，而且正面的建筑朝向前面（向后面倒），两旁的建筑朝向旁边（向两旁倒），前面的建筑朝向后面（向前面倒）（图 2-9-3）。不仅一般建筑图是这样，就连清朝皇家建筑匠师"样式雷"的图纸也是如此（图 2-9-4）。而西方古代早在古罗马时代的建筑平面图就和我们今天的

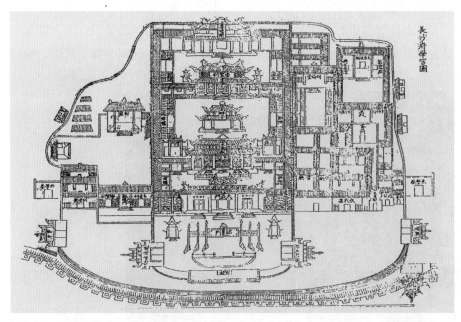

图 2-9-3 中国古建筑平面图（湖南长沙府学宫）

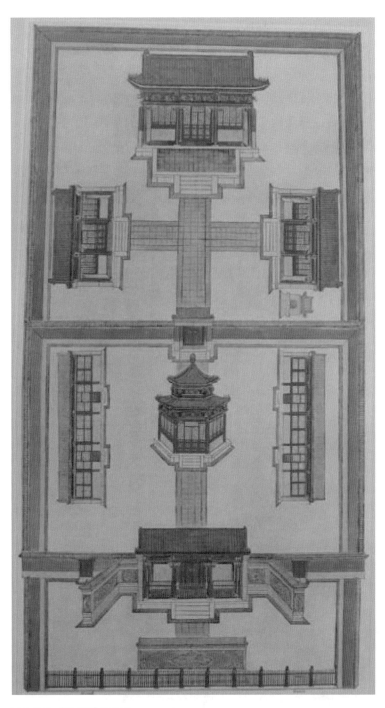

图 2-9-4 "样式雷"建筑图

差不多了（图 2-9-5）。立面图也是一样，中国古代不懂得正投影立面图的画法，往往把正投影立面和透视混合画在一起，同时又因为不懂透视而把透视画错。例如图 2-9-6 中的牌楼，显然是把正立面图和透视图画在一起了。上部是立面图，下部的柱子和基座画的却是透视，而透视又没有画对。正确的立面图应该是图 2-9-7 中所画的样子。又如《营造法式》中画的斗拱图（图 2-9-8），作者显然是不懂得如何准确地用立面图来表现斗拱。我们今天能够用准确的立面图来表现斗拱（图 2-9-9），完全是采用了来自西方建筑学的制图方法，而且这种方法西方很早就已经有了。

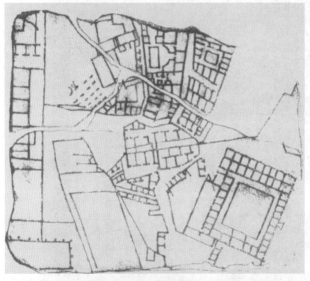

图 2-9-5 古罗马建筑平面图

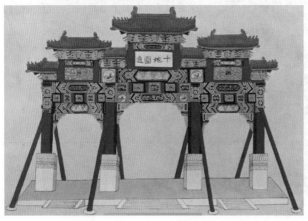

图 2-9-6 古书中牌楼的画法

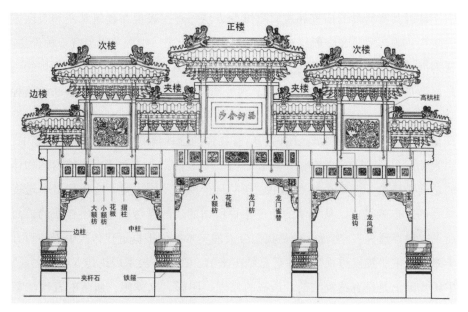

图 2-9-7 按建筑学制图方法所画的牌楼立面图

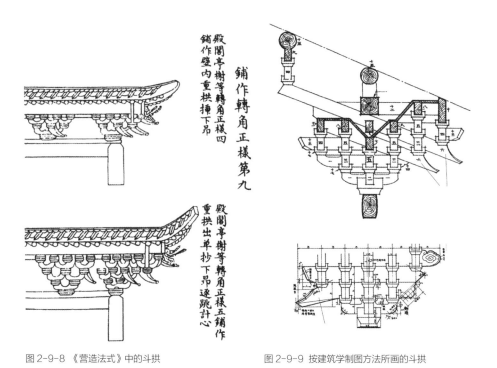

图 2-9-8 《营造法式》中的斗拱   图 2-9-9 按建筑学制图方法所画的斗拱

是否具有科学的研究和逻辑思维的方法，不仅表现在建筑制图和表现方式是否正确，而且在一般绘画作品中也能体现出来。中国美术界有一种说法，认为西洋绘画是"焦点透视"，即以一个视觉原点为中心的透视法；中国绘画是"散点透视"，即没有透视原点，到处都可以作为透视原点的透视法。这种观点混淆了一个基本的科学原理，即人在朝一个方向看的时候是只能有一个视觉原点的，在这个视域范围内的所有物体的透视角度只能向一个原点集中。当人朝向另一个方向的时候，就会有另一个透视原点，而那个视域内的物体的透视角度全都向那个原点集中。在同一个视域范围内是不会出现多个透视原点的，也就是说，从科学的角度来说所谓的"散点透视"是不存在的。而所谓"散点透视"，实际上也是我们今天的美术家们根据近代传入中国的西方美术理论中"焦点透视"的原理总结出来的。在西方美术理论传入中国之前，中国实际上是没有透视法的。透视的原理、阴影、立体感、质感的表现法都是西方美术中素描方法的重要组成部分。在近代西方美术传入中国之前，中国美术中是没有素描的，当然也没有透视、阴影、立体感、质感的表现。古代的中国画中不仅没有透视、阴影、立体感的表现，人物画得也不准确，甚至连人物的比例都画得不对。相反，西方古代绘画和雕塑中对人物的表现却是很准确的、真实的。两千年前古希腊罗马时代的人物雕像的比例之准确、造型之精美甚至连今天都难以超过（图2-9-10）。究其原因，还是科学思维和哲学思维的问题，中国人没有用科学的观念来看待艺术问题，没有科学地研究阴影和透视的原理和表现方法；没有科学地研究人体比例关系和人体肌肉的解剖；没有研究怎样用图画把物体表现得更准确、更真实。而西方人很早就用科学的方法来研究绘画中的各种科学原理和方法，研究人体解剖和比例关系等（图2-9-11）。

　　另外，在绘画的表现方法上，中国古代和西方古代绘画也体现出不同思维方式的影响。西方油画的表现方式是一切都要交代清楚，表达准确。例如画静物——一束花，这束花是插在花瓶里，花瓶是放在窗户边的桌子上，桌上还有桌布和别的物品，窗户上挂着窗帘等，都要一一画出来。而中国古代绘画中的花卉，如一枝梅花从半空中横插过来，这枝梅花是长在树上还是插在花瓶里，是在什么地方，周边的环境怎么样，等等都是空白的，不需要交代。

图 2-9-10 古希腊人像雕塑

图 2-9-11 西方人研究科学的绘画方法

按照美术界的说法是西方美术重再现,中国美术重表现。实际上所谓"再现"和"表现"只是一个方面;另一方面,其实也是更重要的方面,是因为对事物的观察方法和表达方法的不同。西方绘画要求观察事物要准确,表达要准确、真实,按一般人的说法就是"画得像",要把事物本身的特质、立体感、质感以及周围环境都真实地表达出来,所以西洋油画、水彩画看上去像照片。而中国画并不要求画得准确,只要人凭经验和直观感觉对就可以了,所以画的对象不一定准确,没有立体感、质感,更没有相关环境的表达,只要求表达出人的感觉和意境。

第三章

中国宗教与中国建筑

从本质上来说，中国人不信宗教，但具有现实的功利主义思想，这一点是中华民族和世界上其他民族的一个重要差别。就宗教在整个社会生活中的重要性来看，在一般意义上宗教在中国人的心目中从来没有占据过最重要的位置；从国家的层次上来看，在宗教和国家政治的关系上，西方国家、印度、伊斯兰国家等历史上都有过宗教大于政治、教权高于皇权的情况，唯独中国在历史上一直都是政治大于宗教，中国从来没有过教权高于皇权的历史。这一点在建筑上也有明显的体现，例如在古代欧洲，不论是古希腊罗马时代的神话还是中世纪的基督教，它们都是国家思想和政治的根源。尤其是中世纪，教权高于一切，国王或皇帝必须得到教会的认可，必须由教皇给他加冕才算合法。因此西方古代历史上最重要、最著名的建筑都是宗教建筑，如古希腊罗马的神庙、中世纪的教堂等。古希腊的帕提农神庙、宙斯神庙、古罗马的万神庙、中世纪的巴黎圣母院、米兰大教堂、文艺复兴时期的佛罗伦萨大教堂、圣彼得大教堂等，这些威名赫赫、宏伟至极的宗教建筑，成为整个欧洲古代建筑史的主流。直到16世纪之前，整个欧洲甚至都没有一座像样的皇宫。16世纪以后，法国市民阶级（资产阶级的前身）和皇权联合，向教会争夺政治权力，才出现了法国的夏宫、卢浮宫、凡尔赛宫等著名的皇宫建筑。而在中国，不论任何时期、任何朝代，最重要、最著名的建筑一定是皇宫。秦朝阿房宫，汉朝长乐宫、未央宫，唐朝太极宫、大明宫，直到明清紫禁城，等等，这些在中国历史上留下威名的建筑全都是皇宫。在中国历史上虽然也有过宗教盛极一时的朝代，宗教建筑数量很多，但就其建筑规模、等级和宏伟程度来说，都远不能和任何一座皇宫相比。这说明在中国古代宗教始终没有成为国家意识形态的主流，在国家是如此，在民间也是如此，中国老百姓也从来没有把宗教看得高于一切。一般中国人的人生目标大多是"仕途"的成功，这一点在世界各地是比较突出的。中国人对待宗教采用的是一种实用主义的态度，这种态度在社会意识、文化观念等各个方面都表现出来。另外，在关于"神"的概念以及对待神的态度上，东方人和西方人自古就有着很大的差异。东方人认为神是一种比人伟大得多的存在，因而东方人造像往往尺度很大。例如龙门、云冈等石窟造像，甚至像乐山大佛这样用整座大山雕凿出来的佛像，同时像阿富汗的巴米扬大佛、南亚、东南亚国家的巨大佛像，甚至于现代各地借助山体建造的巨佛、寺庙内的佛像，等等，都是巨大的尺度。

西方人心目中的神与人很接近，这恐怕是古希腊罗马神话的传统。在古希腊和罗马神话中，神人同形同性，除了少数的神是人首兽身以外，绝大多数神都是和人一样。他们的形象就是人的形象，他们有着和人一样的男女性别、喜怒哀乐，甚至有着和人一样的缺点错误。伟大的主神宙斯居然变成一头漂亮的牛去勾引美丽的少女欧罗巴；美神阿芙罗蒂忒和智慧女神雅典娜为争夺太阳神的金苹果而争风吃醋，大打出手；爱神维纳斯背着自己的丈夫火神和战神马尔斯偷情被她丈夫当场抓获……像这样的故事在古希腊、古罗马神话中都是被当作人性的故事来传诵的，他们没有认为这是对神的亵渎，甚至根本就没有想过要那些被人崇敬的神为人做出什么好的榜样。在他们看来，神与人的区别仅仅在于神比人更有力、更美，男性的神就是最有力量的男人，女性的神就是最美的女人。他们崇尚的就是力和美。在基督教里也是这样，上帝和耶稣、圣母、圣徒、使徒之间的故事也都是一些人性化的人间故事。而在东方，人们心目中的神与人相隔太远，神界完全是神秘莫测，不可接近的。

在宗教建筑方面，东方的庙宇里面神像巨大，占据着殿堂的中心，供人们顶礼膜拜，没有僧人向信众们传道布教。而西方教堂里的神像并不大，远远地挂在墙上，教堂的中心是神父牧师布道的圣坛。他们是神的代言人，告诉人们要如何如何。这种差别，导致了建筑本身性质上的不同：东方的庙宇是神的居所，是信众们膜拜神灵的地方；西方的教堂是传道的场所，是信众们灵魂升天的地方。

一、佛教传入与宗教建筑的产生

佛教传入中国是在东汉明帝年间。相传有一次汉明帝夜晚梦见有金人从西方来到中国，带来了高深的智慧。于是命人前往西方寻访，访到两位印度僧人摄摩腾和竺法兰，他们牵着一匹白马，驮着经书来到当时的都城洛阳。汉明帝以隆重礼仪相待，将两位僧人安排在国宾馆鸿胪寺居住。第二年又另建一座寺院专供两位僧人翻译经书传扬佛法，为纪念白马托经书东来，将寺院取名"白马寺"。于是今天洛阳的白马寺就成为中国的第一座佛教寺院。只是今存白马寺的建筑经历了后来历史上的战乱，多次重建，已经不是当年的原物了。现存的是明清时期的建筑（图3-1-1）。同时也由于这一缘故，白马在中国佛教中有了一种特殊的含义。在中国家喻户晓的《西游记》故事中，除了唐僧师徒四人以外，还有一位实际上不可或缺的第五"人"，就是那匹形影不离的白马。而"寺"作为一种建筑，本来在中国古代是一种接待宾客的宾馆（鸿胪寺就是国家的宾馆），从此便变成了佛教的专用建筑——佛寺。自此，中国开始有了宗教，同时也有了宗教建筑。

很多人认为，在佛教传入中国之前，中国就有道教。这是一个错误，道教是在佛教传入之后，仿照佛教的形式而创造出来的。因为道教所崇奉的思想与老子创立的道家思想一致，于是道教就把道家经典作为道教的经典，把道家的创始人老子当作为教祖。其实老子所创立的是道家哲学，而不是道教，老子从来没有创立过道教，道教是东汉以后三国时期的太平道起义时才正式形成的。

佛教传入中国后立刻流行开来，史书记载南北朝时期南朝首都建康（今南京）有佛寺九百多座，北魏首都洛阳有佛寺一千多座。一座城市有如此多的佛教寺院，这在今天都是难以想象的事情，说明当时佛教之盛行。而宗教之所以

图3-1-1 河南洛阳白马寺

流行，其主要的原因还在于社会。因为宗教实质上是人们的一种精神寄托，尤其在人们不能把握自身命运的时候便寄希望于神的庇佑。魏晋南北朝的年代，战乱频繁、民族冲突、社会动荡、政治黑暗，朝廷权力斗争残酷，民间生活疾苦难耐。在这样的年代里，突然有了这样一个精神避难所，让人们精神有所寄托、心灵有所安慰，于是人们口口相传、心心相印，大家都来信奉这个虚无缥缈的世界。

宗教最重要的特征之一是"一神"，即信奉这种宗教的神，就不能信其他宗教的神。而中国老百姓往往是没有区别地见神就拜，拜如来佛、观音菩萨的同时，也拜玉皇大帝、太上老君、财神爷、土地菩萨等等。中国的很多民间庙宇里面也往往是佛教、道教、神话传说、民间信仰等各路神仙同时供奉在一起。另外，中国是一个现实理性占主导地位的国家，就像中国人对待哲学和科学的态度是现实主义（实用主义）的一样，中国人对待宗教也是现实主义（实用主义）的。在一般日常生活中，宗教应该是一种道德理想，这是世界上大多数宗教的共同特点，我们今天所能看到的全世界的主要宗教都是教人积德行善，教人奉献，不求索取。不论是信奉佛祖、信奉耶稣基督，还是信奉真主，或者是其他的宗教，都是如此。听神的话，就是要为他人做好事，不能骗人害人。这种奉献精神有时甚至被推到极致，例如佛教中就有割自己身上的肉来喂饥饿的动物，甚至"舍身饲虎"的故事。西方人进教堂是去聆听布道传教，聆听神的教诲，或者做了什么错事进去忏悔；印度人进寺庙是去表达对神的崇敬，表达虔诚修行的决心。而中国人进寺庙往往都是去求神给予好处，老头老太太生病了求神保佑早日康复；年轻人烧香磕头，求菩萨保佑考个好学校，找份好工作，找个好对象，等等。总之，去寺庙里是有所求的，而不是表达要奉献什么的。因此，大多数中国人是没有真正的宗教感情的，甚至今天的一些佛教寺庙里充满了商业气息，忘记了这里本应是"六根清净"，摆脱一切尘世欲望的"净土"。例如云南的某座寺庙内就建有财神殿，财神和佛教完全是风马牛不相及，佛教寺院里建财神殿不仅违背了宗教"一神"的原则，也从根本上违背了佛教清心寡欲苦苦修行的宗旨（图3-1-2）。

由于宗教是外来的，再加上中国人以自己的理解来诠释宗教，因此中国古代的宗教建筑没有自己特有的式样，而是借用一般宫殿建筑和民居建筑的式样。

图 3-1-2 云南某佛教寺院内的财神殿

大型的寺庙像宫殿，采用庑殿和歇山式屋顶（图 3-1-3）；小型的寺庙像民居，采用悬山和硬山式屋顶（图 3-1-4）。总体布局也是像宫殿和民居一样中轴对称，轴线上一座座殿堂沿纵深方向排列。在世界上其他宗教观念较强的国家，如西方国家、伊斯兰国家、印度等，宗教建筑都有着不同于一般世俗建筑的专有样式。不仅如此，宗教建筑的规模之大、装饰的精美程度等也非一般世俗建筑所能相比。在西方，古希腊罗马的神庙、中世纪的教堂都是那个时代建筑的最高技术和艺术成就的代表。以穹顶建筑为例，世界上最著名的古代穹顶建筑有古罗马万神庙、拜占庭的圣索菲亚大教堂、文艺复兴时期的佛罗伦萨大教堂以及圣彼得大教堂等，它们都是宗教建筑；哥特式建筑就更是如此了，不论是高度最高的德国乌尔姆教堂，还是装饰最华丽的意大利米兰大教堂，这些世界上最宏伟壮丽的哥特式建筑也都是宗教建筑，都以哥特式特有的尖塔来表达向往天国的宗教感情；伊斯兰教建筑清真寺也是特征明显——洋葱头式的穹隆顶，高耸的"邦克楼"（宣礼塔），以及因为伊斯兰教禁止偶像崇拜而形成

图 3-1-3 大型寺庙建筑采用庑殿顶（山西大同华严寺大殿）（柳思勉摄影）

图 3-1-4 小型寺庙建筑采用悬山顶（山西五台山佛光寺文殊殿）

的特有的抽象形几何图案装饰。总之，世界各国各种宗教都有其特有的宗教建筑式样，唯独中国的宗教建筑——佛教和道教没有自己独特的建筑式样。这里所谓"没有自己独特的建筑"是就主体建筑而言，即佛寺道观中的主要殿堂。在其他方面还是有一些特殊的建筑，那就是佛教的塔和石窟，而这恰好又是外来的建筑形式。

二、塔的演变

中国古代本来是没有塔这种建筑的，它原本是印度佛教中的一种特殊建筑——僧人的坟墓，叫作 Stupa，中文翻译成"窣堵坡"，也叫"塔婆"。印度的"窣堵坡"形状类似于覆钵，顶上矗立一个相轮（图 3-2-1）。这种"窣堵坡"随着佛教一起传入中国，然而这种建筑式样太不符合中国人的习惯，难以被人们接受。于是中国人按照自己的理解将塔建造成多层的中国楼阁建筑形式，同时将印度的"窣堵坡"缩小置于塔顶，这就是我们今天看到的塔顶上的"塔刹"。这就是中国式佛塔的产生。

塔传到中国最初是用来存放舍利的，叫"舍利塔"。按佛教的说法，佛祖释迦牟尼去世后，其身体被火化后出现很多结晶体，叫作"舍利子"。因为舍利子是佛祖真身的遗物，被佛教信徒们当作圣物来供奉。史载印度阿育王将佛祖舍利子分成五十多份，赠予印度、中国的各处寺庙分别供奉。中国隋朝曾有过一次较大规模的佛舍利传播，隋文帝杨坚为感戴僧尼智仙抚养之恩，于仁寿二年（602）诏令全国五十二州，在名山福地建塔，将所得舍利分藏各处。今长沙岳麓山的隋舍利塔就是其中之一（图 3-2-2）。该塔始建于隋仁寿二年（602），五代时被毁。民国初年，麓山寺僧寻得遗址将塔复建。

塔的另一种功能是僧人的坟墓——墓塔。佛教僧人圆寂后不建坟墓，而是建造一座塔，葬于塔下。我们今天经常能在一些寺庙周边看到一些小塔，那些都是墓塔。有的是一片塔林，就是僧人的集中墓地。塔林中有比较高大的塔和比较矮小的塔，那是僧人的地位、等级的代表，给地位高的僧人建大塔，给地位低的僧人建小塔（图 3-2-3）。

图 3-2-1 印度桑契"窣堵坡"

图 3-2-2 湖南长沙岳麓山隋舍利塔

图 3-2-3 塔林（墓塔　郭宁摄影）

中国佛塔的建筑造型大体上分为五类：楼阁式塔、密檐式塔、单层塔、喇嘛塔、金刚宝座塔。

楼阁式塔是最常见的，也是最具中国本土文化特征的一类。其建筑造型基本上就是一个多层楼阁的形式（图3-2-4），不同的是中国传统的楼阁建筑一般只有两三层，而塔往往要做到五层、七层，甚至九层；一般楼阁建筑都是正方形或长方形平面，而塔往往是六边形、八边形平面。唐朝的塔多建成正方形平面，如西安大雁塔、小雁塔等，唐以后一般都是多边形平面了。但在江浙一带直到明朝仍有大量方塔的存在（图3-2-5）。楼阁式塔一般都是能够让人爬上去的，内部各层供有佛像，有楼梯盘旋而上，可供人登临远眺风景，因而楼阁式塔往往都规模比较大，建在高处，成为一个地方的标志性景观。

密檐式塔是中国传统楼阁建筑和印度塔相结合的产物，层层屋檐紧密叠加，两层屋檐之间的高度很小，不能做楼层，所以一般密檐式塔都是实心的，人不能进入，更不能登上去。密檐式塔只是一种佛教的装饰性建筑，在塔身外壁做

图3-2-4 楼阁式塔（山西应县佛宫寺释迦塔）

图3-2-5 方塔（江苏常熟方塔）

雕刻装饰，在各层屋檐之间做小佛龛，供佛像（图3-2-6）。

单层塔是一种规模比较小的塔。塔身之上只有一层屋檐，有时类似于一座小房子，例如山东济南历城的神通寺四门塔就算是单层塔中体量大的了，其他的更小（图3-2-7）。小的单层塔一般都是实心的，人不能进入。即使像神通寺四门塔这样大体量的单层塔，内部也只是一个很小的空间。单层塔和密檐式塔大多用于做僧人的墓塔。

喇嘛塔和金刚宝座塔都是藏传佛教建筑。藏传佛教也叫"喇嘛教"，是流传于藏族地区的佛教分支，其建筑式样与内地的汉族传统建筑风格迥异。喇嘛塔塔身为宝瓶状，上有华盖，塔身上做尖券形佛龛，内供佛像，宝瓶下做须弥座。塔体通常涂白色，所以人们常把它叫作"白塔"。北京北海的白塔和妙应寺白塔都为人们所熟知（图3-2-8）。

金刚宝座塔的造型也很特别，下部是一个巨大的方形台座，叫"金刚宝座"，宝座上有五座小塔，中央一座较大，四个角上各有一座比较小的塔。金刚宝座

图3-2-6 密檐式塔（云南大理崇圣寺塔）

图3-2-7 单层塔（山东济南神通寺四门塔）

图 3-2-8 喇嘛塔（北京妙应寺白塔）

塔传入汉族地区后，有的在上面五座小塔的中央前方做一座汉族式样的小亭子，表现出汉藏文化交融的特征（图 3-2-9）。在湖北襄阳有一座较为特别的金刚宝座塔——广德寺多宝塔，其下部的金刚宝座不是方形，而是八边形。另外，宝座顶上的五座小塔也造型各异，中央为一座喇嘛塔，四座小塔则为六角形密檐塔。此为全国独一无二，极为宝贵（图 3-2-10）。

在以上五种类型的塔中，较早流行的是楼阁式塔、密檐式塔和单层塔。国内现存最早的塔是河南登封嵩山脚下的嵩岳寺塔。这是一座密檐式塔，塔体上部层层收进的密檐的轮廓呈现出优美的弧线，平面做成十二边形，近乎圆形。

图 3-2-9 金刚宝座塔（北京正觉寺金刚宝座塔）

图 3-2-10 湖北襄阳广德寺多宝塔

整体造型之优美为国内罕见，是中国古塔中的瑰宝（图3-2-11）。藏传佛教流入内地时间较晚，是元朝时随着蒙古军队进入内地的，因为蒙古人信奉的是藏传佛教，所以内地的藏佛教是元朝以后才有的。藏传佛教在内地流传的范围主要是在北方，如北京、河北、山西、内蒙古等地区；南方极少，西南地区的云南等地因靠近西藏，也受到一些影响，所以喇嘛塔和金刚宝座塔这类藏传佛教的建筑也就只能在这些地方才能看到。南方大部分地区很难看到喇嘛塔和金刚宝座塔。今天在扬州、杭州等江南地区还能看到少量喇嘛塔，是因为当年清朝乾隆皇帝几次下江南时当地官绅为投其所好而专门建造的，并不能代表藏传佛教在这些地区流传。而且这些喇嘛塔大多只是作为一种风景点缀，和佛教本身并无多大关系（图3-2-12）。从中国佛塔的种类和分布情况可以看到佛教在中国的传播情况。

塔和佛教寺院的关系也有一个演变过程。最初塔是很重要的，是佛教建筑的主体，是佛教寺院中最重要的建筑之一，它一定是处在中轴线上最显赫

图3-2-11 河南登封嵩岳寺塔

图3-2-12 江南喇嘛塔

的位置。例如在陕西扶风的法门寺、西安的慈恩寺（即大雁塔所在的寺院）等之中，塔都是处于中轴线上最重要的位置上，这是早期佛教寺院的典型布局特征（图3-2-13）。随着佛教的发展，塔的重要性逐渐减弱，原来由塔占据寺院

图 3-2-13 塔处在寺庙中心（陕西西安慈恩寺大雁塔）

中心位置，变成了塔和殿堂并重。今天所能看到的这一时期寺院的典型代表是日本奈良的法隆寺，中央庭院中左右并列着一座塔和一座殿堂（图3-2-14、图3-2-15）。再往后发展，寺院就以殿堂为中心了，塔移到了旁边，或者移到寺院外面去了。随着寺院的进一步发展，有的寺院甚至就没有塔了。所以我们今天看到的很多佛教寺院都是没有塔的。

　　塔在佛教中的地位虽然在减弱，但它同时却以另外一种方式蓬蓬勃勃地发展起来，这就是风水塔。塔本来是一种佛教建筑，在长期的流传过程中逐渐被中国人改造成一种与中国本土文化相结合的新的建筑类型——风水建筑。风水塔与佛塔完全属于两种不同的文化，不能被混为一谈，但两者在建筑造型和艺术风格上却没有多少区别，从外观上几乎区分不出来。判别一座塔究竟是佛塔还是风水塔，就看它是否与佛教寺院有关系，如果是建在寺庙内或寺庙附近，那它就是佛塔；如果周边根本就没有寺庙，孤零零一座

图 3-2-14 日本奈良法隆寺

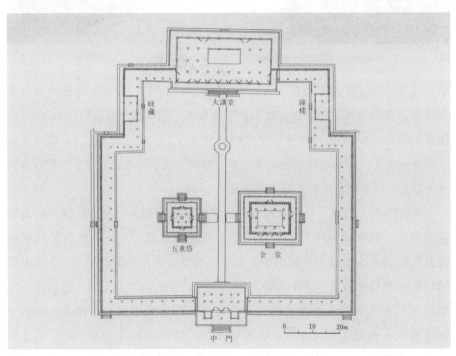

图 3-2-15 日本奈良法隆寺主体建筑平面图

塔，那它就是风水塔。风水塔大体上分为两类，一类是镇妖辟邪的，大多建在江河湖泊旁边。古人相信发洪水是由于水中妖孽作祟，于是建一座宝塔以镇压妖孽，所谓"宝塔镇河妖"（图3-2-16）。不仅是河妖，其他妖孽也能靠宝塔来镇压，中国古代神话中有一位"托塔李天王"，手中托着一座宝塔，就是专门用来镇压妖怪的；《白蛇传》中的蛇妖白娘子也是被法海和尚镇压在雷峰塔下面。另一类风水塔的建造目的是希望地方上出人才。古代科举制度下出人才只有一条路——读书，读书才可以做官，"学而优则仕"。而塔的形状像一支矗立着的笔，人们把这类塔叫作"文笔塔""文峰塔"或"培文塔"等，总称"文塔"。我们在旅行中常能看到这样的场景——远处的

图 3-2-16 镇妖塔
（湖南邵阳北塔）

山头上有一座孤塔，周边什么都没有，这种塔一般就是文塔（图3-2-17）。与此相关，老百姓还常把远处连续起伏的山峦叫作"笔架山"，形似桌上搁毛笔的笔架，其含义与文塔相同。湖南汝城县土桥村在村庄主要建筑祠堂的正前方远处的农田中建有一座塔，叫"文明塔"，其含义也就是"文塔"，它对应着更远处的笔架山，就是这种向往出人才的风水观念的典型（图3-2-18）。由佛塔向风水塔的演变，表明中国古人还是很善于利用建筑的形象来发挥想象力的。

图 3-2-17 文塔（湖南怀化黔城赤峰塔）　　图 3-2-18 湖南汝城县土桥村文明塔
　　　　　　　　　　　　　　　　　　　　　　（祠堂大门正对着塔）

三、石窟的意义

石窟又是一种外来的特殊的佛教建筑。本来中国是没有石窟的，石窟建筑来自印度，最初是一种开凿在山崖石壁上的叫作"支提"的小房间似的洞窟，供僧侣们修行和居住。石窟传到中国后就有了一些性质上的改变，变成了一种专供礼佛朝拜的场所。

中国古代的佛教石窟以西部的新疆、青海、甘肃为多，内地主要集中在黄河、长江流域的部分地区，南方地区也有零星分布。最著名的有新疆克孜尔石窟、甘肃敦煌石窟、甘肃麦积山石窟、山西大同云冈石窟、河南洛阳龙门石窟、四川大足石窟等。其中山西云冈石窟以石窟造像宏伟壮观而著称（图3-3-1）；河南龙门石窟以卢舍那造像之美而闻名（图3-3-2）；而甘肃敦煌石窟则完全是一座人类艺术史的宝库（图3-3-3）。

图 3-3-1 山西大同云冈石窟

图 3-3-2 河南洛阳龙门石窟卢舍那像

图 3-3-3 甘肃敦煌石窟

石窟是一种特殊的艺术。由于其建筑的特殊性，导致其艺术的特殊性。首先是造像方式的特点，石窟造像不同于佛教寺庙中的菩萨像，寺庙中的菩萨像一般是用泥塑，先做一个胚胎，然后在上面塑造，最后再做涂装、着服饰。石窟造像是全部石雕，而且不同于一般的石雕，它是在开凿洞窟的时候预留出石像的毛坯，然后再雕琢细部。石像与石头洞窟、山体是一个完整的整体，在此过程中每一步都需要小心翼翼，稍有失误就无法补救。开凿一个洞窟本来就很不容易，完全靠手工凿石头，开凿一个较大的洞窟少则数月，多则数年，若因凿石像不慎而导致失败则前功尽弃。不仅石像如此，石窟中的石柱也是在开凿洞窟的时候预留出来的。石窟的开凿难度使得人们将其当作一件艺术品来精心打造，不仅石窟中的佛教造像制作精美，佛像周围的壁画也是美轮美奂，精彩纷呈。以敦煌石窟为例，从魏晋时期直到清朝，一千多年间各朝各代没有间断地造像、绘画，使之成为一座世界独一无二的东方艺术史画廊。

　　此外，中国石窟还有一个特点，即洞窟与建筑相结合。中国的石窟并不只是简单地在石壁上凿洞，而是开凿洞窟后再在外面建造半边建筑，从外观上看就像是紧贴着石壁建造的建筑（图3-3-4），这叫"石窟寺"。具体做法是：在石壁上挖进一定的深度，再在外面立起柱子，抬起梁架。梁架一头落在柱子上，一头插在石壁中，上面再做屋顶，往往是半边屋顶。我们今天看到的著名的山西云冈石窟和河南龙门石窟的大佛造像都是露天的，其实原来在它前面都是有建筑的，由于千百年风雨剥蚀，外面的建筑毁了，只剩下了石窟和佛像本身，才变成我们今天看到的这个样子。今天人们可以看到，云冈石窟和龙门石窟的大佛像头部两侧后面的石壁上都有整齐排列的方洞，这就是过去建筑梁架插入石壁的位置（图3-3-1、图3-3-2）。

　　从原始的印度石窟"支提"演变为中国艺术化的石窟寺，最重要的原因不在于艺术，而在于佛教思想本身的发展和变化。本来佛教教义是比较艰涩难懂的，要读懂教义需花很大的精力。除了教义本身，要在精神上真正领会教义，将其变成自觉的行为准则就更不容易，甚至需要花费人的一生，这就是佛教的"修行"。佛教僧人往往需要一辈子的苦修，方能修得"正果"。然而佛教传入中国后出现了禅宗，禅宗的宗旨是"直指人心，见性成佛"，意思是说人人心中本来都有佛性，只要领悟到了就可以成佛。禅宗提倡"顿悟"，所谓"顿悟"，

图 3-3-4 石窟寺建筑外观

指对佛理的突然理解和领悟，这种领悟是通过人的直觉或主观体验，或者某种神秘的启示而突然获得的，不需要长时间的修行。人家要苦苦修行一辈子方得正果，而在我们这儿一下子就"顿悟"了，给人的感觉似乎来得很容易，有"偷懒"的嫌疑。当然，禅宗的创立目的之一也是为了在当时教育水平普遍低下的情况下，能够吸引更多的民众来信仰佛教。而另一方面，这似乎也符合了中国人急功近利的心态，人们没有那么多的耐心来长期苦修。在印度佛教的"支提"那样一座小小的石窟里，一个人坐在里面"面壁"苦修，这显然不太符合中国人的习惯。于是石窟到了中国以后，中国人便把它改造成了供奉佛像的场所，而且用壁画、彩塑等把整个石窟装饰得美轮美奂，仿佛人们来此不仅仅是为了虔诚敬拜，而且是来游览观赏娱乐的。中国人善于把一种苦的宗教改变为一种欢乐的宗教。

四、外来宗教与中国传统祭祀

清朝康熙年间曾经发生过一起重要的外交事件，史称"中国礼仪之争"。西方的天主教在明朝后期传入中国，到清朝康熙年间已经拥有了相当数量的中国教徒。罗马教廷发现这些中国教徒虽然信了天主教，但在学校里仍然祭孔子，在家里仍然祭祖宗。于是教皇发布禁令，禁止中国的天主教徒祭孔子、祭祖宗。康熙皇帝写信给教皇，解释说中国人祭孔子和祭祖宗不是宗教，而是中国的"礼仪习俗"。但教皇不听，仍然坚持禁令，于是康熙皇帝下令在中国禁止天主教，这就是历史上所谓的"中国礼仪之争"。康熙皇帝是对的，祭孔子和祭祖宗是中国古代礼制的规定，是一种中国特有的礼制文化，不论从哪方面说都和宗教没有任何关系。罗马教皇显然不懂中国礼制中的祭祀，以为这种在庙宇里面对一个人（神）的顶礼膜拜就是宗教。按照宗教"一神"的特点，宗教信仰必须是唯一的，信这个神就不能信别的神，他把孔子、祖宗都当成了神。这一事件一直延续到道光年间才得以解决，这时的罗马教皇明白了祭孔和祭祖宗确实不是宗教，允许中国的教徒可以祭孔和祭祖宗，中国才又放开了对天主教的禁令。

在中国，人们一般把宗教类建筑统称为"庙"，其实它们是有着准确的定义和严格差别的。佛教的叫"寺""院""庵"；道教的叫"宫""观"；中国传统的祭祀建筑叫"庙""祠""坛"。这里要着重介绍的是中国传统的祭祀。

中国的祭祀分为两类：一类是祭祀自然神灵；一类是祭祀人物。祭祀自然神灵的建筑叫"坛"，例如天坛、地坛、日坛、月坛、社稷坛等；祭祀人物的建筑叫"庙"或"祠"，例如孔庙、关帝庙、屈子祠、武侯祠等。数量最多、最普及的是老百姓祭祖宗的祠堂，也叫"宗祠""宗庙""家庙"。皇帝祭祖宗的"庙"叫"太庙"，天安门东边的太庙（今劳动人民文化宫）就是清朝皇帝祭祖宗的宗庙。一般人们把"庙"当作所有宗教类、祭祀类建筑的总和，佛教、道教、民间信仰及人物纪念类建筑统统叫作"庙"。然而事实上在中国传统文化中，"庙"本来是专门用来纪念祖先的建筑，《说文解字》中说："庙者貌也，言祭宗庙也，见先祖之尊貌也。""庙"就是"貌"的意思，所谓"祭宗庙"，就是见到先祖的尊貌。这里明确地表达了"庙"这种建筑的纪念意义，而且明确地说了"庙"就是纪念祖先的，所以把其他宗教的建筑都叫作"庙"本来就是不对的。

"庙"作为一种纪念建筑本身是在发展的，但是其发展在根本性质上并没有变化。变化的只是在纪念的对象上，由纪念祖先发展到纪念各类人物。中国古代的纪念建筑就是"庙"或者"祠"，合称为"祠庙"。这些祠庙往往建在与某一著名人物直接相关的地方，例如湖南汨罗的屈子祠建在屈原投江的汨罗江畔（图3-4-1）；在屈原的家乡湖北秭归也有屈子祠；陕西韩城是史学家司马迁的家乡，这里建有司马迁祠；湖南永州是柳宗元曾经生活过的地方，他在这里写了《永州八记》《捕蛇者说》等名作，这里至今保存着完好的柳子庙（图3-4-2）；另外还有重庆云阳的张飞庙（图3-4-3）、四川成都的武侯祠（图3-4-4）、福建福州的林则徐祠等，不一而足。而祭祀规格最高的则是祭孔子的孔庙或文庙，在数量上除了老百姓的家庙、祠堂之外，就数孔庙最多。因为古代礼制规定，凡办学必祭奠先圣先师，所以凡有学校的地方就有孔庙。其他祭祀名人的祠庙一般只是在这个人物出生的地方、去世的地方，或者是他曾经有过重要活动的地方，而孔庙则遍布全国各地。名人祠庙中除孔庙以外，最多的就是祭祀关羽的关帝庙。孔庙是国家祭祀，是国家制度规定的，由官方

图 3-4-1 湖南汨罗屈子祠

图 3-4-2 湖南永州柳子庙（张星照摄影）

图 3-4-3 重庆云阳张飞庙

图 3-4-4 四川成都武侯祠

出资兴建的；而关帝庙则是老百姓出于对关羽的崇敬而自发建造的。孔庙被称为"文庙"；关帝庙则往往被称为"武庙"，不过也有的地方把岳飞庙称为"武庙"。总之，这些都是中国古代祭祀文化的一种表现，祭祀就是纪念，祭祀人物的"庙"就是纪念建筑。

然而，在"庙"这类祭祀建筑中有一种比较特殊的类型——岳庙。所谓"岳庙"，是指祭祀五岳（东岳泰山、西岳华山、南岳衡山、北岳恒山、中岳嵩山）的庙宇。中国古人认为东南西北中天下五方各有一位大神掌管，皇帝每年要亲临祭拜或委派朝廷大臣前往祭拜，以求得天神保佑天下平安（参见第二章第六节）。本来"庙"祭祀的都是祖先、名人等真实的人物，没有神性，只是在他们死后被人们神化了，但本质上还是纪念。而这种岳庙祭祀相对来说就有了较多的神性了，但是它也还是不能算宗教，因为它没有教义，没有组织，只是一种简单的信仰而已。我们不能把五岳祭祀归为任何一种宗教，它既不是佛教，也不是道教，只不过在历史上可能出现哪座岳庙被某种宗教借用的情况。

从本质上来说，岳庙的文化属性都是政治性的，它们是皇家祭祀场所，和天坛、地坛、社稷坛是同样的性质。皇帝祭天、祭地、祭社稷、祭五岳的目的都是为了天下一统的江山万代永固。所以五大岳庙的建筑也都采用皇家建筑的等级规制，红墙黄瓦的皇家色彩，屋顶多用重檐歇山式样，泰山脚下东岳庙的主殿天贶殿更是采用了最高等级的重檐庑殿顶。其他岳庙建筑也都是九开间，大殿前台基踏步用丹墀（图3-4-5），这些都是只有皇家建筑才能用的，其他任何佛教、道教建筑都是不能用的。岳庙的祭祀规格也是最高等级的，属于皇家祭祀，皇帝要么亲临祭祀，要么委派朝廷官员致祭，其他宗教都不能与其相比。

湖南衡山的南岳庙就是典型。南岳大庙祭祀的是统管南方的"南岳圣帝"，阴阳五行中南方属"火"，相传南岳圣帝就是火神祝融，南岳最高峰就叫作"祝融峰"。南宋以后，由于北边的东、西、北、中四岳均已丢失，所以南岳祭祀成为皇家祭祀的中心，其他宗教都陆续向这一中心靠拢，到清初康熙年间，在大庙西边已经有了八座佛教寺院，在东边也相应地建有八座道教宫观。今天南岳大庙的总体布局是：中轴线上为大庙主体建筑，有棂星门、正川门、嘉应门、

图 3-4-5 中岳庙大殿

圣帝殿、寝殿等，宫门殿堂重重叠叠，宛若皇宫；东西两侧"八寺八观"排列，形成众星拱月的形势（图3-4-6）。佛教是西边来的，所以建在西边，道教是东方的，所以建在东边，中间是皇帝祭祀的南方大神。宗教服从政治，仍然是中国的传统。

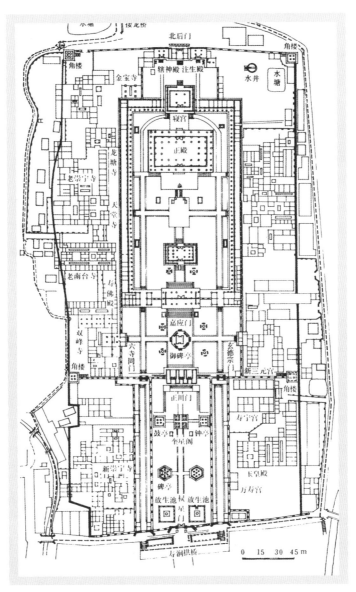

图3-4-6 南岳大庙总平面图

五、宗教与迷信

所谓"宗教"，必须要满足几个条件。第一，要有教义。教义一般就是教祖的思想、言论，或者由教祖亲自制定的道德行为准则，例如佛教的佛经、基督教的《圣经》、伊斯兰教的《古兰经》等。第二，要有完整的组织，组织内有严格的等级，例如基督教有主教、神父、修士、牧师等；佛教有方丈、监院、法师、经师等。第三，要有完整的仪式，在正式的场合，由专门的神职人员借用专门的器具按照固定的程序举行正规的仪式。只有满足了这几点要求才称其为宗教，否则都只能叫作一般民间信仰或迷信。例如平时老百姓拜财神爷、灶王爷、土地菩萨等，都属于这一类。

在佛教传入中国之前，中国是没有宗教的，最初只有鬼神迷信。中国有文字记载的最早的朝代——商朝就是一个鬼神迷信充斥的时代。商朝是一个从野蛮走向文明的过渡时代，一个矛盾的时代。一方面是技术文明的高度发展，最典型的代表是青铜器的制造，其铸造工艺之精美程度让人惊叹，有的甚至到今天都难以企及；另一方面又是鬼神迷信盛行，人们的行为带有强烈的愚昧和野蛮气息。

鬼神支配了商朝的一切，大到国家政治、部族战争，小到人们建造住房、婚丧活动等，所有的事情都必须占筮问卜，听鬼神的旨意才敢行事。中国最早的文字——商朝的甲骨文，就是由占卜而产生的。人们如果想做一件事情，首先问鬼神，根据鬼神的旨意行事。问鬼神的方法就是将龟甲、动物的骨头等放进火里烧烤，龟甲、骨头经烧烤后开裂，然后请巫师看裂纹的形状来判断是凶是吉。如果是凶则这件事情不能做，如果是吉则可以行事。国王（那时还没有皇帝）要建造宫殿，先拿甲骨问卜；要对其他部族开战，先拿甲骨问卜，问完以后的结果当时就刻在甲骨上。在记载行事问卜结果的同时，也就记载了一项项重要的活动，也就记载了历史，这就是留给我们的今天可以考证的商朝的历史。正是这种一切听命于鬼神的观念决定了商朝文化各方面的特征。例如，在政治上，国家大事由鬼神决定，国王和朝臣们无所作为，甚至整天饮酒作乐，荒废了朝政。所以后来周朝吸取商朝的教训，周公制礼作乐，文王武王勤勉理政，天下大治。我们今天从出土的商周时期青铜器上都可以看到这些历史的痕迹：商朝的青铜器大多是酒器，统治者们成天饮酒作乐；周朝的青铜器大多是礼器、祭器，统治者们注重礼仪祭祀，以礼治国。

　　商朝的野蛮也表现在鬼神迷信以及由此引申出的很多残酷的行为。最残酷的行为是杀殉，所谓"杀殉"，就是用活人殉葬。商朝的国王、贵族墓地都有殉葬，商朝都城河南安阳殷墟的宫殿遗址下面也都有活人殉葬。这些被杀殉的人或者被砍掉了手脚，或者被砍掉了头颅，或者被活埋。从考古现场可以看到，一把铁叉把人的脖子固定在地上，人的身体和四肢呈扭曲挣扎状，可以想见当时之惨状。这种杀殉的文化也是起源于对鬼神的迷信。后来随着文明的发展，对人的生命价值的认识逐渐提高，不再以活人殉葬，而代之以"俑"——木制或陶制的人形。在秦汉时期的贵族墓葬中就发现了大量木俑和陶俑，最著名的当然是秦始皇兵马俑了。但杀殉的情况并没有完全绝迹，在商朝以后的周朝、春秋战国、秦朝，甚至直到魏晋南北朝的时候仍然有过杀殉的事情，例如湖南里耶的秦代古城墙遗址中就发现有杀殉遗迹（图3-5-1）。杀殉使得商朝文化和艺术在表现形式上经常带有较强烈的恐怖气氛，最典型的是青铜器上的装饰图案。商朝青铜器上最常见的图案是"饕餮"，饕餮是中国古代神话中一种食人的怪

图3-5-1 湖南里耶古城墙杀殉遗迹

兽，人面兽身，形象凶残可怖（图3-5-2）。古书中说饕餮"食人未咽"，把人叼在嘴里，不咽下去，其凶残可以想象。而商朝青铜器有意选择这一凶残怪物的形象作为装饰图案，也可见商朝文化艺术的一种特色。

图3-5-2　商朝青铜器饕餮纹（河南安阳殷墟出土方彝）

商朝是中国历史上最迷信的时代，主要是因为这一时代正好是从野蛮愚昧向文明开化的过渡。周朝开始进入比较成熟的文明和理性的时代，一方面是因为时代的发展和生产力的进步，另一方面也是因为看到了商朝灭亡的教训。周朝开始将商朝对鬼神的迷信转变为对天地神灵和祖先的崇拜祭祀，这也是后来孔子创立的儒家文化的基础。孔子最崇拜的就是周朝的礼制，他一辈子忙碌，就是为了在春秋战国那个"礼崩乐坏"的时代恢复周礼。祭祀是周礼中最重要的内容，也是后来儒家礼制中最重要的内容之一，"礼有五经，莫重于祭"（《礼记》）。祭祀是中国古代一种特殊的文化现象，祭祀的形式有点像迷信，但是其内容实际上是非常现实的，即纪念和感恩。祭祀天地神灵是感谢它们造化万物、风调雨顺、五谷丰登给人们带来福祉；祭祀祖先是纪念和感谢他们繁衍家族、创造财富、福荫后代子孙。再后来，由祭祖宗又发展出祭祀其他著名人物，例如孔子、关帝等。

必须注意的是，中国古代的祭祀本来既不是宗教也不是迷信，尤其是祭祀祖先和名人，其性质和祭天地又有所不同。第一，祭天地社稷等属于国家祭祀，由皇帝祭祀或朝廷官员致祭，而祭祖先、祭名人则是老百姓都可以祭，是最普及的祭祀。第二，祭祖先、祭名人所祭祀的对象都是现实的人物，并非神灵。然而，中国人常常喜欢把一个自己崇拜的对象神化，这和中国文化中关于"鬼"的观念有着直接的关系。中国古代的观念是"人死为鬼"，"鬼"并不是什么可怕的东西，人死了就是鬼，而鬼和神都是应该要崇拜的，这就是鬼神迷信。当人们把祖先、名人这些现实人物神化以后，这种祭祀就带有了迷信的色彩。人们相信死去的祖先和名人能够保佑后人，祭祖宗能够保佑家族子孙繁衍，世世平安；祭孔子能够学业兴盛，求取功名，如此等等，变成了一种大众化的迷信。然而，即使是本来起源于纪念和感恩的祭祀也带有了迷信的成分，它仍然不是宗教。

中国古代历史上没有宗教，只有迷信和祭祀，而这种迷信和祭祀后来又相互关联，甚至在一定程度上合而为一，更使得宗教在中国难以生根，即使佛教传入中国，中国人自己也创立了道教之后，这些宗教也在一定意义上被中国人迷信化了。

六、建筑中的信仰文化

中国古代建筑中有很多与信仰或迷信相关的因素，它们或者是建筑上的装饰，或者是建筑的构件，但最主要的文化特征却不在于建筑，而在于思想文化等精神因素。它们东西虽小，却是典型的中国传统文化的表现。

鸱吻和鳌鱼

鸱吻和鳌鱼是中国古建筑屋顶上的装饰物。鸱吻是屋脊两端高高耸起的装饰构件，其形状为龙头鱼尾，头朝内张嘴咬吃屋脊，尾部上翘作卷曲状（图3-6-1）。鸱相传是龙的九子之一，是海中神兽，能喷浪降雨。中国古代建筑多为木结构，最怕的是火灾，于是将鸱置于屋顶上用以镇火。《太平御览》中有记载："唐会要曰，汉相梁殿灾后，越巫言，'海中有鱼虬，尾似鸱，激浪即降雨'，遂作其像于屋，以厌（压）火祥。"然而据说鸱有一个毛病，喜欢吃屋脊，所以又叫"吞脊兽"，因此其形象是张开嘴咬着屋脊。既要靠它镇火，又怕它把屋脊吃了，人们就用一把宝剑插在它的脖子后面，不让它把屋脊吞下去。于是鸱吻的脑后便有一把剑柄，只不过各地的做法不太一样。北方官式做法比较厚重，剑把是用琉璃烧制的，较粗较短，比较敦实。南方的做法比较纤巧空透，剑把也往往用铸铁做成，做得比较精细，斜插在鸱首背后（图3-6-2）。除了屋脊上的鸱吻，南方古建筑还习惯在屋顶四角上做鳌鱼。鳌鱼的形象也是龙头鱼尾，与鸱吻实际上是相同的含义。

图 3-6-1 北方鸱吻（北京故宫）

图 3-6-2 南方鸱吻（湖南长沙岳麓书院）

仙人走兽

所谓"仙人走兽"，是指中国古建筑屋顶翼角上排列的装饰物。它们本来是琉璃屋脊上用来固定瓦件的钉帽，是一种实用构件，做成仙人走兽的形象，用以装饰。最前端是仙人骑凤（一说是骑鸡），后面依次排列着龙、凤、狮子、天马、海马、狻猊、押鱼、獬豸、斗牛、行什等十尊神兽，共十一尊。只有最高等级的建筑上才有十一尊走兽，例如北京故宫太和殿（图 3-6-3）。其他建筑上的仙人走兽数量随着建筑等级下降而逐渐递减，依次为九个、七个、五个，最少的为三个。

最前面的仙人骑凤的来历有多种说法，一般是说春秋时期齐国国君在一次战争中被敌军追赶，在走投无路之际，一只禽鸟落在他面前。他骑上禽鸟飞走，死里逃生，寓意逢凶化吉。龙和凤都是神圣的吉祥动物，放在建筑上寓意吉祥高贵。狮子是百兽之王，寓意威武雄壮，也有镇妖辟邪的作用。獬豸是传说中的神兽，它性情忠诚耿直，善辨是非忠奸，《异物志》中说它"一角，性忠，见人斗则触不直者，闻人论则咋不正者"，它象征着公正。狻猊相传是龙的九子之一，其性情凶猛，形象似龙又似狮，用以镇邪。押鱼是传说中的海中神兽，

图 3-6-3 北京故宫太和殿上的仙人走兽

它兴风作浪、呼风唤雨，置于屋顶上能避火灾。斗牛也是传说中的一种虬龙，它能除祸灭灾，也是一种吉祥动物。总之，将这些神兽们装饰在屋顶上，代表了人们所有美好的愿望。

门簪和门墩

门簪是中国古建筑大门上的一对装饰物，它本来是用来搁置大门上的匾额的承托构件。由于它处在非常重要而且极其醒目的位置，人们便把它当作了一个重要的装饰物。有的用华丽的雕花将其做成纯粹的装饰（图3-6-4），有的将其做成阴阳八卦的图案，寓意平安吉祥（图3-6-5）。

门墩，也叫门墩石、抱鼓石。它是立在古建筑大门两旁的一对装饰性的石墩，本来是用来固定大门门框的一个石构件。它横压在门槛上，大门门框插在其上，既固定了门槛，又固定了门框。伸到里面的部位承托着门板，突出在门外的部分做成一个较大的墩座，成为重点装饰的部位（图3-6-6）。在很多情况下门墩被做成鼓形石墩，所以叫"抱鼓石"（图3-6-7）。这种装饰也是平安吉祥的寓意。

关于门簪和门墩，这里需要纠正一个错误。很多人把门簪叫作"门当"，把门墩叫作"户对"，合称"门当户对"。其实在中国古建筑中门簪就是门簪，没有"门当"的说法；门墩就是门墩，没有"户对"一说。而"门当户对"这一成语的本意就是指在男婚女嫁的时候男女两家的财富和社会地位相当，没有任何别的含义，和建筑更是没有任何关系。

图3-6-4 雕花门簪

图3-6-5 八卦门簪

图 3-6-6　门墩

图 3-6-7　抱鼓石

石敢当

石敢当又叫"泰山石敢当"，是中国古代用于建筑的一种神物，其作用是镇宅辟邪。它一般用在住宅建筑的门前或主要侧面，有的用石碑雕刻矗立于地上（图3-6-8），有的用石块雕刻镶嵌于墙上，还有的用木头制作悬挂在建筑上（图3-6-9），但最后这种情况较少，大多数石敢当还是用石头制作的。石敢当作为一种建筑现象，起源于中国的风水观念。当建筑的位置和朝向有某种不利的情况下，就用石敢当来抵挡。一般是建筑处在某种犯冲煞的位置或朝向上，例如建筑正对一条街巷或道路的出口，或者建筑的某一朝向不吉利等，在这种情况下，就要做一个石敢当，朝向不利的方向，以抵挡煞气。这种对于石敢当的信仰直到今天依然在民间有着较大的影响，在广大农村地区，很多新建的民宅仍然在使用石敢当。

图 3-6-8 矗立地上的石敢当

图 3-6-9 木制石敢当

门神

门神是中国传统建筑大门上的一种装饰，在两扇大门上分别画着两尊神像，用以驱鬼辟邪，护家镇宅（图 3-6-10）。

门神信仰由来已久，《山海经》中说，大海之中有一座度朔之山，山上有万鬼出入的鬼门，由"神荼"和"郁垒"两个神人把守，专门监管和处置那些害人的鬼。于是人们在门上画神荼和郁垒的像用来驱鬼辟邪，这种信仰被人们传承了下来。后来门神的形象又有过很多变化，唐朝以后变成了两个真实的人物，他们是唐太宗的两员虎将——尉迟恭和秦琼。据说唐太宗夜晚睡眠不好，常做噩梦，梦见有鬼上门。两位将军主动承担守卫任务，果然从此以后唐太宗睡眠安好了。长此以往，唐太宗担心两位将军的健康问题，于是请人将两位将军的像画下来挂在门上，也同样起作用。久而久之，人们都得知了此事，连民间老百姓都把两位将军的画像挂在门上驱鬼辟邪，他们就变成了家喻户晓的门神。门神虽然不是建筑本身的一部分，但是却成为中国古代建筑一种最普遍的装饰物和文化符号，影响至今。

图 3-6-10 门神

第四章

中国教育与中国建筑

在中国古代，教育和建筑有着很重要的关系。这种关系绝不只是学校建筑的问题，而是关系到教育思想、教育方法、教学体制、学校制度等多方面的问题；关系到中国古代儒家思想的承传、演变、发展过程；甚至还关系到祭祀文化、礼乐文化等政治制度方面的问题。

一、学宫与书院

中国古代的学校有两类——学宫和书院，官办的学校叫学宫，民办的学校叫书院。官学是有行政级别的，京城的官学——天子之学叫作"国子监"，地方官学按行政级别分为府学、州学、县学。

书院是民办的，一般不按地方行政级别划分，而是按教学内容分为两类：一类属于启蒙、普及型的教育（相当于今天的中小学）；一类是高级、研究性的教育（相当于今天的大学和研究院）。

中国古代礼制规定，凡办学"必释奠于先圣先师"（《礼记·文王世子》），于是在学校里建孔庙祭祀孔子。这一制度从唐朝开始向全国推广，宋朝时孔庙、文庙已经遍及全国各地。今天存在于全国各地的数百座孔庙、文庙绝大多数都是古代的学校所在地，很多今天仍然是学校所在地。官办的学宫和民办的书院都要祭孔子，所不同的是两者有着不同的等级和规模。

学宫最大的特点是有一个独立的孔庙或文庙。所谓独立的孔庙，就是有一个由殿堂、厢房及各种附属建筑共同组成的完整的建筑群，而不是只有单独一栋建筑。学宫的文庙一般都是完整的独立文庙，文庙一般在学宫左边，形成与学宫并列的一条轴线，"左庙右学"，以左为尊。即使是北京的国子监（天子之学），孔庙也是在左边，说明孔子的地位之高（图 4-1-1）。要注意的是，这里所说的左右，仍然是按皇帝坐北朝南的座位来确定的。

级别较高、规模较大的地方学宫还有专为科举考试而设的考棚。有考棚的学宫叫"贡院"，意思是科举取士向朝廷贡献人才，例如南京的江南贡院、四川阆中的川北道贡院等。考棚是成排设置的一间间很小的房子，叫"号舍"，仅仅可容一个人坐在里面写字，左边、右边、后边三方是墙壁，前面一方完全开敞，让人监督。一座贡院少则数百号舍，多则数千（图 4-1-2）。

图 4-1-1 北京孔庙与国子监（图中右边是孔庙，左边是国子监）

图 4-1-2 贡院号舍

书院一般没有独立的孔庙或文庙，只是在书院里专门建造一座殿堂祭祀孔子。例如古代四大书院之一的江西白鹿洞书院中有礼圣殿，河南嵩阳书院中有先圣殿。较为独特的是湖南长沙的岳麓书院有一座独立的文庙，为全国罕见。这主要是因为历史上岳麓书院的规模大，曾经有过很多著名学者讲学，在国内有着较大的影响。历朝历代皇帝或题写匾额，或御赐书籍，例如宋真宗皇帝亲题"岳麓书院"匾（图4-1-3），清乾隆皇帝亲题"道南正脉"匾（图4-1-4）等。其地位近于官办教学机构，所以有一座独立的文庙（图4-1-5）。

图 4-1-3 湖南长沙岳麓书院匾

图 4-1-4　乾隆皇帝题
"道南正脉"匾

图 4-1-5　湖南长沙岳
麓书院文庙

书院也有不同的等级规模，较低等级的是地方上的普及型学校。这类书院也有两种，一种是家族办学，一种是地方上公众办学。中国古代的学校起源很早，商周时代就有了各级学校。商朝和周朝时的学校分别有"塾""庠""序""学"几级。《礼记·学记》中说："古之教者，家有塾，党有庠，术有序，国有学。""塾"就是家庭或家族办学，周朝以后中国的四合院住宅大门两旁的门屋叫作"塾"（图4-1-6）。有钱的人家，聘请教书先生

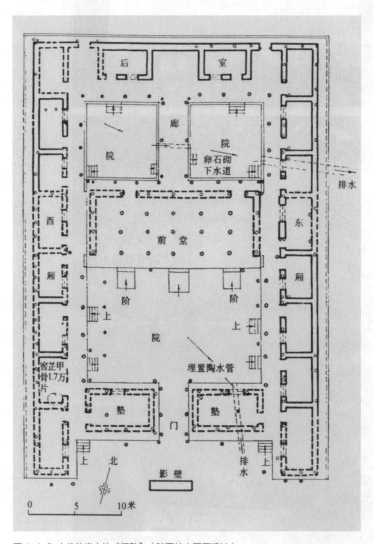

图4-1-6 古代住宅中的"门塾"（陕西岐山周原遗址）

在自家住宅的门房"塾"里面教孩子读书，这就是后来的"家塾"或"私塾"。这只是家庭的、最小规模的办学。发展到更大一点就是以家族为主体，在祠堂里面办学，这种情况很普遍。广州的陈家祠又叫"陈氏书院"，就是因为在祠堂里办学才得此名（图4-1-7）。地方上的公众办学有的是邻里乡亲大家凑钱，建造学校来培养子弟，例如湖南辰溪五保田村的"宝凤楼"就是村民们集资建造的乡村书院（图4-1-8）。还有的地方乡绅积德行善，出资建造学校，惠及乡里，例如湖南溆浦的崇实书院。

高等级的书院是研究性的，招收那些已经有相当文化程度的学生来书院住宿研修，也有一些学者寄居于书院读书研究。因此这类高等级的书院中就有专供藏书的藏书楼和供住宿的斋舍，而低等级的用于启蒙教育的书院就没有这些

图4-1-7　广东广州陈家祠（陈氏书院）（李思宏摄影）

图 4-1-8 湖南辰溪五宝田村"宝凤楼"

建筑。书院斋舍一般都是成行成列地设置，各行斋舍之间有狭长庭院，形成一个安静的小空间，成为静心读书的最佳环境（图 4-1-9）。

图 4-1-9 书院斋舍（湖南平江天岳书院）

二、孔庙的发展与孔子文化

孔庙是专门祭祀孔子的庙宇。孔子生前并不走运，其思想学说也不受重视，甚至不被接受。春秋战国时期，诸侯争霸，礼崩乐坏，天下大乱。孔子一生奔走呼号，希望恢复周朝礼制，但是无人理睬，他形容自己是"惶惶然如丧家之犬"。孔子死后，鲁国国君鲁哀公为了纪念孔子编修鲁国史书之功绩，将山东曲阜孔子故居辟为庙宇，收集保存孔子生前用过的衣、冠、琴、车、书籍等物品，以为纪念，这就是最早的孔子庙。此时孔庙的规模很小，仅"庙屋三间"。

从汉朝开始，统一的中央集权的封建制度得以建立并逐渐稳固，并且摒弃了秦朝的严刑峻法和苛刻暴虐的做法，开始采用以礼治国的王道仁政，孔子及他所创立的儒家思想才开始被统治者认可和采纳。汉高祖十二年（前195）刘邦到山东，以太牢之礼祭祀孔子，开了最高统治者以最高等级的礼仪祭孔的先例。此后汉武帝采纳董仲舒"罢黜百家，独尊儒术"的建议，把儒家思想定为"一尊"。儒家思想从此成为国家倡导的正统思想，孔子的崇高地位得到进一步确立，祭祀孔子的庙宇也一步一步升级为国家级的重要祭祀建筑。东汉元嘉三年（153），汉桓帝下诏在山东曲阜修建孔庙，并设卒吏守卫，正式开始由国家为孔子立庙。三国魏黄初元年（220），魏文帝"令鲁郡修起旧庙，置百石卒吏以守卫之，又于其外广为室屋，以居学者"（《三国志·魏书》）。自此开始把孔庙祭祀和办学结合起来。北魏太和十三年（489），于平城（今河北遵化西南）建先圣庙（孔庙），这是首次在山东曲阜以外的地方建孔庙，此后开始向全国推广。古代礼制规定："凡始立学者，必释奠于先圣先师。"（《礼记·文王世子》）唐太宗按此礼制曾两次颁诏令各州县立孔庙，四时致祭。从此开始，所有学校均建造孔庙，到宋朝普及全国，官办的学宫和民办的书院全都有祭孔的庙宇，并影响到国外，韩国、日本、越南等都有孔庙。

汉朝以后历朝历代都要给孔子封一个王位或谥号，因此孔子被称为"素王"（因为他生前没有得到任何王位，只是在死后被追封）。汉平帝追谥孔子为"褒成宣尼公"；北魏孝文帝追谥孔子"文圣尼父"；唐太宗谥孔子"文宣"，唐玄宗追封"文宣王"；宋真宗封孔子为"至圣文宣王"，至此各地孔庙普遍改称"文宣王庙"，明朝以后改称"文庙"，这就是今天全国各地"文庙"名称的由来。

自从"文庙"名称普及以后，关于孔子庙的名称就有了比较明确的区分。一般情况下，全国各地由办学而建的孔子庙，即各级学宫和书院所建的孔子庙都叫"文庙"。只有孔子家乡山东曲阜的孔子庙叫作"孔庙"，因为这里不是学校而是纯粹为纪念孔子而建造的，并且带有家族祭祖先的含义。

曲阜孔庙在历代统治者的一再关注之下不断修建、扩建，建筑等级不断提高。东汉永兴元年（153），汉桓帝令修孔庙，并"立碑于庙"。魏黄初元年（220），文帝曹丕令鲁郡"修起旧庙"。唐朝曲阜孔庙共修了5次，北宋年间修了7次，其中最大的一次修建是在宋真宗天禧二年（1018），"扩建了殿堂廊庑建筑316间"。金朝修了4次，元朝又修了6次，明朝修建、重建共达21次。明孝宗弘治十二年（1499）孔庙遭雷击，大成殿等主要建筑120余处被毁。孝宗皇帝下令重修，耗银15.2万两，历时5年完成。清朝共修建了14次，其中规模最大的一次是雍正二年（1724），由于孔庙再次毁于雷火，雍正皇帝拨款并指派大臣督工监修，从殿堂建筑到祭祀器物，都要求绘图呈交上来由他亲自审定，并调集了12个府、州、县令督修，历时6年完成。今天我们所看到的曲阜孔庙就是这次大修的结果。曲阜孔庙在历史上先后经历数百次的大小修复，发展成了一座宫门重重、四周城墙角楼、殿宇轩昂宏伟、装饰金碧辉煌的完全模仿皇宫建制的宏大建筑组群。如今它与北京故宫紫禁城、河北承德避暑山庄一道并称为中国三大古建筑群（图4-2-1）。

除此之外，浙江衢州还有一座孔庙，也是家庙性质的。北宋末年，金兵南侵，宋高宗仓促南渡，建都于临安（今浙江杭州）。孔子后裔离开山东曲阜，南迁至此定居，被称为孔氏"南宗"。皇帝敕孔家建造孔氏家庙，因而此孔庙实为宗庙，其规模宏大，至今保存完好，已被列为全国重点文物保护单位。与此类似，在湖南浏阳也有这样一支孔子后裔，战乱南迁至此安家，也建有一座孔氏家庙。虽然地处偏僻的乡村，但其建筑规模也很宏大，只是由于历史的原因，没有得到很好的保护，破败不堪。这一支孔家后人虽然逃到了偏远的南方农村，但也得到了当地官府的特别照顾，家族中至今收藏着一幅写在丝帛上的明朝官府对他们家族免征赋税的文书，说明中国历史上孔子的影响和地位。

历史上各朝代除了给孔子本人封王赐号以外，还要给孔子的嫡系后代封官赐爵，叫"衍圣公"。不论哪个朝代，孔子的每一代嫡系子孙（衍圣公）都要

图 4-2-1 山东曲阜孔庙鸟瞰

被赐封王侯级的爵位或者品级很高的官位。所以山东曲阜的孔府（衍圣公府）也就成了名副其实的王侯府邸，占地 240 亩，共有九进庭院，内有殿堂楼阁460 多间，是名副其实的"天下第一家"。曲阜的孔府不仅规模宏大，而且衙署和府邸相结合，前部为官衙，后部是家族府邸。因为历代衍圣公的官爵、地位都远远高于当地地方政府官员，所以就成了地方上实际的最高行政长官，明朝以后甚至明确规定曲阜县令由衍圣公兼任。所以孔府也就不是一座一般的家族府邸，而是一座官署和府邸相结合的衙门。它仿照朝廷的六部而设六厅，分别为管勾厅、百户厅、典籍厅、司乐厅、知印厅、掌书厅，管理地方上的公共事务和孔府的内部事务。前部衙署设有大堂、二堂、三堂（图 4-2-2），后部内宅有前上房、前堂楼、后堂楼等完整建筑群，最后面还有后花园。孔府家宅这样的规模和等级，在全世界都是少见的。

图 4-2-2 山东曲阜孔府大堂

　　除此之外，曲阜还有一个"孔林"，即孔子家族的墓地。孔子卒于鲁哀公十六年（前479），葬于鲁城之北。此后其家族后人从孔子之墓而葬，逐渐形成了今天的孔林。由于世世代代不断在此植树造林并认真加以保护，今孔林之内古木参天，类似原始森林，有各种古树万余株。历代统治者对孔林也予以高度重视，多次重修，目前孔林总占地面积约2平方公里，围墙长达5.6公里。它也是目前世界上延时最久、面积最大的家族墓地（图4-2-3）。

　　孔庙、孔府、孔林被称为曲阜"三孔"，这"三孔"占据了原来曲阜县城的近一半，成为中国历史上、也是世界历史上绝无仅有的因为一个人而出现的一种庞大的文化工程。

图 4-2-3 山东曲阜孔林

三、文庙建筑与儒家文化

　　由于统治者的重视和制度规定，文庙祭孔成为中国古代文化教育中一个不可或缺的重要组成部分，文庙建筑也成为中国古代文教建筑中最重要的一种类型。自从唐朝规定办学必祭孔后，文庙开始向全国发展，宋朝普及并成为定制。文庙建筑也逐渐形成一种固定的规制，从总体布局到建筑的风格、造型、装饰以及建筑的名称都是全国统一的。而且这些建筑的特点都和儒家思想、儒家文化有着直接的关系。

　　文庙的主要建筑有照壁、泮池、棂星门、左右牌坊、大成门、大成殿、左右厢房、崇圣祠或启圣祠等，它们组成一个完整而又严谨的建筑群。其排列方式是单轴线对称纵深布局，分为前、中、后三部分。前部主要有照壁、泮池、棂星门、左右牌坊等，此为文庙的前奏部分；中部主要是由大成门、大成殿和东西厢房组成的四合院，这是文庙的主体和核心；后部是以崇圣祠或启圣祠为主的一组建筑，是文庙的附加部分。所有这些建筑的布局位置、建筑特点及名称都是全国一致的（图4-3-1）。

　　照壁是文庙最前面的一座建筑。文庙一般不在正面开门，正前方是照壁，两旁开门。照壁被称为"万仞

图 4-3-1　文庙平面示意图

宫墙"（图4-3-2），其名称出自《论语》。《论语·子张》中记载："叔孙武叔语大夫于朝曰'子贡贤于仲尼'。子服景伯以告子贡，子贡曰：'譬之宫墙也，赐之墙也及肩，窥见室家之好，夫子之墙也数仞，不得其门而入者，不见宗庙之美，百官之富。得其门者或寡矣。'"有人称赞孔子的学生子贡的道德文章超过了孔子，子贡说这就好比宫墙（古代住宅叫"宫室"，"宫墙"就是指住宅的围墙），我家的宫墙只有肩膀高，里面有什么好东西人们都看见了。而我的老师孔子家的宫墙高"数仞"（"仞"是古代度量单位，一仞等于七尺），你不进入里面就不知道它有多好。后人将"数仞"夸张到"万仞"，用以形容孔子的德行学识之高深莫测。不过也有比较实在的，例如四川富顺文庙的照壁就不叫"万仞宫墙"，而叫"数仞宫墙"。唯独山东曲阜孔庙的"万仞宫墙"比较特别，它不是一般的照壁，而是一座半圆形的城墙，并且在正面墙上开了一扇大门，上部镶嵌"万仞宫墙"匾额。只是这扇大门平日不开，只有皇帝亲临祭孔的时候才打开（图4-3-3）。

文庙正面是照壁，从照壁两边的大门进入，两座大门一般都做成牌楼的形式，左右两座牌楼的外面分别刊有"德配天地"和"道冠古今"的门额（图4-3-4），内面有的分别刊"圣域"和"贤关"，有的则刊"礼门"和"义路"（图4-3-5）。总之，它们都是以儒家思想中的礼仪道德教化为主旨。

图4-3-2 文庙照壁"万仞宫墙"（台北孔庙照壁）

图 4-3-3　山东曲阜孔庙
"万仞宫墙"

图 4-3-4　"德配天地"坊
（湖南长沙岳麓书院文庙）

图4-3-5 天津文庙礼门

文庙中最有特色的一个东西就是"泮池"，它是一个半圆形的水池，其来历是中国古代一种特殊的教育体制。先秦时代称天子之学（天子亲自讲学的地方）为"辟雍"，诸侯之学为"頖宫"（一说"泮宫"）。所谓"辟雍"，是指中央是一座四方形的殿堂，四面有水环绕，实际上它最早起源于"明堂"（参见第一章第五节）。而诸侯讲学的"頖宫"，则是被半圆形水面三面环绕（图4-3-6）。这种建筑形式有着很明确的象征意义，《白虎通》中说："天子立辟雍，行礼乐，宣德化，辟者象璧，圆法天，雍之以水，象教化流行。"其形象征玉璧，玉璧是一种高等级的礼器，古代诸侯国之间送礼常以玉璧为重礼。形象像玉璧，而又"雍之以水"，象征教化流行，这是有关教育的最典型的象征。今天我们还能看到一座完整的"辟雍"，就是北

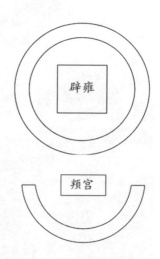

图4-3-6 "辟雍"和"頖宫"

京的国子监（图1-5-10）。天子之学环水，诸侯之学半水，等级降为一半，即"半天子之学"。《五经通义》中解释："诸侯不得观四方，故缺东以南，半天子之学，故曰泮宫。"泮宫最初是一条带状的水渠呈半圆形三面环绕主体建筑，后来人们将这个占地较大的半圆形水渠缩小成一个半圆形水池，置于建筑的前面，这就是泮池（图4-3-7、图4-3-8）。于是泮池也就成了由诸侯办学演变来的地方官学的标志。后来很多文庙在泮池上建有一座石拱桥，叫作"状元桥"，据说中了状元的人才能从桥上走过。这一说法其实并无确切的依据，半圆形的泮池真正的意义还是地方官学的象征。

图4-3-7 江苏南京朝天宫（江宁府学文庙）泮池

图4-3-8 湖南宁远文庙泮池

泮池的后面一般有一座牌楼,叫"棂星门",也叫"灵星门"(图4-3-9)。它本来是建在天坛、地坛、社稷坛前面的。"灵星"即"天田星",主得土之庆,古时帝王祭天地时,要先祭灵星。把棂星门建在文庙里说明祭祀孔子的规格如同祭天地,是最高规格的国家祭祀。

图4-3-9　湖南宁远文庙棂星门

　　文庙的中心建筑是由大成门、大成殿及两边厢房组成的四合院。大成门、大成殿的名称来源于孟子语"孔子之谓集大成"(《孟子·万章》),意指孔子是自尧舜文武等上古先王圣贤以来思想文化的集大成者。北宋崇宁三年(1104),徽宗皇帝颁诏把文宣王殿改名为"大成殿",并亲笔题匾赐予山东曲阜孔庙,自此"大成殿"的名称正式确定,并在全国各地官办学宫文庙中形成统一定制(图4-3-10、图4-3-11、图4-3-12)。大成殿内正中的神龛中有的供奉着孔子塑像,有的只供奉神位(牌位)(图4-3-13)。在大成殿中供奉孔子像也有两种做法,一种是将孔子像塑成头顶冠冕旒苏、身着龙袍的帝王形象(图4-3-14),因为历史上孔子被历代君王封为各种"王"的称号。另有大

图4-3-10 北京孔庙大成殿

图4-3-11 湖南宁远文庙大成殿

图4-3-12 台北孔庙大成殿

图 4-3-13　北京孔庙大成殿内
孔子神位

图 4-3-14　天津文庙孔子帝
王像

部分文庙将孔子像（塑像或画像）做成布衣学者的形象（图4-3-15）。这两种不同的做法代表着两种不同的倾向，前者主要表达了对孔子社会地位的崇拜，并带有一定的迷信色彩（把孔子当成了神）。后者则主要表达一种文化观念——对孔子思想和学术理论的继承。

图 4-3-15　湖南长沙岳麓书院文庙孔子布衣学者像

文庙中的祭祀除了主要的祭祀对象以外，还有配祀、从祀。所谓配祀、从祀，即陪着孔子一起接受祭祀的人。一般作为配祀的是四位：颜回、曾参、子思、孟轲，即"四配"。颜回和曾参是孔子的两位最著名的弟子；子思叫孔汲，是孔子的孙子，曾参的学生；孟轲（孟子）又是子思的学生。子思和孟子创立了后来的思孟学派，发展了孔子的儒家学说。四代人创立和发展了一套完整的儒家思想体系，影响后世两千年。比配祀相对次要一点的叫"从祀"，主要是孔子的其他一些比较著名的弟子，有"四配十哲""四配十二哲"之说（图4-3-16）。而在地方上的文庙中，大成殿两旁的厢房往往被设为"乡贤祠"和"名宦祠"。乡贤祠中祭祀着地方上积德行善、受人尊敬的贤哲善人。名宦祠中供奉那些为官清廉、为当地做出过较大贡献的官吏。矗立在大成殿两旁的乡贤祠和名宦祠，实际上也就成了孔子的配祀和从祀。

　　大成殿后面一般还有一座殿堂，比大成殿的规模小，是文庙的最后一进，叫"崇圣祠"（图4-3-17），崇圣祠内祭祀的是孔子的父母。在有的文庙中叫"启圣祠"，启圣祠祭祀的是孔子的五代先祖。这一点表明了儒家提倡的"孝亲"的思想在祭祀上也要有所体现。

　　大多数文庙中还有一座建筑——"明伦堂"，一般是在文庙后部的庭院中，也有的不在文庙中，而是在学宫中。明伦堂一般是用于讲学的，取名"明伦堂"，就是宣明伦理政教的意思。

　　中国古代的文庙建筑有着明确的文化内涵，不论从建筑形式还是从建筑的名称来看，都是如此。应该说它是中国古代建筑中文化内涵最丰富的一种建筑类型。它不仅形成了全国统一的建筑形制和统一的名称，而且影响到周边国家。韩国、日本、越南等国都有孔庙或文庙，其建筑形式和名称也都像中国的一样，这也表明儒家思想对亚洲地区的影响。

　　在儒家所推崇的以礼治国思想中，礼仪祭祀和礼制等级是最重要的内容之一。而当孔子被统治者列为祭祀对象之后，祭祀孔子的孔庙、文庙也成为礼仪祭祀和礼制等级最典型的体现。孔庙、文庙建筑是严格按照礼制等级的规制建造的，因为孔子被历代统治者推崇为"王"并亲自祭拜，孔子的思想被推崇为国家正统思想，所以祭祀孔子的建筑——孔庙、文庙就是和皇宫同等的最高等级建筑。

图 4-3-16　北京孔庙中的"四配十二哲"

图 4-3-17　湖南长沙岳麓书院文庙崇圣祠

孔庙、文庙建筑一定是宫殿式样的重檐歇山式屋顶，北京孔庙甚至做了最高等级的重檐庑殿顶（图4-3-10）。天安门还只是歇山顶，只有北京故宫午门、太和殿、乾清宫等才是庑殿顶。文庙建筑一般都采用红墙黄瓦的皇家色彩，无论在哪个偏僻的县城，都是如此。一个地方的文庙一定是当地最高等级的建筑，因为它的建筑等级高于地方政府官署的建筑等级。

　　另外还有一些建筑元素也表明了孔庙、文庙建筑的等级地位，例如大成殿前的丹墀（大殿前面台基踏步中间雕刻着龙凤等装饰物的斜坡面）。只有皇家建筑才能做丹墀，其他任何建筑都不允许有丹墀。而文庙，不论哪个小县城里的文庙，大成殿前都有丹墀，有的甚至连大成门前面都有（图4-3-18）。龙的图案是皇家建筑才允许有的装饰，以石头雕刻的龙柱来装饰建筑则更是成了孔庙、文庙建筑的特色。中国古代建筑的柱子本来是不做装饰的，除了柱础做雕刻以外，柱身上光溜溜的，一般涂刷油漆，雕刻和彩画都没有。山西太原宋朝晋祠圣母殿在木柱上做木雕盘龙是中国古代建筑中的特例。清初雍正年间山东曲阜重修孔庙大成殿，将正面十根檐柱做成蟠龙石柱，其雕刻之精美堪称国内之最（图4-3-19）。据史书记载，每当皇帝到曲阜亲临祭孔，人们都要将大成

图4-3-18　北京孔庙大成门丹墀

殿的龙柱用红绸包裹起来。这样做一是表示祭祀礼仪的隆重；二是怕被皇上看见，因为如此精美的龙柱连皇宫里都没有。可能是因为曲阜孔庙做龙柱开了先河，后来很多地方的文庙也都做龙柱，也都是极尽华美之能事，例如贵州安顺文庙的龙柱和湖南宁远文庙的龙柱等（图4-3-20）。反而是其他建筑，包括皇宫、寺庙等大型建筑一般都不做龙柱了，于是龙柱就约定俗成地成了孔庙和文庙的专属物。有些地方的"武庙"（关帝庙）也做龙柱，这显然是模仿文庙的做法。

孔庙和文庙建筑的等级地位是固定的，不能变的，当它和其他不同等级的建筑并列在一起的时候，就更显出它的特殊性。例如湖南长沙的岳麓书院和它的文庙就是典型例证，左边的文庙是皇家建筑，所以红墙黄瓦；右边的书院属于民间建筑，所以白墙灰瓦（图1-5-6）。文庙建筑除了具备礼制等级的特点，还有地域特点。中国古代建筑具有很强的地域特点，各地建筑的风格、艺术造型、材料工艺、装饰手法等都不一样。文庙遍布全国各地，因而也就带有了各种各样的地域特点。虽然在礼制等级上各地的文庙都属于皇家建筑，但是在建筑的具体做法上则显现出明显的地域性。同样是红墙黄瓦，但是屋脊翘角形状不一；同样是龙凤装饰，但图案式样和工艺做法不同（图4-3-10、图4-3-11、图4-3-12）。

图4-3-19　山东曲阜孔庙龙柱

图4-3-20　湖南宁远文庙龙柱

四、书院建筑与儒家思想

书院是一种民办的学校，也可分为两类：一类是低等级的，启蒙性的，类似于今天的小学和中学；另一类是高等级的，研究性的，类似于今天的大学和研究院。然而不论是哪一类，都在各方面体现出儒家理想的教育方式和教育思想。

选址与环境营造

建造书院非常讲究选址，岳麓书院选址在湖南长沙著名的风景名胜区岳麓山下，这里森林茂密，漫山红枫、层林尽染（图4-4-1）；白鹿洞书院建在天下名山江西庐山五老峰下，这里林壑幽深、溪流潺潺。中国古人理想的读书场所就是茂林修竹、环境清幽的山林之间，这里远离尘世，能使人心灵安静。

图 4-4-1　湖南长沙岳麓山红枫

文人学者们的这种思想倾向和佛教修炼的思想是相通的。佛教也是要选择远离尘世的清幽之处静心修炼，于是有"名山大川僧多占"的说法。不只是佛教，道教也是如此。例如山西五台山、四川峨眉山、湖北武当山、福建武夷山等都成了宗教的名山福地，不是佛教的就是道教的。儒家文人的选择和佛家道家一样，甚至本身就融为一体。例如长沙的岳麓山林木森森、古树参天、溪流山涧穿行其间，山腰中间的麓山寺是湖南第一座寺庙，建于西晋泰始四年（268），佛教传入湖南首先就选择了这里；山顶上的云麓宫是湖南最重要的道教圣地，号称道教七十二福地之一的"洞真虚福地"；山下是中国古代四大书院之一的岳麓书院，儒佛道三家共居一山。岳麓书院的原址最初就是唐代麓山寺，两位和尚在此结庐，研读经书，名曰"道林精舍"，在此基础上发展出了后来的岳麓书院。中国古代书院的院长叫作"山长"，也就是这样来的。江西庐山下的白鹿洞书院，原来也是唐代李渤兄弟隐居读书之处。因李渤养有一只白鹿，终日相随，人们称他为"白鹿先生"。这里山谷纵深、林木茂盛，其地形如同山洞，故取名为"白鹿洞"，五代南唐年间，在此建立了"庐山国学"，宋朝初年改称白鹿洞书院，成为中国古代四大书院之一。

古代书院不仅讲究选址，而且要着力经营周边环境。例如长沙岳麓书院不仅选址在风景优美的岳麓山下，还在书院周边开挖沟渠池塘，引山泉入园，种植树木花草，形成四季奇景，逐渐形成了著名的"书院八景"——"桃坞烘霞""柳塘烟晓""风荷晚香""竹林冬翠"等（图4-4-2）。除此之外，还要在

图4-4-2 湖南长沙岳麓书院八景之一"竹林冬翠"

书院内建园林，引岳麓山上的泉水流入园中，建"百泉轩"（图4-4-3）。另外，书院后面山谷中有爱晚亭，书院前面有自卑亭，直到湘江边上还有牌楼。这些都构成书院的环境，都是书院的组成部分。

书院建筑的选址和环境经营，都源于儒家的教育思想和教育方法。儒家的教育思想中有一个重要的方面就是美育，即通过艺术和审美陶冶人的情操，使之成为有文明教养的高尚的人。在书院教育中，课堂讲授仅仅是教育的一部分。在平时，书院的师生三三两两在山间溪流、茂林修竹之间闲游，或谈人生，或谈学问，或谈时务，这也是教育的一部分，甚至是更重要的教育。孔子《论语·先进》中记载，有一次孔子和他的弟子们谈论人生志向，弟子曾点说："暮春者，春服既成，冠者五六人，童子六七人，浴乎沂，风乎舞雩，咏而归。"孔子大为赞叹："吾与点也。"暮春之日，邀着五六个年轻朋友，带着六七个童子，在沂水河里游泳，又在舞雩台上吹吹风，唱着歌儿高高兴兴地回家。曾点说的这种情景无疑就是一种人与自然的交流融合，在大自然中欣赏美景，陶冶性情。孔子完全赞同他的这一观点——"吾与点也"。今天岳麓书院前面的水塘中有一座茅草亭，叫"风雩亭"，就是取"风乎舞雩，咏而归"之意（图4-4-4）。

图4-4-3 湖南长沙岳麓书院百泉轩

图 4-4-4　湖南长沙
岳麓书院风雩亭

祭祀文化

中国古代祭祀的含义是感恩和纪念。在儒家的教育思想中，祭祀本身就是
教育的一部分，它是一种特殊的教育方式，即通过祭祀某位人物来教育后人。
所以教育场所（学宫、书院）都必定有祭祀建筑。学宫有文庙祭孔子，文庙中
除大成殿以外，还有乡贤祠、名宦祠等附属祭祀建筑。一般书院中虽然没有完
整的文庙，但也有祭祀孔子的殿堂。除此之外，每个书院还有自己独特的祠庙，
用来纪念该书院历史上的著名人物，书院中的这类祠庙叫"专祠"。所谓"专
祠"，就是专门纪念某些人的祠庙。这些人或者是这个书院历史上出现过的著
名学者，或者是这个书院所崇奉的某个理论学说的创始人，或者是在这个书院
的建立和发展过程中做出过重要贡献的人等。以长沙的岳麓书院为例，里面就
有濂溪祠、四箴亭、崇道祠、六君子堂、船山祠等专祠。濂溪祠祭祀宋明理学
的创始人周敦颐（周濂溪），因为岳麓书院是以宋明理学思想为教育主旨，所
以当然就要祭祀宋明理学的鼻祖。四箴亭祭祀宋明理学史上两位仅次于周敦颐

的重要人物——程颢、程颐。崇道祠纪念张栻和朱熹，张栻是宋朝大儒，当时岳麓书院的山长（院长）；朱熹是宋朝著名哲学家，宋明理学的代表人物之一。六君子堂祭祀的是在岳麓书院历史上为书院建设和发展做出过重要贡献的六位人物。船山祠祭祀的是从岳麓书院"毕业"的著名哲学家王夫之（王船山）。

专祠的建筑体量并不大，没有多么宏伟壮丽，其风格多朴素淡雅而庄严，透出一股肃穆的气氛，让人顿生崇敬之意（图4-4-5）。不仅如此，如果有多座专祠建筑放在一起，其位置的排列关系还必须符合礼的秩序，即按人物的地位高低来排序。仍以岳麓书院的专祠为例：周敦颐是宋明理学的创始人，他在儒学历史上的地位崇高，被称为"孔子后第一人"，所以祭祀周敦颐的濂溪祠当然就排在第一位；程颢、程颐在理学中的地位仅次于周敦颐，于是祭祀二程的四箴亭就排在第二位；崇道祠祭祀朱熹和张栻，朱张二人都是宋朝大儒，尤其朱熹是历史上著名的大学者，张栻又是岳麓书院历史上最盛期的山长，但是他们的地位还是在二程之后，所以崇道祠排在第三位；六君子堂纪念岳麓书院历史上做出过重要贡献的六位先贤，其地位排在朱张之后，故六君子堂为第四位；

图4-4-5 书院专祠（湖南长沙岳麓书院崇道祠）

王船山是中国历史上著名的哲学家、思想家，其思想对清朝以后的哲学思想产生过很大的影响，理应有很高的地位，但是他是岳麓书院出来的学生，所以祭祀王船山的船山祠只能排在第五位。按照中国古代建筑的方位观念，坐北朝南的位置，左右两边以左边为上，前后两方以后为上，于是就排出了专祠的位置关系：第一位的濂溪祠在最后的左边；第二位四箴亭在最后的右边；第三位崇道祠在前一排的左边，在其右边的是六君子堂；第五位的船山祠就排在最前一排（图4-4-6）。

图 4-4-6　湖南长沙岳麓书院专祠位置排列

儒家礼制思想中对于祭祀极其重视，《礼记·祭统》中说："礼有五经，莫重于祭。"《岳麓书院学规》中首先就说："时常省问父母，朔望恭谒圣贤……"而礼制思想又是通过教育来实现的，所以祭祀建筑就成了中国古代的学校（学宫、书院）中必不可少的建筑。

自由的讲学

中国古代书院的教育方式是灵活自由的，特别是那种高等级的书院，相当于我们今天的大学或者研究院。那里教学方式非常自由，没有固定的教学时间，没有固定的班级人数。一般书院都只有一个讲堂，处在书院的最中心位置。讲堂前面两旁排列着成排的斋舍，是学生们住宿自修的地方。平时学生们主要的时间都是在自己读书研究，老师不定期地给学生们讲课。讲课时也没有固定的座位，老师坐在堂上，学生们三三两两自由地围坐在旁边听讲。讲课的内容也比较自由，并非照本宣科，而是自由地讲授，相互提问论辩。若遇到请来的名师大家讲授，则远近学子云集听讲，讲堂壅塞不能容下。因此很多书院的讲堂建筑做成一面全开敞的轩廊形式，当听讲人多得容不下的时候，就自然向庭院中延伸（图4-4-7）。

图 4-4-7　湖南长沙岳麓书院讲堂轩廊

　　岳麓书院在宋朝最盛时期，由著名学者张栻主持，远道请来大哲学家朱熹讲课。朱张二人虽然同属理学正宗，但在一些具体的问题上学术思想仍有差异，两种不同的观点一起讲授论辩，成为学术史上著名的"朱张会讲"。据史书记载，当时全国各地学者云集岳麓听讲者逾千人。书院前面有一口供学子们的马匹喝水的池塘，叫"饮马池"，朱张会讲时前来听讲者多到"饮马池水立涸"，来的马匹把池塘里的水都喝干了，可见当时之盛况。今天岳麓书院讲堂上仍然摆放着两把椅子，便是对当年朱张会讲的一种纪念（图4-4-8）。

　　不可否认的是，中国古代书院的这种教育方式是成功的。以建筑选址和自然环境之美陶冶人的情操，以美育教人，使人性情恬淡，静心读书学习；恭敬祭拜圣贤，使人努力进取，向往高尚；自由的讲学启发人的思想，使人思想活跃，勇于创造，成为有益于社会的人。这几点如果都能做到，一定能培养出杰出的人才，长沙岳麓书院就是这样一座书院。自宋朝创立以来，这里就出过张栻、王阳明、王夫之等著名哲学家、思想家。到了近代，这里更是走出来一大批改变中国命运的人物，有第一个开眼看世界、写出第一本介绍西方世界的著

图 4-4-8 湖南长沙岳麓书院讲堂讲台

作《海国图志》的魏源；有第一个"改革开放"搞洋务运动，开矿开工厂，造船造枪炮，选派幼童出国留学的曾国藩，以及一批随着他出来的湘军人物——左宗棠、曾国荃、胡林翼等；有中国第一个外交家、清朝政府第一任驻英法公使郭嵩焘；有参加戊戌变法，失败后自愿赴死、血染刑场以警醒国人的谭嗣同；有写出《警世钟》等名篇大作、以死殉国的陈天华；有辛亥革命元勋，与孙中山齐名的黄兴；有起兵反对袁世凯、再造共和的历史功臣蔡锷；有民国第一任总理熊希龄；有近代著名教育家杨昌济、徐特立以及他们教出来的毛泽东、蔡和森等。事实上毛泽东、蔡和森并不是岳麓书院的学生，他们就读于长沙第一师范学校，但每逢节假日就来岳麓书院住宿研习，求教于杨昌济和徐特立等前辈。这里培养出来的人影响了整个中国近代的历史。

史载蒋介石于 1926 年和 1932 年两度莅临岳麓书院，在书院讲堂上面对湖南大学的师生，以讲堂墙壁上石刻校训"忠孝廉节"和"整齐严肃"为题发表演讲（图 4-4-7），对比古人之教育和当时现实的无奈，感慨万分。无独有偶，毛泽东早年在岳麓书院接受的熏陶——讲堂上悬挂的匾额"实事求是"（1914 年岳麓书院改为湖南公立工业学校时校长宾步程所题,图4-4-9)和校训"整齐严肃",后来都成了毛泽东治党治军的宗旨。延安时期毛泽东为中国共产党制定的宗旨是"实事求是",为抗日军政大学题写的校训是"团结、紧张、严肃、活泼",这些都可以追溯到他早年在岳麓书院所受的影响。

　　书院作为古代的教学场所,今天已经成为历史。但是书院那种特殊的教育方式今天仍可以为我们所借鉴,有些方面甚至正是我们今天所缺少、所需要的。

图4-4-9　湖南长沙岳麓书院讲堂"实事求是"匾

第五章

文学艺术与中国建筑

在西方历史上,自古希腊时代开始就把建筑当作是一种艺术,属于美术的范畴。美术有三类,即绘画、雕塑、建筑。而在中国古代,一般人并没有把建筑当作是艺术,统治者主要是从政治思想和社会等级观念出发来看建筑,老百姓则主要是从经济财富和工程技术的角度来看待建筑,认为它只是在满足了实用功能的条件下再来做些艺术性的装饰。然而不论中国古人是否将建筑看作艺术,建筑事实上和艺术有着不可分割的关系。在政治上要用建筑来表达某种思想理念必须借助于艺术的形式,在宗教上要借建筑来表现某种崇拜和信仰也要借助于艺术的手段,文人们欣赏风景园林的意境也是因为建筑与文学艺术之间的特殊关系而引起。总之,建筑的艺术性无处不在,不论人们是否承认,也不论是有意还是无意,建筑一定是和艺术紧密相关的。

一、 时代的风格与时代的艺术

建筑是时代的象征,一个时代的社会状况、政治、经济、军事、宗教、科学技术、文学艺术等,都首先在建筑上反映出来。我们今天已经无法看到的数千年的王朝历史,在书本上读来是抽象的,甚至是枯燥无味的。但当那些朝代的文物古建筑出现在我们面前时,那个时代的生活,那个时代曾经发生的故事,甚至那些只是出现在史书上的人物都仿佛出现在我们眼前。所谓"建筑是石头的史书",其含义就在于此,它是一部实物构成的、形象的、艺术化的史书。

殷商时代的文化和艺术可以归结为两个字——神秘,因为这是一个刚从蒙昧走进文明的时代,文化意识中还带着蒙昧时代的特征。鬼神迷信盛行,整个社会以祭祀鬼神为行为依据,于是这个时代的艺术品便充满神秘性。今天出土的商朝青铜器上满布神秘的艺术图案和符号,最典型的、出现最多的就是面目狰狞的食人怪兽——饕餮。其图案之精美、制作工艺之高超,让今天的人们叹为观止,甚至自叹弗如,但是这些精美图案中所透露出的却是一种神秘的、甚至恐怖的文化气息。由于商朝把一切寄托于鬼神,所以商朝贵族们无所事事,整天钟鸣鼎食、饮酒作乐,著名的商纣王"酒池肉林"就是典型的代表。因此今天出土的商朝青铜器大多数是酒器和食器。商朝的建筑也同样带有这种神秘和恐怖的气息。虽然我们今天已经看不到商朝地面建筑的形象，但从河南安阳殷墟商朝宫殿和陵墓遗址的考古发掘中，我们可以看到残酷的活人殉葬的场面，由此可以感受那个半蒙昧时代的建筑文化氛围。

经过蒙昧向文明的过渡，进入理性的时代——周朝，人们不再把全部希望寄托于鬼神，而是注意到自身的命运主要还是靠自己的努力，于是制定礼仪制度，规范和约束人的行为。周武王起兵讨伐商纣王，将商王的暴虐无道昭告天下，告诫人们敬天爱人；周公旦制礼作乐，从此天下有了大家共同遵守的行为准则。周朝的文化艺术以礼乐为核心，"礼"是规范人们道德行为的思想和制度，"乐"则是用来贯彻礼制思想的艺术手段。这里所说的"乐"，不是单指音乐，而是包括音乐、舞蹈、诗歌、绘画等所有的艺术。礼乐文化的一个重要内容是祭祀，以祭祀先祖、祭祀天地来培养人们的感恩和敬畏之心。周文化的一个重要特征就是礼仪祭祀，所以我们今天出土的周朝青铜器绝大多数都是祭祀用的祭器。

秦汉时代是中国历史上最强大的时代之一，秦汉的强大主要是以军事上的强大为特征，所以其建筑和艺术的风格表现为威猛。我们从秦始皇陵兵马俑的威武气势和汉朝大将军霍去病墓石雕的粗犷中就可以看出当时的艺术风格（图 5-1-1）。秦汉时期的地面建筑现在虽已不存于世，但是我们从汉朝陵墓

图 5-1-1　霍去病墓石雕"马踏匈奴"

地宫中粗壮的石柱就可以领略秦汉建筑的雄大体量（图5-1-2），从出土的汉朝瓦当就可想象当时建筑的恢宏气势（图1-4-1），无怪乎人们常以"秦砖汉瓦"来形容建筑之雄伟。

唐朝也是中国历史上最强盛的朝代之一，但是唐朝的强大和秦汉的强大有所不同。秦汉的强大是军事上的强大，而唐朝的强大是政治的强盛、经济的繁荣和文化的发达。我们今天能够在一些保存下来的唐朝仕女画或者墓葬壁画中，甚至唐三彩俑中看到唐朝的女性形象，她们一个个肥胖丰满、雍容华贵。这就是唐朝的审美趣味。唐朝是中国历史上最繁荣、最强盛的时代，唐朝的中国也是当时世界上最繁荣、最强盛的国家。这个时代的人们生活富裕，丰满雍容的贵妇人形象是这个时代美的代表（图5-1-3），肥胖的杨贵妃成了唐朝美人的典型形象。与此相对，在春秋战国时代有"楚王好细腰，宫中多饿死"（《后汉书·马援列传》）的说法，那个时代以细小瘦弱为美。中国美术史上有"曹衣出水，吴带当风"一说。北齐画家曹仲达在画人物时喜欢把人物的衣饰纹理画成紧贴身体的样子，就像刚从水里出来一样，所以叫"曹衣出水"，以体现人的瘦弱清癯的体态和形象。魏晋南北朝时代的佛教造像，例如敦煌遗留下来的这一时期的泥塑和壁画等，也都是以消瘦清秀为特征，即"秀骨清像"（图5-1-4）。同样是佛教造像，唐朝的就显得体态丰腴（图5-1-5）。唐朝大画家吴道子画人物就是形象丰满、宽衣博带、随风飞扬，以飘逸洒脱为特征，所以叫"吴带当风"，表现了唐朝雍容大度的审美风尚。史书记载吴道子常被邀请在寺庙墙壁上作画，当他作画时，城中百姓蜂拥前往观看，人们形容其作画风格是"满壁风动"。

图5-1-2 汉朝陵墓地宫石柱示意图

图5-1-3 唐朝墓室壁画中的贵妇人

图 5-1-4 "秀骨清像"，魏晋时期佛教造像（山东青州龙兴寺
窖藏出土，中国国家博物馆藏）

图 5-1-5 唐朝佛教造像（山西太原
天龙山石窟，中国国家博物馆藏）

　　唐朝的审美观念不仅是雍容华贵，而且极其开放。对于生活态度的随意，对于传统观念的背弃，对于外来文化的吸收等各方面，唐朝都是最突出的。例如唐明皇"胡服骑射"，身为皇帝穿着异民族的服装骑马打猎，杨玉环身为贵妃在皇宫里跳异民族"胡旋舞"，这在一般人看来成何体统！唐朝的贵妇人常穿的衣服袒胸露背，类似于西方贵妇人的晚礼服，身披的轻纱薄如蝉翼，这些都不是我们今天的想象，而是唐朝的仕女画中明确画下来的。唐朝的婚姻关系也非常开放，在中国古代封建的贞节观念中，女性必须从一而终，丈夫死了也不能改嫁。但是在唐朝，有记载的公主改嫁的就有很多位。思想的开放和对外来文化的接受，来自于对自己文化的自信。越是强盛的时代，对外来文化越开放，因为自己强大，不害怕别人的东西会把自己淹没。相反，越是弱小的时代就越害怕外来的东西。

　　唐朝的雍容大度体现在建筑上，就是磅礴的建筑气势，舒展的建筑造型。唐朝建筑的造型特征是屋顶坡度比较平缓，屋檐下斗拱硕大，出挑深远的檐口、粗壮的柱子等，这些无不表现出一种宏大的气魄。从现存的唐朝建筑——山西五台山的南禅寺大殿和佛光寺大殿来看，虽然只是两座一般的寺庙殿堂，并不是皇宫大殿，但是其宏大的气势也足以让人领略到唐朝的建筑风格（图5-1-6）。另一座唐朝建筑的代表是已经被毁掉了的大明宫，仅从其遗址就可以看出当时唐朝皇宫的宏伟辉煌。大明宫含元殿现存遗址面积是今北京故宫太和殿的三倍，足见其体量之宏大（图5-1-7）。

唐朝的时候，日本全面学习中国，在建筑艺术方面受中国的影响很大，今天日本的古建筑大多仍然保持着唐朝的风格。我们今天可以在日本看到大量建

图5-1-6 唐朝佛光寺大殿

图5-1-7 唐朝大明宫含元殿复原模型

于唐朝的古建筑，如奈良法隆寺金堂和五重塔、东大寺大门和大殿、京都平等院凤凰堂，以及唐朝东渡日本的鉴真和尚亲手设计建造的唐招提寺大殿等（图5-1-8），它们都是唐朝时的原物。以至于日本建筑史学家伊东忠太曾经不无自豪地宣称：要看中国唐朝的建筑只有到日本去，中国已经没有了。除此之外，日本的其他古建筑在造型风格上大体分为两类，一类是日本本土风格的，一类是中国风格的。在日本的宗教建筑中这两类风格的区别比较明显，日本本土宗教——神道教的神社，基本上都是采用日本本土风格的建筑——很大的陡坡屋面，而且大多用厚厚的茅草铺盖屋顶，屋脊两端做交叉形的"千木"，屋脊上横列一排较短的圆木叫"坚鱼木"（图5-1-9）。而从中国传过去的佛教建筑则大多采用中国的建筑风格，因为是唐朝时传过去的，所以其建筑风格就是唐朝

图5-1-8 日本唐招提寺大殿

图5-1-9 日本神社（出云大社本殿）

的——平缓的坡屋顶,青灰色的陶瓦覆盖屋面,檐下斗拱出挑深远(图 5-1-10),日本后来建造的佛教寺庙一直保持着唐朝建筑的造型特征,直到今天。

图 5-1-10 日本佛教寺庙唐风建筑(平等院凤凰堂)

　　另一方面,日本传统的艺术和审美趣味是崇尚简朴,不尚华丽的,这一点在日本的古建筑中表现明显。日本传统建筑屋顶主要用茅草,屋身、门窗、内部梁柱构架等都很少有装饰,甚至油漆都很少用,就连皇宫都是如此(图 5-1-11),不像中国的古建筑那样雕梁画栋、朱漆彩绘。所以日本人把他们的古建筑中偶然出现的一些装饰华丽的做法冠以一个"唐"字,表示这是"唐风"建筑。有的日本寺庙前面做一个装饰华丽的大门,他们就把它叫"唐门"(图 5-1-12);日本建筑中常用一种造型比较华丽带有装饰性的卷棚式屋顶,叫作"唐破风"(图 5-1-13)。所谓"破风",实际上就是中国古建筑中博风板的"博风"。其实如果对中国古代建筑的各种时代风格进行比较,唐朝建筑并不算华丽的,反而是比较朴素的,真正华丽的风格是在后来的宋元明清时代。唐朝的风格是气势宏大,一般不做彩画,雕刻也比较简单而抽象,例如唐代建筑屋脊上的鸱吻就比后来各朝代的都要简单,只是做成一个象征性的鱼尾形装饰物(图 5-1-14)。唐朝建筑虽不华丽,但或许是与日本建筑的简朴相比较,在他们看来唐朝建筑就算是很华丽的了。

图 5-1-11　日本皇宫（京都御所大门）

图 5-1-12　日本寺庙"唐门"（日本京都西本愿寺唐门）

图 5-1-13 日本古建筑中的"唐破风"（日本太宰府天满宫）　　图 5-1-14 唐朝建筑屋脊上的鸱吻

　　宋朝是一个特别的时代。在政治和军事上它很弱小，在北方其他民族的入侵进攻面前节节败退，"靖康之变"皇帝被俘，北宋灭亡。南宋偏安江南也只能得到片刻喘息，最终在北方民族入侵后彻底灭亡。但是宋朝在经济和文化上却是大有作为。在经济上，宋朝时商品经济大发展，是中国有史以来商品经济发展的第一个高潮，其经济的繁荣程度不亚于唐朝。在文化上，宋朝的文学和艺术都是中国历史上的一个发展高峰。在文学上，宋词与唐诗并称为中国文学史上的瑰宝，其文学水平之高可以说是空前绝后的。在艺术上，宋朝的美术也是中国美术史上的巅峰，流传下来的大量美术作品一直都是后人模仿学习的榜样。宋朝大多数皇帝都对文学艺术有很高的造诣。宋朝的这种社会状况决定了宋朝建筑的特点——没有宏伟的气魄，但十分精美。宋朝在政治上弱小，因而皇宫也不气派，宋朝几乎没有一座能够在历史上留下赫赫威名的宫殿。秦有阿房宫、咸阳宫；汉有长乐宫、未央宫；唐有太极宫、大明宫等；宋朝却连一座有名的宫殿也没有。史书记载，南宋都城临安的皇宫中甚至用悬山式屋顶做皇宫主要建筑的屋顶。除了皇宫，就连皇家陵墓也是如此。在中国古代各朝代的皇陵中，宋陵是规模最小的(图5-1-15)。但是宋朝建筑的华丽又是历史上空前的。一是建筑造型新颖，具有艺术创造性，从一些宋朝遗存下来的古画中我们能够看到一些新颖的建筑式样，很多都是以前没有过的（图5-1-16）。二是建筑装饰华丽，从史书记载和流传下来的古画中都可以看到宋朝建筑装饰之华美。这

图 5-1-15 宋朝皇陵

就是宋朝这个时代的特征：宫殿建筑规模小，说明政治上不强大；建筑造型新颖和装饰华丽，说明经济和文化艺术繁荣。

今天我们看到的北京紫禁城是明清两朝的皇宫，明朝初创，清朝重修。虽然宏伟豪华，但实际上其规模和气度都远不能和秦汉隋唐那些强大朝代的皇宫相比。清朝是中国封建社会走向没落的时代，当然没有了那些强盛王朝的气派。今天

图 5-1-16 宋画中的建筑（南宋马麟《秉烛夜游图》）

紫禁城中最大的宫殿太和殿的规模体量都不能和阿房宫、未央宫、大明宫中的主要殿堂相比。另外，建筑风格上的"气势"也不只是一个简单的规模和体量的问题。例如，拿唐朝的佛光寺大殿和清朝的紫禁城太和殿相比，佛光寺大殿只是一座一般的寺庙殿堂，其体量远没有作为皇宫主殿的太和殿大，装饰也远不如太和殿那样金碧辉煌；但是从建筑风格上来看，佛光寺大殿体量不大气量大，太和殿则体量虽大而气量并不大。

清朝的审美风格是华丽而琐碎，华丽精巧程度远超前代，但是气度却远不如前代了。从清朝宫殿建筑彩画装饰描绘之精细、瓷器造型和装饰之华丽，还有那些由各种宝石和珍珠玛瑙装饰的工艺品之精美可见一斑。尤其是那些雕刻精致烦琐的家具，更是和造型简洁的明朝家具形成鲜明对照（图5-1-17、图5-1-18）。清朝的艺术风格可以说就是"中国的洛可可"。"洛可可"风格是18世纪欧洲流行的一种建筑风格，这种最初从法国宫廷贵夫人的沙龙中流传出来的装饰风格纤巧华丽，柔媚甜腻，表达着一种没有大气的堕落贵族情调（图5-1-19），而清朝建筑装饰和工艺品的艺术风格确实与欧洲洛可可风格异曲同工。

图 5-1-17　明朝家具

图 5-1-18　清朝家具

图 5-1-19 欧洲洛可可风格装饰艺术

从我们能够看到的保存完好的唐朝的殿堂建筑向下推演，中国古代建筑风格的演变大体上遵循着如下规律：

①屋顶造型：唐朝建筑屋顶坡度比较平缓舒展，屋顶高度和跨度之比大约是 1:5 左右；宋朝屋顶坡度稍陡，元朝、明朝、清朝越来越陡，清朝建筑屋顶的高度和跨度之比大约是 1:3 左右。

②柱子比例：唐朝建筑柱子粗壮雄浑，柱子高度和直径之比为 8:1；宋朝建筑柱子开始变细，高径比为 9:1；元朝建筑柱子高径比为 10:1；明朝、清朝变成 11:1 或 12:1 了。柱子越来越细长，说明建筑风格由雄浑变得纤细。

③斗拱大小：斗拱是中国古代建筑的特有构件，其功能有结构的、装饰的双重作用，随着时代的变迁，斗拱的功能也在变化。唐朝建筑斗拱硕大，造型简朴而雄壮，斗拱占据檐口下高度的 1/3 左右，主要起结构作用，装饰作用相对次要。从宋朝开始斗拱变小，元朝、明朝更小，清朝最小。清朝斗拱只占檐下高度的 1/6 ~ 1/5，其功能基本上没有结构作用只有装饰作用了。斗拱大小的

变化不只是功能上从以结构作用为主向以装饰作用为主的转变，也在很大程度上影响建筑的风格。斗拱大则檐口出挑深远，建筑造型舒展，显得大气磅礴；相反，斗拱小则檐口出挑较短浅，建筑造型显得有些拘谨。唐朝建筑之所以显得气势宏大，硕大的斗拱是造型上的重要因素之一（图5-1-20）。

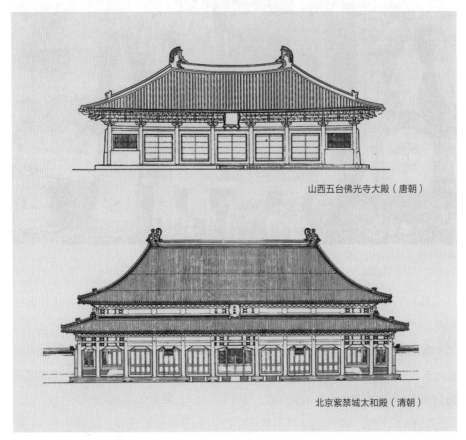

山西五台佛光寺大殿（唐朝）

北京紫禁城太和殿（清朝）

图 5-1-20 唐朝和清朝建筑形象比较

二、以善为美的审美理念

中国古代虽然没有自觉将建筑当作艺术来看待，但是建筑除了其物质性的使用功能以外，精神上的价值是客观存在的，它可以表达某种观念意识的东西，可以表现美。中国古代很早就开始关注建筑之美，关注建筑的精神功能。中国古代美学思想史上最早关于"美"的定义恰好就是从建筑开始的。春秋战国时代，中国最早的史书之一——《国语·楚语》中记载，楚灵王建造了一座宏伟华丽的建筑——章华台，与他的谋士伍举一同登台观赏。楚灵王很得意地问伍举："这章华台美不美？"伍举从儒家仁义道德的观点出发大发了一番议论。"灵王为章华之台，与伍举升焉，曰：'台美夫？'对曰：'臣闻国君服宠以为美，安民以为乐，听德以为聪，致远以为明。不闻其以土木之崇高彤镂为美，而以金石匏竹之昌大嚣庶为乐；不闻其以观大、视侈、淫色以为明，而以察清浊为聪。……夫美也者，上下、内外、小大、远近皆无害焉，故曰美。若于目观则美，缩于财用则匮，是聚民利以自封而瘠民也，胡美之焉？"所谓美就是要对所有人都没有害处，这才叫作美，而只顾追求豪华壮丽，不惜劳民伤财，这并不是美。

另外，在《吴越春秋》中也有同样的记载："建章华之台，与登焉。王曰：'台美！'伍举曰：'……今君为此台七年，国人怨焉，财用尽焉，年谷败焉，百姓烦焉，诸侯忿怨，卿士讪谤，岂前王之所盛，人君之美者耶？臣诚愚，不知所谓也。'灵公即除工去饰，不游于台。"（《吴越春秋·王僚使公子光传第三》）楚灵王最终听取了伍举的劝解，去除了章华台建筑上过多的华美装饰，而且不再到这里来游览了。《国语·卷十七·楚语上》中也有关于此事的记载，其结论是："故先王之为台榭也，榭不过讲军实，台不过望氛祥。故榭度于大卒之居，台度于临观之高。"台榭建筑，适用即可，不要奢侈。

那个时代并不只是楚灵王建造章华台，其他各诸侯国的王公们也在建造高台，"高台榭，美宫室"是春秋战国时代的风尚。"晋灵公造九层台，费用千亿，谓左右曰：'敢有谏者斩！'……息曰：'九层之台，三年不成，男不得耕，女不得织，国用空虚，户口减少，吏民叛之，邻国谋议，将兴兵，社稷灭，君何所望？'灵公曰：'寡人之过，乃至如此。'即坏九层之台。"（《说苑·佚文辑》）"齐景公使人于楚，楚王与之上九重之台，顾使者曰：'齐有台若此乎？'使者曰：'吾君有治位之坐，土阶三等，茅茨不剪，朴椽不斲者，犹以谓为之者劳，居之者泰。吾君恶有台若此者。'于是楚王盖悒如也。使者可谓不辱君命，其能专对矣。"（《韩诗外传·卷八》）

这几段史籍所记载的故事都表明了中国古人对于建筑之美的态度，即反对奢侈浪费和劳民伤财。楚灵王虽然建造了空前豪华的章华台，但是在听了伍举的意见之后便拆除了章华台上过多的装饰，而且不再去游玩享乐。晋灵公建造"费用千亿"的九层台时，一度骄横地宣称："敢有谏者斩！"但当他听到这样做会严重损害国家，甚至导致亡国时，也主动把它拆了。齐景公派人出使楚国，楚王邀使者登九重台，向他炫耀，问："齐国有这样的台吗？"使者回答说："我们齐国的君王住在简陋的茅草棚里，即使这样还认为'为之者劳，居之者泰'。"这显然是夸张，不过这位使者因为善于应对、"不辱君命"而受到称赞。这些关于建筑艺术的审美问题都和国家政治联系在一起，最终艺术审美的问题都变成了政治问题。

　　中国古代美学思想的主要特征是功利主义的，即以善为美或美善同一。所谓"善"，即功利目的，有用，有好处。古代汉语中"美"字的来源在学术界有两种不同的解释：一种是说由"羊"和"大"两个字组成，"羊大为美"，羊长得肥壮这就是好、有用，所以就是美；另一种解释说下面不是一个"大"字，而是一个正在跳舞的人的形象，一个人头上顶着一只羊头在跳舞，这就是原始人的祭祀舞蹈，因此这个"美"字并不是因为羊大有用的功利性而美，而是一种纯粹艺术性的舞蹈形象之美。在中国美学界关于"美"字的这一争论延续多年。笔者认为，不论是"羊大为美"还是"羊人为美"，其实都是一样的，都是功利性的。"羊大为美"自不用说，而"羊人为美"其实也是功利性的，因为原始时代人们顶着牛羊牺牲的头跳舞，无非也就是表达两种观念：一种是祈求老天风调雨顺、五谷丰登、六畜兴旺；另一种是打猎收获或农业丰收时的欢庆，这两种场合都可能顶着羊头围着篝火跳舞。然而不论是祈求赐予还是欢庆丰收，所表达的都是对于生活物质的获取——有利，所以都是功利性的。

　　事实上在中国古代各家各派的哲学中，关于美或者艺术，主要的论证和争论绝大多数都是围绕着一个功利目的而展开。当然，关于功利目的本身也有两个方面：一是道德功利，即精神上的"善"；一是物质的功利，即有利，有用，即物质上的"善"。

　　儒家是极力推崇美、推崇艺术的，其主要原因就是因为艺术能够教化人，对社会有用，儒家美学思想的主要内容就是关于美和艺术的社会作用问题。他们认为艺术是为政治、为伦理道德服务的，"文以载道"，艺术的作用就是教化作用，它陶冶人的情操，使人精神纯洁，积极向上。同时它也反对奢侈浪费、劳民伤财，认为豪华奢侈并不是美，只有庄重、纯洁、使人向上的艺术才是美的艺术。前面所述史书中关于建筑美的记载就是典型事例。

与儒家相反，墨家是反对艺术的。墨家的美学思想就是反艺术、反审美。墨家是一个平民哲学流派，他们从老百姓的思想观念出发，认为艺术都是奢侈浪费、劳民伤财的，没有好处，只有坏处。墨子关于建筑的看法是"故圣王作为宫室，为宫室之法，曰：'高足以避润湿，边足以圉风寒，上足以待雪霜雨露，宫墙之高，足以别男女之礼，谨此则止。凡费财劳力不加利者，不为也。……'是故圣王作为宫室，便于生，不以为观乐也"。(《墨子·辞过》)建筑只要适用就可以了，那些装饰性的、艺术性的因素都是"费财劳力不加利者，不为也"。

和墨家异曲同工的法家也是反对艺术、反对审美的。所不同的是，墨家从奢侈浪费、劳民伤财的经济角度来反对艺术，而法家则是从政治的角度出发，认为文学艺术对于政治有害。法家代表人物韩非子认为："文学者非所用，用之则乱法。"(《韩非子·五蠹》)在中国历史上，确实不乏用文学艺术作品来讽喻时弊、批判当政者的事例，然而这本来就是文学艺术应有的一种功能，法家也正是因为它具有这种功能而反对它的存在。《韩非子》记载，有一次晋平公请著名琴师师旷演奏清角之乐，师旷不愿演奏，因为清角之乐是当年黄帝大合鬼神于泰山之上时所作的乐曲，"今主君（晋平公）德薄，不足听之，听之将恐有败"。晋平公却非要听，师旷只好演奏，随之狂风大作，飞沙走石，殿宇毁损，"晋国大旱，赤地三年，平公之身遂癃病"。韩非子由此而得出结论："不务听治，而好五音不已，则穷身之事也。"(《韩非子·十过》)意思是说不好政治而好音乐会对身体有害。得出这个结论很是牵强，也许是对那些声色犬马、生活奢靡、不听政务、荒废朝政而误国的人的一种隐喻。不过这里所表达的似乎并不是这层意思，主要还是认为文学艺术本身就对政治有害。

除了墨家和法家以外，道家也是反对审美、反对艺术的。墨家反对艺术的奢侈浪费，法家认为艺术危害政治，而道家则是从他们道法自然、绝圣弃智、返璞归真、回到原始状态的理想出发，认为艺术启发人的心智，使人产生欲望，不仅败坏人的思想道德，还会损害人的身体。"五色令人目盲，五音令人耳聋，五味令人口爽；驰骋畋猎，令人心发狂；……难得之货，令人行妨。"(《老子·十二章》）"绝圣弃智，民利百倍；绝仁弃义，民复孝慈；绝巧弃利，盗贼无有。此三者以为文不足，故令有所属，见素抱朴，少私寡欲。"（《老子·十九章》）道家哲学的代表人物中最重要的是老子和庄子，而庄子本人不仅是一位哲学家，也是一位著名的文学家，他的文章寓意深刻，文采飞扬。但他与老子的思想一样，也是反对艺术审美的。他认为："且夫失性有五，一曰五色乱目，使目不明；二曰五声乱耳，使耳不聪；三曰五臭熏鼻，困慢中颡；四曰五味浊口，使口厉爽；五曰趣舍滑心，使性飞扬。此五者，皆生之害也。"（《庄子·天地》）他不主张追求奢侈华丽的生活，而是提倡虚静恬淡、寂寞无为的心灵安静。"夫虚静恬淡寂寞无为者，万物之本也。"（《庄子·天道》）

道家的美学思想还具有相对主义的特征。老子和庄子都认为，美并没有一定的标准，而是根据人的喜好和趣味的不同而不同。和其他各种对立范畴一样，"美"和"丑"也是一对互相依存的范畴。老子说："天下皆知美之为美，斯恶已；皆知善之为善，斯不善已。故有无相生，难易相成，长短相较，高下相倾，音声相和，前后相随。"（《老子·二章》）老子对于建筑也许并没有什么专门的研究，但是他的一段关于"有"和"无"的辩证关系的哲学论述，却道出了建筑空间的真谛："埏埴以为器，当其无，有器之用；凿户牖以为室，当其无，有室之用。故有之以为利，无之以为用。"（《老子·十一章》）用泥巴和水做器物，因为里面是空的（"无"），才有了器物的用处；开门窗造房子，因为里面是空的（"无"），才有了房子的用处。所以"有"（器物、房子实体的外壳）只是一个"利"，而"无"（器物、房子中间的空间）才是真正的"用"。老子的这段论述曾经被西方现代主义建筑大师们奉为经典，认为这是中国古代哲人关于建筑空间最精辟的论述，与现代主义建筑理论中关于建筑空间的思想不谋而合。其实道家哲学中关于艺术和审美的辩证思想还有很多，例如老子著名的论述"大音希声""大象无形"（《老子·四十一章》）和"大巧若拙""大辩若讷"（《老子·四十五章》）。

在中国古代诸子百家哲学流派中，儒家、墨家、法家、道家这四个影响最大的流派居然有三个是反对审美、反对艺术的，反对的原因除了道家是出于"见素抱朴，少私寡欲"（《老子·十九章》）这种特殊的精神追求以外，其他的都是出于认为艺术对于实用有害的理由。墨家认为艺术对经济有害（劳民伤财），法家认为艺术对于政治有害，实际上道家也认为艺术对于人的身体有害。只有儒家是肯定艺术审美的，而肯定的理由也是因为艺术对人的教化作用，对社会政治伦理道德有好处。总之，不论是肯定还是否定，都是从艺术的社会作用这一基本点出发的。中国古代美学思想中极少有从纯粹美感——感官愉悦的角度出发来研究艺术美的，这一点和西方美学有着根本性的差别。

西方美学自古希腊罗马时代开始就把主要精力放在探讨美的本质问题，即从哲学上来研究究竟什么是美。多数哲学家、美学家都从直接的感官愉悦方面来探讨美的本质，例如著名哲学家亚里士多德认为美就是和谐，即事物各部分数量和比例关系的和谐：一个事物外观形象的美就是因为它各个组成部分的高度、宽度等数量比例关系的和谐；一首乐曲的美就是因为组成它的音阶高低关系、旋律节奏的长短快慢等数量关系的和谐。古希腊数学家、哲学家毕达哥拉斯更是直接从数量关系上来论证美的本质，今天仍然被人们大量使用的、被认为是最美的比例关系的"黄金分割比"，就是毕达哥拉斯发现的。

从总的方面来看，历史上的西方美学注重研究美本身和人的审美心理，即所谓美感的问题；中国美学重点是探讨美的功能和艺术的社会作用问题。这种差别一直影响至今，在今天的中国艺术和西方艺术中仍能看到这种不同美学思想的痕迹。

三、"礼"与"乐"的文化意义

在中国古代文化中有一种重要而独特的东西——"礼"，它渗透到社会生活的所有领域。大到国家政治、法律制度、伦理道德，小到日常生活中的行为方式，都属于"礼"涉及的范围。在政治上，中国古代"以礼治国"，法律都是在"礼制"的管辖之下的，在"礼"管不到的地方才由法律来管，"出礼则入刑"。中国自有文字记载的殷商时代开始就有很多关于礼仪祀典和祭法的记载。古代士大夫必学"三礼"（《周礼》《仪礼》《礼记》），人们日常活动中任何一种细小的行为、动作都受到礼的约束。就连孔子这样知礼的人入太庙的时候都要"每事问"，否则一不小心就可能违反了礼的规矩。中国被称为"礼仪之邦"，就是这样来的。

与"礼"紧紧相随的是"乐"。所谓"乐",并不是单指音乐,而是包括音乐、舞蹈、诗歌、绘画等所有的艺术门类。在中国古代,凡是重大的仪式典礼都必不可少地伴随着艺术表演——"乐"。"礼"是一种思想、观念、典章制度,而"乐"就是借以表达这种思想观念的艺术形式。"礼"和"乐"相互结合、相互依存,形成中国古代一种特有文化现象——礼乐文化。"礼以道其志,乐以和其声。"(《礼记·乐记》)上古圣王在"制礼"的同时,把"作乐"也放到了同等重要的位置。《礼记·乐记》对于"礼"和"乐"的关系有着明确的论述:"乐者为同,礼者为异。同则相亲,异则相敬。乐胜则流,礼胜则离。合情饰貌者,礼乐之事也。礼仪立则贵贱等矣,乐文同则上下和矣。……乐者天地之和也,礼者天地之序也。"

　　"礼"的本质是区分上下贵贱的等级秩序,"乐"的精神则是调和各种等级类别之间的关系。有了礼,人们之间等级分明,各有所敬;有了乐,人们之间相亲相爱,关系和顺。如果只有礼没有乐,等级之间互相疏远,社会分离;如果只有乐没有礼,则上下不分,伦理无序,关系混乱,只有礼乐兼备才能天下大治。因此礼乐文化实际上是中国古代的政治文化,是一种中国特有的社会形态。在建筑领域,礼的等级制度是最具特色、影响最大最深远的一种文化形态。儒家学说创始人孔子终其一生都在推崇礼乐文化,在他死后,世代祭祀、纪念他的孔庙、文庙在每年一度的祭典上最重要的仪式就是礼乐的表演。今天遍布全国各地的孔庙、文庙仍然在殿堂中陈设着"礼"和"乐"的象征器物——用于祭祀的礼器和乐器(图5-3-1)。

　　"乐"虽然是艺术,但是中国的儒家文化历来注重艺术和社会政治的关系,所以"乐"历来被看作与社会政治具有同等重要性。中国最早的一部诗歌总集《诗经》就分为"风、雅、颂"三大类。"风"是来自民间的歌谣,朝廷常派官吏到各地去采集(今天说的"采风"就来自于此),或者各地诸侯采集后贡献给朝廷,朝廷就通过这些民间歌谣了解各地的民风政情。《诗经》中有"国风"十五篇,其中《周南》《召南》两篇为"正风",其他十三篇都属于"变风"。所谓"变风",就是不属于正统的、未受到正统教化的诗歌。"雅"和"颂"是官方的宫廷乐歌,是朝会诸侯、食飨宴饮、宗庙祭祀等场合用的礼乐,都属于正声。"听其乐""观其政",古人通过诗歌乐舞就能知晓国家的政治是否清明,社会是否安定,民风是否淳朴。"子在齐闻韶,三月不知肉味。"孔子偶然在齐

图 5-3-1 文庙中的礼器、乐器陈设

国听到了黄帝时代的雅乐——"韶",竟然如痴如醉,"三月不知肉味"。这不只是对韶乐本身的赞美,更重要的是对先王时代德政的歌颂。

中国历史上有过关于"雅颂之乐"和"郑卫之音"的论述。所谓"雅颂之乐",是指朝廷或宗庙礼仪场合下的乐舞。"雅者,正也,正乐之歌也。……正小雅,燕飨之乐也。正大雅,会朝之乐。"(朱熹《诗经集传·小雅二》)"颂者,宗庙之乐歌。大序所谓美盛德之形容,以其成功,告于神明者也。"(朱熹《诗经集传·小雅二》)这种雅颂之乐雍和庄重,使人心灵纯净,向往崇高美好。而所谓"郑卫之音",是指当时流行于郑国和卫国一带的民间歌谣。《诗经》中有"郑风"和"卫风"两章,其内容较多地描写男女爱情等民间生活。在官方看来,这些没有受过礼教规范的民间歌谣表达的是一种非正统的思想感情。尤其是诗中对于女性大胆追求爱情的描写,在"男女授受不亲"的礼教看来更是不合体统,伤风败俗,被斥之为"淫声"。他们认为"郑卫之音"对人的影响是消极的,是不利于社会的。因为在儒家礼制思想中伦理道德和社会政治是密切相关,甚至直接相通的,因此"郑卫之音"的"淫佚"不仅仅是一种道德的堕落,而且是政治上的昏乱。"郑卫之音,乱世之音也,比于慢矣。桑间濮上之音,亡国之音也，其政散，其民流，诬上行私而不可止也。"（《礼记·乐记》）这里所说的"桑间濮上之音，亡国之音也"有一个典故。桑间、濮上是卫国的桑林之间、濮水之上。《史记》中说卫灵公出访晋国途中住在濮上，夜间听到琴声，即召乐师师涓将其记录下来。到晋国后，命师涓演奏给晋平公听。晋平公的乐师师旷深通音律，听后说这是商朝末年师延所作的"靡靡之乐"。当年周武王伐纣时，师延投濮水而死。因而只能在濮上这个地方才能听到这种音乐，听到这种音乐实为不祥之兆。这里表面看来是一种鬼神迷信的解释，实际上包含着一种现实的隐喻。当年荒淫的商纣王不就是因为耽于酒池肉林、靡靡之音的享乐而亡国的吗？

宋朝的理学在这方面比较理性，摆脱了那种象征性的比喻和迷信隐喻，从人的精神气质来解释艺术审美的作用。著名理学家张栻认为："卫国地滨大河，其地土薄，故其人气轻浮。其地平下，故其人质柔弱。其地肥饶，不费耕耨，故其人心怠惰。其人情性如此，则其声音亦淫靡。故闻其乐，使人懈慢而有邪僻之心。"（引自朱熹《诗经集传·卫风》）用今天的话说就是自然环境决定人的性情气质，人的性情气质又决定艺术审美的风格特征。而礼乐的作用就在于首先通过各地的歌乐艺术了解各地的风俗人情，再由圣贤哲人创作高雅庄肃的雅乐来教化民众。回到前面所述"美"与"善"的关系问题上来看，仍然是艺术为社会政治和伦理道德服务。"艺术为政治服务"这一口号并不是今天的产物，中国历史上历来就是如此。

"礼"是政治的、法律的制度和伦理道德的思想观念，而"乐"则是用来表达这些政治和伦理道德观念的文学艺术。不仅文学艺术的内容要为社会政治伦理道德服务，就连艺术的形式也是含有政治意味的。当年孔子对季氏"八佾舞于庭"愤怒无比（见第一章第五节），就是因为"八佾"这种宫廷乐舞本来就是用来表达礼制等级的，是一种含有政治意义的艺术形式。在中国古代绘画作品中，礼制等级观念也有明显的表现，凡是有皇上或大人物出现的场景，那幅画面中最重要的人物的体量都要画得比旁人大，以表示他的地位比别人高（图5-3-2）。礼乐文化在建筑中的反映最主要集中在两个方面：一是建筑的等级制，建筑的等级秩序就是"礼"的秩序；二是祭祀建筑，祭祀是"礼"的最重要表现形式之一，"礼有五经，莫重于祭"（《礼记·祭统》）。关于建筑等级制和祭祀建筑的论述参见第一章。

图 5-3-2　古代人物画中的皇帝画得比旁人大（明朝《明宪宗元宵行乐图卷》局部）

四、文学艺术、文人趣味与文人园林

文人园林表达的是文人的审美趣味。在人文之美、艺术之美和自然之美三者之间比较而言，对自然之美的欣赏是最高级的形态。能够欣赏自然之美的必定是有较为优裕的生活和较高文化修养的人，整天忙于生计的穷苦百姓是不会欣赏自然美的。所以建造私家园林的人不仅是有钱人，而且一定是有文化之人，即所谓的"文人"。明代文学家计成写出了中国历史上第一部园林学专著《园冶》，其中造园的方式被他概括为"三分匠，七分主人"。所谓"三分匠，七分主人"，是说造园过程中匠人所起作用是一小部分，起主要作用的是"主人"。园林是主人的审美趣味的表现，匠人只是帮他实现目的的帮手。当然，这个"主人"可能是园林的所有者，也可能并不是园林的主人，而是有艺术修养的文人，这就是计成《园冶》中所说的"能主之人"。因为中国古代没有建筑师这一职业，做建筑的是工匠，而工匠属于文化层次较低的劳动阶层，不是知识分子，所以设计园林的人就是文人们自己、文学家、艺术家等，就像《园冶》这样的园林学专著也是由文学家计成写出来的。除了《园冶》之外，明末清初的著名文学家、戏剧家李渔也有这方面的专著。他的《一家言》中有一部分内容叫"居室器玩部"，就是关于建筑、园林和家具陈设的专门论述。从曹雪芹的《红楼梦》中关于园林建筑的描写里，也可以看出他对于园林建筑的深刻理解。这些文人们都是有着相当高的文化修养的玩家，他们玩文学，玩艺术，玩建筑，玩园林。

中国古代的风景园林建筑和文学艺术有着不可分割的密切关系。风景和园林艺术是有较高文化修养的人才能欣赏的一种艺术形式，所以讴歌自然美景、做园林建筑理所当然就成为了知识阶层的文人们的事情。中国古代"三大名楼"（湖南岳阳楼、湖北黄鹤楼、江西滕王阁）（图5-4-1）和"四大名亭"（安徽滁州醉翁亭、江苏苏州沧浪亭、湖南长沙爱晚亭、浙江绍兴兰亭）（图5-4-2）都和文学艺术有着直接的关系。岳阳楼与范仲淹的《岳阳楼记》交相辉映，范仲淹因感受到岳阳楼的奇美风光而写下这千古名篇，岳阳楼又因为这篇文字而扬名天下；黄鹤楼因李白的《黄鹤楼送孟浩然之广陵》而知名；滕王阁因为王勃的《滕王阁序》而誉满海内，尤其是"秋水共长天一色，落霞与孤鹜齐飞"的千古绝句，把建筑风光之美与文学艺术之美发挥到极致。"四大名亭"莫不如此，滁州醉翁亭因欧阳修的名作《醉翁亭记》而名扬天下；苏州沧浪亭因宋朝文学家苏舜钦的《沧浪亭记》而著名；长沙爱晚亭因周边漫山红枫正合唐朝诗人杜牧的"停车坐爱枫林晚，霜叶红于二月花"诗句的意境而得名并广为人知；绍兴兰亭则因为"书圣"王羲之的《兰亭集序》而蜚声海内。除此之外，中国古代各地都有所谓的"八景""十景"等，以文学的方式描绘各地具有地域特色

图 5-4-1 湖南岳阳楼，中国古代"三大名楼"之一

图 5-4-2 浙江绍兴兰亭，中国古代"四大名亭"之一

的风景名胜。例如杭州西湖风景如画，古人就把西湖周边最具特色的美景总结为"断桥残雪""雷峰夕照"等"西湖十景"；湖南境内的潇水、湘水流域风景优美，古人把潇水和湘水沿岸一些有特色的美景总结为"平沙落雁""江天暮雪"等"潇湘八景"。

唐朝以后的五代十国到宋朝是一个文化艺术繁荣的时期。这段时期虽然政治动荡、战乱频繁，但文人们热衷于艺术。例如南唐后主李煜就是一位著名的文人皇帝，其文章辞赋之华美为世人称道，留下了许多直至今天仍脍炙人口的千古绝句。风流才子韩熙载，不理朝政，邀集一帮文人整日在家弹琴赋诗、歌舞作乐，留下了一幅流传千载的美术作品《韩熙载夜宴图》。虽然韩熙载是以表面上沉湎于声色犬马来掩盖其政治目的，但也由此可看出当时社会崇尚文学艺术的风气（图5-4-3）。

图 5-4-3　五代十国南唐《韩熙载夜宴图》局部

宋朝是中国古代园林艺术发展的高峰，其中主要原因之一就是宋朝文学艺术的发达。宋朝是一个文人当政的朝代，皇帝个个都是文学家、艺术家，例如那位被俘虏的皇帝宋徽宗赵佶就是一位著名的艺术家，他的工笔花鸟画在中国美术史上达到了登峰造极的地步，艺术造诣之深不是一般人可以企及的（图5-4-4）。他发明的"瘦金体"书法独树一帜，成为中国书法艺术中极其独特的一种风格（图5-4-5）。也正是因为对于艺术的爱好，他开创性地在皇宫里建立画院，供养着一批画家，整天和皇帝切磋艺术。当然，宋徽宗赵佶是极端的例证，宋朝其他的皇帝虽不及如此，但也都雅好文学艺术。在这种氛围之下，宋朝的文学艺术达到中国历史上的高峰，也就不难理解了。

文学艺术的发达，在建筑领域的反映就是园林艺术的发达。宋朝园林艺术的发达程度，甚至导致了一场农民起义。因为造园林需要奇花异石，所以上自皇帝、下至地方官吏和民间士绅对奇花异石的爱好形成了一股风气。宋徽宗搜寻天下奇花异石建造了一座极其华美的皇家园林——艮岳。为了建造艮岳，宫府四处搜罗太湖石，结成船队在河上运输，被称为"花石纲"（"纲"即用绳子将船连接成编队），为此耗费大量财力，地方税收和民间贡赋负担加重。有时宫府搜罗到大体量的花石（太湖石），为了运输不惜拆民宅、毁桥梁，甚至拆城门。有钱人也纷纷效仿，搜罗花石，建造园林成风。搞得民间百姓苦不堪言、怨声载道，最终导致了一场农民起义——方腊起义，足可见当时造园风气之盛。

文人的审美首先关注的就是自然之美，因此"道法自然"的

图5-4-4 宋徽宗赵佶的工笔花鸟画《芙蓉锦鸡图》

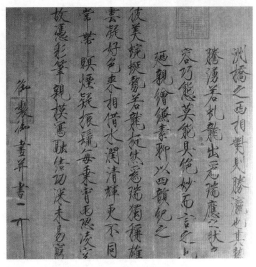

图5-4-5 宋徽宗赵佶的"瘦金体"书法

哲学思想首先在文人园林中得到最充分的体现。计成在《园冶》中写到了中国造园思想的最基本主旨——"虽由人作，宛自天开"。园林虽然是人造的，但就应该像天然形成的一样。这种欣赏自然美的文人趣味，经过魏晋南北朝那种动荡年代而促使其得到更加明确的定向。但是在另一方面，这种文人审美趣味有时会向畸形的方向发展。例如江南园林中常用的太湖石，奇形怪状，千疮百孔，文人们却恰恰喜欢这种奇，喜欢这种怪，所谓"瘦、漏、皱、透"（图5-4-6）。这种审美趣味就有点过于矫揉造作，甚至病态了。这就如同中国古人欣赏小脚女人走路的姿态，进而发展到强迫女性缠脚，残害人的健康。这种欣赏小脚的审美趣味也是从文人中发展来的，史籍记载南唐后主李煜令人做金莲花台，其宫女缠足在上面舞蹈，舞姿婀娜。后来上流社会的女性纷纷仿效，遂成风尚。但总的说来，文人们的审美趣味代表着社会较高阶层的趋势，引领社会文化的发展方向，所以往往左右着一个时代的风气。

图5-4-6 太湖石

五、中国绘画与中国建筑

中国古代建筑与绘画有着密切的关系，这里所说的绘画不是建筑设计的图纸，而是纯粹美术作品和用于建筑装饰的绘画。中国古代绘画中有很多涉及建筑的作品，有的作品画面以建筑为主，描绘楼台宫阙、园林风光；有的以自然风景为主，描绘山林湖泊，其间点缀村舍茅屋、小桥流水；还有的以社会生活场景为主，例如朝廷仪式、家居生活、村野劳动等，配合人物活动的需要描绘一些与生活相关的建筑或建筑的局部。这些美术作品实际上都是一些珍贵的建筑遗存，因为很多已经不存在了的建筑可以在这些画面上看到。在这些作品中，我们还能看到与建筑相关的生活场景，并由此了解到古代的生活方式以及建筑和生活的关系。其中最著名的当属宋朝张择端的《清明上河图》，画中描绘的城市和建筑场景的真实性与丰富性，能够让人活生生地看到宋朝都城汴梁的繁荣景象（图1-3-2）。清朝乾隆年间也有一幅类似的作品——《盛世滋生图》（即《姑苏繁华图》），虽然也描绘了"康乾盛世"时苏州城的人文风貌，但从画面的甜腻趣味可以看出明显的歌功颂德、粉饰太平的痕迹（图5-5-1），缺少了《清明上河图》那样的真实感。

图5-5-1 清《盛世滋生图》局部

中国古代建筑与绘画的关系首先表现在绘画对建筑的记录上。例如秦汉时期有许多传颂千古的著名宫殿，如秦朝阿房宫、汉朝长乐宫、未央宫等，它们虽然在历史上威名赫赫，但是这些建筑究竟是什么样子我们已经无法知道，甚至连秦汉时期宫殿建筑的一般形象都无法知道。幸而在一些秦汉时代墓葬中出土的画像砖、画像石上留下了许多建筑的形象（图5-5-2），与我们今天看到的各时代的古建筑不同的是，秦汉时期的建筑屋顶不是曲线形的，而是平直的。是否真是这样？有两点可以证明：一是今天能看到的所有出土的画像砖、画像石上的建筑形象都是没有曲线的，这绝不是巧合。如果画像砖和画像石的数量少，那么我们可以怀疑是否画得准确，但都是这样，就不能认为是画错了（图5-5-3）。二是还有现存的实物可以证明。山东肥城孝堂山汉墓石祠和四川雅安的高颐墓阙都是汉朝保留下来的、中国国内现存最早的地面构筑物之一，其屋顶都是平直的，没有曲线（图5-5-4）。此外，很多墓葬中出土的陶制建筑形明器（墓葬中的随葬物品）也都是平直的屋面（图5-5-5）。甚至还有相反的，不往下面凹，反而往上面拱的反曲面屋顶形象。由此看来，中国古代建筑的凹曲屋面是汉朝以后才形成的，至少在汉朝时还没有。

图 5-5-2 汉朝画像石上的建筑（楼阁）

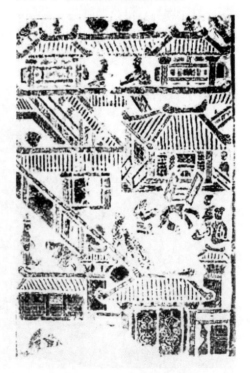

图 5-5-3 汉朝画像石上的建筑形象（市肆）

另外，绘画作品中还记录了很多已经消失了的著名建筑的形象。例如著名的岳阳楼在不同时代的古画中有着不同的形象，绘画记录了岳阳楼在千百年历史上的变迁（图5-5-6、图5-5-7）；湖北黄鹤楼在不同时代的古画中也有着不同的形象；江西滕王阁在被毁以后，也是按照古画中的样子重建的。还有一些宋朝的古画中画的一些建筑的式样，我们今天已经看不到了。

图5-5-4 汉朝石祠（高颐墓阙西阙）

图5-5-5 汉朝墓葬明器

图5-5-6 元朝的岳阳楼（元夏永《岳阳楼册页》）

图5-5-7 明朝的岳阳楼（明安正文《岳阳楼图》局部）

中国古代有一种绘画叫作"界画",这是一种介于建筑图和美术作品之间的特殊的绘画作品。所谓"界画"就是要借用一种工具——"界尺"来作画。我们知道,一般绘画是不用尺子的,只有建筑工程制图才用尺子。而界画是一种美术作品却要使用尺子来作画,因为画面中有大量的建筑,而画建筑物主要是用直线。如果一幅画面上大量的直线画得不直,那画面就不好看,于是我们的古人遇到这种以建筑为主体的绘画时便采用界尺来辅助作画,由此形成了"界画"。界画主要用来表现建筑场景,每当需要大量画建筑的时候就采用界画的方法(图5-5-8)。久之,人们便借用界画的方法来绘制建筑的图纸,所以

图5-5-8 界画(清袁耀《蓬莱仙境图》局部)

中国古代的建筑图与界画类似。所不同的是界画仍然是美术作品，画面内容不仅有建筑，还有山峦、河流、树木、花草、人物、动物，甚至有故事情节。而建筑图则只有建筑，没有他物，是为建筑设计施工而画的。

壁画是中国古代建筑装饰的一种手法。中国古代很早就有文人们在墙上题诗作画的传统，文人雅士酒后兴起，往往会提笔在墙上赋诗。若题诗者是名家，或日后成为名家，那么此墙壁、此建筑也因此而出名。唐朝大画家吴道子就因擅长壁画而著名，所画人物衣带飘逸，随风舞动。人们形容其人物壁画"满壁风动"，在中国美术史上号称"吴带当风"。相传每当寺庙宫观请吴道子画壁画的时候，满城百姓奔走相告，蜂拥前往观看，成为盛事。特别是在宗教建筑中，这种用壁画来装饰建筑的做法相沿成俗，历朝历代均有，最著名的莫过于敦煌石窟壁画。从北魏时期开始，直至明清，在长达一千多年的历史中，各朝各代在此作画，使其成为一座世界上绝无仅有的美术史的宝库。山西芮城的永乐宫（原在山西永济县，因 20 世纪 50 年代修黄河三门峡水库而迁建于此）是国内最著名的道教建筑之一，其建筑独具特色，成为元朝道教建筑最出色的代表。尤其是三清殿内的巨幅壁画《朝元图》，是中国美术史上的一件瑰宝。壁画高 4.26 米，全长 94.68 米，总面积为 403.34 平方米，面积之大为中国乃至世界古代壁画所罕见。壁画描绘了玉皇大帝和紫微大帝率领诸神前来朝拜最高主神元始天尊、灵宝天尊和太上老君的情景，画有神仙近 300 尊，人物形象生动、神采飞扬、衣冠华丽、飘带流动、精美绝伦。

不仅宗教建筑有壁画，在民间建筑上，古人也常采用壁画来做装饰。民间的祠堂和有钱人的宅第常常有壁画，祠堂中的壁画多以喜庆吉祥图案或者说教性的道德故事为题材，如"二十四孝""孟母择邻""孔融让梨"等，用以教化后人（图 5-5-9）。文人宅第或风景园林建筑上的壁画则表现出较高的文化修养和艺术水平，题材有山水风景、树木花草、鸟兽虫鱼等（图 5-5-10）。湖南黔阳（今洪江市）芙蓉楼牌坊甚至采用纯黑白的水墨画来装饰，不施色彩，非常素雅，表现出一种文人气质。有的装饰壁画由建筑的性质决定，例如戏台建筑上的壁画一般描绘戏曲故事的内容，如《三国》《水浒》《西游记》等。

中国古代建筑还有一种与绘画相关的装饰手法——彩画。彩画和壁画属于两类不同的艺术。

图 5-5-9 贵州三穗何氏宗祠内道德故事壁画

图 5-5-10 文人宅第壁画（湖南浏阳锦绶堂）

第一，它们的装饰部位不同。壁画画在墙壁上，彩画一般画在梁架、天花、藻井等建筑构件上。当然也有少数彩画画在墙壁上的，但也是画在墙壁与屋顶相接的边缘部位。第二，它们的绘画内容不同。壁画是创作性很强的、纯粹的美术作品，其内容是人物故事、山水风景、飞禽走兽等生动的、可以解说的艺术形象。而彩画只是抽象的、格式化的图案。

清代官式建筑的彩画分为三种，也是三种不同的等级。

最高等级的彩画叫"和玺彩画"，是只有在皇帝的建筑上才能用的，其特征是双括号形的箍头和龙凤图案（图 5-5-11）。

次一等的彩画是"旋子彩画"，用在较高等级的建筑上，例如皇宫中的一般建筑、王府、官衙、大型寺庙等，其特点是单括号的箍头和旋转形菊花图案（图 5-5-12）。

图 5-5-11 和玺彩画

图 5-5-12 旋子彩画

第三等彩画叫"苏式彩画"，一般用于住宅园林等较低等级的普通建筑上。其特点是每一幅彩画都有一个装饰核心，叫作"包袱"。"包袱"里面是一幅完整的画，即一幅独立的美术作品，或者是人物故事，或者是山水风景、飞禽走兽等；"包袱"的外面再配以图案装饰（图5-5-13）。苏式彩画常用于园林建筑上，例如北京颐和园的长廊位于万寿山下昆明湖边，长达500多米，梁枋构架上装饰着苏式彩画，"包袱"中描绘有山水、花鸟、小说戏曲人物故事等，琳琅满目。人在廊中漫步，在游览湖光山色的同时欣赏一幅幅图画，别有一番趣味。

图5-5-13 苏式彩画

六、中国雕塑与中国建筑

中国古代本来是没有做雕塑的传统的，尤其是人像雕塑。西方人喜欢做雕塑，而且做得好，这源自他们的文化传统。西方文化的祖先是古希腊罗马，古希腊罗马文化的一个重要特征是崇尚"力"与"美"，他们神话中的众神都是力量和美的化身，男性的神一定是最有力量的男人，女性的神一定是最美的女人。男性就要有强壮的体格，发达的肌肉；女性就要有圆润的身体，优美的线条。这种崇尚力量、崇尚美的倾向最终发展到崇尚人体，于是人体艺术在西方从两千多年前的古希腊罗马时代起就成为了艺术的主流。人们把自己崇拜的对象——神都塑造成裸体的形象，供奉在神庙里，矗立在大街上供人瞻仰。发源于古希腊的奥林匹克运动会也是这样，奥运会上参加比赛的人是裸体的，比赛的冠军被抬着游行，也是裸体的。这种对表现在人体上的力量和美的崇拜，以及古希腊罗马时代的穷极事物规律的科学研究精神，促使他们去认真观察人体，研究人体各部分的比例，研究每一块肌肉的运动规律。由于他们对人体非常了解，所以做出来的人体雕像比例准确、形象优美。古希腊罗马时代的《掷铁饼者》《米洛的维纳斯》等著名雕塑作品，美不胜收，其艺术水平高到今天人们都难以达到。因为有这一传统，所以后来西方建筑以及城市街道、广场、园林等处全都用雕塑艺术来装点，这成为西方建筑艺术的普遍特征（图5-6-1）。在城市中凡是要纪念某个人物，一定是为他做一尊雕塑，矗立于街头广场，即便没有什么需要纪念的，也要做雕塑作品来作为艺术装饰（图5-6-2）。

　　在中国，由于受古代礼教思想的约束，人们认为人体是引起邪念的根源，是不能被看的，至于像古希腊罗马那样狂热地崇拜人体就更是不可能的事情。于是中国古人对于人体只是在医学上了解，而且即使在医学上的了解也不是很

图5-6-1　西方建筑上的雕塑装饰（意大利佛罗伦萨大教堂内）

图 5-6-2　西方城市广场雕塑（西班牙巴塞罗那哥伦布纪念碑）

科学，因为没有解剖学。在艺术上就完全不了解了，他们对于人体的比例关系、肌肉运动的规律等都不甚了了，没有研究，所以中国古代的人像作品，不论是雕塑还是绘画，都是比例不正确、形象不真实（图 5-6-3）。中国古代也没有用雕像来纪念某位人物的习惯，除了在寺庙和石窟里做神像以外，一般只有陵墓

图 5-6-3　中国古代人物雕塑

神道上的石像生中有人物雕像，别处一般都是没有人物雕像的。我们今天在广
场上树立雕像来纪念某位人物，这是近代以后学习西方的做法。这种艺术手法
当然很好，值得我们学习。不过有一点需要注意的是，在现代城市的街道、广
场、公园等处树立雕像完全可以，但是若在中国古建筑前面树立雕像就要慎重
了，因为这不是中国的传统，也不是中国古建筑的做法。现在很多地方的孔庙、
文庙在殿堂前的广场上树立一尊孔子雕像，这种做法是不符合中国文化特点的，
不是中国传统的做法。

　　在中国古代早期建筑中，与建筑直接产生较多联系的雕塑是陵墓建筑中
的石雕——石像生。中国古代帝王陵墓或者贵族、高官的陵墓前面有一条笔
直的道路叫作"神道"，神道的两边矗立着石人、石兽的雕塑，这就叫"石像
生"（图 5-6-4）。石像生起源于汉朝，秦始皇陵就没有神道和石像生，倒是有
埋于地下的兵马俑，那是中国古代"事死如事生"的传统观念的产物。汉朝陵

图 5-6-4　陵墓神道
两侧的石像生（唐朝
乾陵）

墓的石像生最开始时也没有后来那样的制度化、规范化。在墓前做石雕像有各种不同的含义：有的是作为陵墓主人的随从或守护神；有的是做一种纪念性雕塑，以标示陵墓主人的历史功绩。例如汉朝大将军霍去病墓前的石雕"马踏匈奴"，就是纪念这位大将军生前征服匈奴、扫平边关、平定战乱的功绩。最初的石像生都是动物，尤以凶猛的动物为多，明显含有守护保卫的意思。南朝陵墓石像生多用"辟邪"（图 5-6-5），也是同样的含义。此外，陵墓石像生中最常出现的是马，马是古代军事征战的象征，所以在帝王和贵族陵墓的神道石像生中一般都有马。什么时候开始用人物雕像来做神道石像生的？这一点已经很难考证。目前能够看到的最早记录是东汉时期的陵墓开始出现人物石雕像，但是数量很少，如郦道元的《水经注》中的"洧水注"里记载，弘农太守张伯雅墓"碑侧树两石人"。人们把这种陵墓神道上竖立的人物雕像叫作"翁仲"，其来源是秦始皇有一位悍将叫阮翁仲，骁勇善战，匈奴人都害怕他。阮翁仲死后，秦始皇用铜做了他的塑像立于咸阳宫前，匈奴人看见了都不敢靠近。因此用翁仲做石像生最初也是出于守护的含义。后来不仅有武将翁仲，还出现了文官的形象，这种左右站立文官武将的形式实际上是一种朝廷仪仗的表现（图 5-6-6）。

图 5-6-5　南朝陵墓辟邪

图 5-6-6　石像生中的文官武将

唐宋以后，帝王陵墓神道石像生中还出现了外国人的形象，这显然是为了表达皇朝"威震四海、万国来朝"的含义。陵墓石像生也反映了不同时代的艺术特征，例如汉魏六朝的雄浑，唐朝的雍容大度，宋朝的清新秀美，等等。

佛教传入中国后，开始有了宗教寺庙的神坛造像。所有的寺庙里一定塑有佛、菩萨、罗汉、力士、金刚等神像。寺庙造像一般都是内部用竹木棉麻等制作胚胎，外面用泥灰塑造形象，再涂装色彩（图5-6-7），这种工艺叫"彩塑"，在中国古代寺庙中普遍使用。不论是佛教寺院还是道教宫观，抑或其他民间庙宇都是如此。泥塑造像一般用于寺庙殿堂内，因为它不能经受风雨侵蚀。而另一种宗教造像则借助自然界的崇山峻岭或悬崖巨石，通过人工开凿来制作体量巨大的石像，例如著名的四川乐山大佛、福建泉州清源山老君岩的老子像（图5-6-8）等。大型石雕造像中最普遍的就是石窟了，石窟也是佛教造像中重要的一类。它借助自然界形成的山体巨型石块经人工雕琢而成，石像和山本身连为一体，它是在山体上挖洞雕凿，把周围镂空留出神像来。因此这种石像的雕凿过程非常艰苦，而且还必须非常细心，如果不小心把石像的鼻子、耳朵碰掉一块，补都没法补。石窟造像具有很高的艺术水平，如此巨大的体量，要把握好

图 5-6-7 寺庙泥塑像

图 5-6-8　福建泉州清源山老君岩

基本的比例关系（虽然不能说石像的人体比例很准确）是很不容易的。特别是河南洛阳龙门石窟的卢舍那大佛，不但造型比例好，而且大佛形象很美，一般被认为是目前国内石窟造像中最美的一尊（图 3-3-2）。据说它是当年按照女皇武则天的形象塑造的，但这种说法并无确切依据。

　　佛教造像是一种偶像崇拜。中国上古时代是没有偶像崇拜的。中国古人祭祀天地神灵，祭祀祖先圣贤都是用牌位，而不用塑像。北京天坛皇穹宇中供奉的"昊天上帝"是牌位（图 5-6-9）；老百姓家族祠堂里供奉的祖宗或"天地君亲师"也是牌位；北京孔庙里供奉的孔子和其他配祀人物也都是牌位（图 4-3-13、图 4-3-16）。随着佛教传入，造像的手法也影响到中国。宗教造像随着宗教本身的兴盛和发展而普遍流行，影响到其他领域。例如祭祀孔子的孔庙（或文庙）本来按照中国的传统是只有牌位，没有塑像的。佛教在中国流行以后，寺庙里塑神像成为普遍现象，于是中国传统祭祀也受其影响，孔庙中也开始做塑像或挂画像了。

图 5-6-9 北京天坛皇穹宇中
供奉的昊天上帝牌位

　　中国古代与建筑相关的人像雕塑艺术作品，除了陵墓石像生、宗教寺庙神像及文庙孔子像之外，其他场合用人像雕塑确实不多。但在一些特殊的场合，为了一些特殊的需要会做一些有特殊含义的人像雕塑。例如杭州岳王庙是为了纪念抗金英雄岳飞而建造，同时把当年残害岳飞的罪人秦桧等人用生铁铸造了塑像，跪于岳飞庙前（图 5-6-10）。

　　山西太原晋祠圣母殿里面有一组泥塑像，做得极其优美，可以说是国内最美的一组泥塑像。晋祠圣母殿建造于北宋太平兴国九年（984），距今已有一千多年的历史，是宋代建筑的典型代表，也是当之无愧的国宝。大殿内的这组泥

图 5-6-10　浙江杭州岳王庙的秦桧等人跪像

塑像是与建筑同时代的作品，也是中国古代雕塑艺术的瑰宝。除了端坐于大殿正中宝座上的圣母像以外（图 5-6-11），另有 42 尊侍从人像，其中除了少数几个男宦官以外，大多数是女性，即圣母的侍女。这组泥塑像最大的特点在于，它们虽然是在神殿里被当作神像来塑造的，但实际上完完全全是一组现实中的宫廷侍从人物的雕塑。人物形象和神态极其生动，尤其是那一群宫廷侍女，有奉侍起居的侍女、梳妆侍女、奉饮食侍女、文印翰墨侍女、音乐歌舞侍女、洒扫侍女等，各自身着不同服装，手拿不同物品。她们有着不同的身份地位，不同的年龄，不同的性格，表现出不同的神态表情，有的温文尔雅，有的天真可爱，有的老于世故，有的高傲冷艳。总之，一个个生动传神，楚楚动人。像太原晋祠圣母殿内泥塑这样的现实人物雕塑，在中国实为凤毛麟角。另外，在四川大足石窟中，在佛教造像之余还有少量民间生活中的人物雕像，例如牧牛童

图5-6-11 山西太原晋祠圣母殿泥塑圣母像

子、养鸡妇等。除此之外，中国现实人物雕塑作品很少，究其原因还是中国古代没有做人物雕塑的历史传统。即使像晋祠圣母殿泥塑和大足石刻雕像中的现实人物形象也还是借宗教的形式来表达的。

在中国古代，雕塑更多是用在建筑装饰上，雕塑是中国古建筑装饰的一种重要手法。在梁枋构架、屋脊墙头、天花藻井、门窗栏杆等处，凡是能做雕塑之处，均有雕塑。雕塑的材质主要有木、石、砖，因此木雕、石雕、砖雕号称"建筑三雕"。这三种雕刻手法各有特点，一般说来木雕比较精美，因为木雕的材质细腻（图5-6-12）；石雕则比较质朴，因为石头材质相对比较粗糙，并且硬度大，加工比较困难，所以石雕不可能做到像木雕那样精细的程度（图5-6-13）；而砖雕的特点是由于其制作方式的特殊性（先用泥塑的方式制作出来，然后再像烧砖一样烧制），因而比较长于表现立体感和空间感（图5-6-14）。然而，不论是木雕、石雕还是砖雕，同一种雕刻手法中又有不同的地域特征。一般来说，北方的风格粗犷豪放，南方的风格精巧细腻。

图 5-6-12　建筑木雕（湖南双牌县坦田村
民居木雕）

图 5-6-13　建筑石雕（湖南岳阳刘来氏贞节坊石雕）
（柳司航摄影）

图 5-6-14　建筑砖雕（江苏吴江同里镇陈氏旧宅）

在中国古代建筑装饰中，还有一种类似于雕塑的装饰手法——泥塑。与前面所述泥塑人像、神像不同，这是一种仅用在古建筑的屋脊翘角等处的装饰物，用一种耐久的泥灰（一般是桐油石灰）制作出飞禽走兽、植物花卉。泥塑经常在泥灰里面掺进彩色矿物颜料，这叫"彩塑"。与砖雕、石雕相比，它更显得丰富、华丽，因而被人们所喜爱（图5-6-15）。由于泥塑工艺的手工自由度较大，便于创作，因此常被用来做较大面积的装饰，有的甚至在建筑物墙面上做出大面积的泥塑图案，例如湖南湘潭鲁班殿大门牌楼的正面门楣上用泥塑做出一幅山水城郭长卷，画面上有城墙城楼、城内街道店铺、河流码头船舶、城外山水田园，琳琅满目，被人们称为"湘潭的《清明上河图》"（图5-6-16）。虽然桐油石灰很坚硬，但是泥塑是没有经过烧制的，其耐久性毕竟有限。于是人们借用陶瓷釉色的工艺来制作这种建筑装饰品，这就产生了建筑琉璃，它色彩艳丽而又能久经风雨、不变颜色。自从有了琉璃以后，琉璃制品就成了中国建筑屋顶装饰的主要做法。当然，琉璃是比较昂贵的，所以只有高等级的或比较讲究的建筑上才能用琉璃。例如山西洪洞广胜上寺琉璃塔，采用大量的琉璃构件、琉璃雕塑艺术品来做建筑装饰，国内少见，可以

图5-6-15 彩塑装饰（台北保安宫）

图 5-6-16　湖南"湘潭的《清明上河图》"——鲁班殿大门牌楼泥塑

说它是中国古塔中装饰最华丽的一座（图5-6-17）。河南开封"铁塔"（佑国寺琉璃塔），其实并非真正是铁做的，而是一座琉璃砖塔（图5-6-18）。因为当初烧制琉璃时烧过了火，琉璃表面颜色较深，远看像铁生锈的感觉，所以叫"铁塔"（图5-6-19）。

图 5-6-17　山西洪洞广胜上寺琉璃塔

图 5-6-18　河南开封"铁塔"

图 5-6-19　河南开封"铁塔"近景

七、中国文字与中国建筑

中国文字的一大特征是象形。中国最早的文字是商朝的甲骨文，甲骨文就是象形文字。后来各时代文字虽有变化却万变不离其宗——还是象形。我们今天能看到的中国文字有一些规律可循，其中与建筑形象相关的最普遍、最常见的是"亠"字头、"宀"字头、"厂"字头和"广"字头的文字。"亠"字头有亭、高、京等；"宀"字头的最多，例如宫、室、家、宅、宗、宿，等等；"厂"字头的如厅、厢、厩、厨、厕、厝等；"广"字头的有廊、庑、库、庐、庙、店、府，等等。

还有以意义来表达的与建筑相关的中国文字，最典型的就是"木"。中国古代建筑以木结构为主，所以凡是与建筑结构相关的文字大多以"木"字为偏旁部首，例如梁、柱、枋、檐、檩、桁、椽、枕、棂、构、栋、楼、桥，等等；而以"土"字为偏旁部首的文字，则多用来表示建筑靠近地面的下部结构，或者与地面直接相关的特殊建筑或构筑物，例如墙、垣、城、壁、坛、坊、坝、墓、坟、塚、墀，等等；以"穴"字头为偏旁部首的字，大多表示上面有顶盖，下面有空洞，例如穹、空、穿、窑、窖、窗、窜、窝、窟、窨，等等。

关于以文字的形象来表现建筑的意义这一点，日本著名建筑史学家伊东忠太在他的《中国建筑史》一书中有过一段有趣的表述："关系建筑之文字多冠以宀，即象屋顶之形者。古文中写作"宀"，即表示曲线形之屋顶者。而表示栋之形者，则有家宇宫室等字。堂字之土，乃表示屋顶之复杂装置者。亭字之亠，则表较宀为省略，乃简素之屋顶也。"（伊东忠太《中国建筑史》，上海书店 1984 年 2 月第一版第 15 页）伊东忠太是一个中国通，他长年研究中国建筑史，足迹踏遍了除新疆、西藏、青海等几个边远省份之外的二十几个省区。他不仅研究中国建筑，而且对中国的历史文化有着很深的造诣。因为没有现存的建筑实物，而历史典籍中关于建筑的记载也比较简略，他便通过各种其他间接的途径来进行分析、发掘，做出了《中国建筑史》中关于中国早期建筑的研究。他关于中国文字和建筑形象之关系的分析也是出于他对中国文化的深入了解。

中国最早的文字——甲骨文更是直接象形，甲骨文中关于建筑的文字则完全就是在"画"建筑。从今天能够看到的甲骨文中关于建筑的文字，不仅能够看到那个时代的一些建筑形象，更能从中判断出那个时代的一些建筑类型以及它们的性质、作用等。下面列举一些甲骨文中与建筑相关的文字，我们从中可以看到那个遥远时代的建筑情况（图5-7-1）。

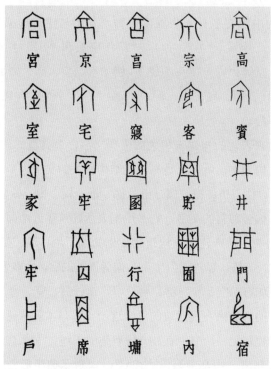

图5-7-1 甲骨文中与建筑相关的文字

"宫"字写作"舍"，屋顶下面有两个类似于窗户的"口"字，最初的"宫"字不是宫殿的意思，而是住宅。所谓"宫室"就是住宅建筑，"宫墙"就是住宅的围墙。

"京"字写作"舍"，从形象上看就是一座巨大的城，上面有城楼，这就是京城。

"高"字写作"舍"，高高的台基之上有房屋建筑，这就是高台建筑。中国古代从商周、春秋、战国一直到魏晋南北朝时代都时兴高台建筑。

"宗"字写作"介"，是宗庙的意思，屋子里面有一个祖宗牌位。《说文解字》中说："宗，尊祖庙也。"宋代经学家邢昺在解释宗庙时说："立庙者，即《礼记·祭法》：'天子至士，皆有宗庙，……旧解云：宗，尊也；庙，貌也。言祭宗庙，见先祖之尊貌也。'"（《孝经注疏·卷九·丧亲》）

"宅"字写作"🏠"，房子里面一个人，这就是住人的地方。而"家"字，房子里面一头猪，看来最初"家"是养猪的地方，反倒不是住人的。

"客"字写作"🏠"，一个人跪在房子里面，客人来了，跪地迎接，表示礼节。

"牢"字写作"🏠"，显然是关羊的羊圈，成语中"亡羊补牢"也说明古代"牢"是关羊的，而不是关人的。

"囚"字写作"🏠"，当然是把人关在里面，今天的"囚"字看来更形象，把一个人四面围起来，关得死死的。然而古代的囚牢却是把人关在一个木笼子里，身子在笼子里，头从上面露出来。

"门"字写作"🏛"，这当然是一个很具体的门的形象，这种门不是一般的房门，而是院落的大门，有点类似于牌楼门，古代叫作"乌头门"（图5-7-2）。

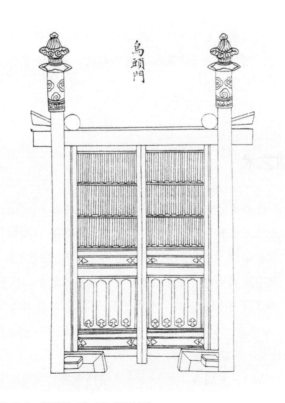

图5-7-2 《营造法式》中的"乌头门"

"户"字写作"⺁",是一扇门的形象,表示门扇、窗扇的意思。今天我们说的门户、窗户就是这样来的。

"宿"字写作"⿱",一个人在席子上面,这就是住宿。中国古人最初是席地而坐的,进屋脱鞋,坐地上,睡地上。今天日本、朝鲜半岛的生活方式实际上是延续着中国古人的生活方式,只是后来中国自己变了。

"囿"字写作"⿴",是园林、苑囿的意思。由此可以看出,最初的园林(苑囿)的主要功能是实用性的种植,田地里种庄稼、蔬菜、瓜果等,类似于农田、菜地或果树林。那个时代的生产力极其低下,即使皇宫里也要种些瓜果蔬菜作为补充。文字中记载以及河南安阳殷墟考古发掘都证明,商朝的宫殿建筑也只是"茅茨土阶"(茅草屋顶,土筑的台基),没有我们今天想象的那么豪华。所以,皇家苑囿中种植实用性的植物和放养动物也就不难理解了。

研究中国古代建筑,一定要研究中国古代的文字。因为中国古代建筑以木结构为主,保存时间有限,与西方古代石头建筑相比保存时间较短。目前保存下来的最早的木构建筑就是唐朝的,再早就没有了。因此,上古时代的建筑都没有现存的实物,而且考古发掘所得也极为有限,所以,象形文字的文字形象就是最直接、最真实的描绘了。

八、象征型艺术

中国传统的艺术文化中有一种较为普遍的表现手法——象征,所谓"象征"就是以一种特殊的艺术形象来比附某种精神性的内容。前面第二章中叙述的北京天坛建筑中大量运用了"形的象征""色的象征""数的象征"等几种手法。在中国古代建筑中还有一种"音的象征",即谐音的象征,这种手法常用于建筑装饰,例如:蝙蝠是中国古建筑中常用的装饰图案,就是因为"蝙蝠"谐音"福"(图5-8-1);一个花瓶里插着三支戟,叫作"平(瓶)升三级(戟)";一只喜鹊落在梅花树枝上,叫作"喜上眉(梅)梢";等等。

而在其他一般的艺术场合,更多的还是精神意义的象征。在这一点上最典型的当属文人画中的"四君子",所谓"四君子"是指文人画中常出现的四种

图 5-8-1　中国古建筑上的蝙蝠图案

植物——梅、兰、竹、菊（另有一种说法是松、竹、梅、兰）。然而不论是哪一种说法，其实都是借植物本身生长的自然属性来比喻人的某种道德品质。梅花在寒冬腊月里迎着漫天飞雪开放，人们用它来比喻不畏艰苦逆境的铮铮骨气；兰花的素净高雅，象征人们洁身自好、温文尔雅的气质；竹子的"虚心高节"、菊花的清冷孤傲也都是用来比喻人的良好品德；此外，还有莲花的出污泥而不染，松树的雄伟挺拔、威武不屈等。植物本身本无道德品质可言，人将自己的道德品质赋予了植物，以植物的特殊生长形态来比喻人的道德。

　　此外，中国人喜欢玉，这是一种文化传统，这种传统也和象征型的文化艺术有着密切的关系。中国古人"以玉比德"，用玉的自然属性来象征君子的道德品质。中国古代有"君子必佩玉""君子无故玉不去身"的传统，文人士大夫们随身携带或佩挂的装饰物品尽量用玉来制作，互相送礼也以玉璧、玉环等玉器作为最高尚的礼品。在各种祭祀仪式中也要大量使用圭、璋、玦、璜等玉器作为礼器和祭器。《荀子》一书中记载，有一次子贡问孔子，君子贵玉是不是因为它稀少的原因，孔子骂了他一通："恶！赐！是何言也！夫君子岂多而贱之，少而贵之哉！夫玉者，君子比德焉。温润而泽，仁也；缜栗而理，知也；坚刚而不屈，义也；廉而不刿，行也；折而不挠，勇也；瑕适并见，情也；扣之，其声清扬而远闻，其止辍然，辞也。故虽有珉之雕雕，不若玉之章章。《诗》曰'言念君子，温其如玉'，此之谓也。"（《荀子·法行》）。《荀子》中的这段记载，是孔子对于玉的象征含义的最完整的解释。

以上这些以自然事物来比喻人的品质的象征手法都是在文学艺术中为人们所熟知的。而在建筑中，象征的手法比较多的是用某一个符号形象的内在含义来表达人们的某种愿望和祈求，例如龙、凤、麒麟、狮子、鸱吻、赑屃、华表等。

龙

龙和凤是中国古代文化艺术中最典型的象征形象，也是在中国古代建筑中被使用得最多的艺术形象之一。龙和凤都是现实世界中没有的、想象中的动物，它们是华夏民族远古时代某些部落的原始图腾崇拜物的组合。今天人们普遍认为龙是中华民族的象征，学术界一般认为它起源于远古时代蛇图腾的崇拜。它以蛇身为主体，"接受了兽类的四脚，马的毛，鬣的尾，鹿的角，狗的爪，鱼的鳞和须"（闻一多《伏羲考》）。它也许是以蛇为图腾的部落不断战胜并融合有其他图腾的部落而形成的一个部族联盟的共同标志（参见李泽厚《美的历程》）。在中国古代神话中，各路神氏以人首蛇身的形象为最多，就连传说的人类祖先女娲、伏羲也是人首蛇身（图5-8-2）。传说中的上古圣王也都与龙有着密切的关系，颛顼乘龙而游四海，帝喾春夏乘龙，夏后启乘两龙，黄帝乘龙而升天，等等。大概是由于传说中的帝王都与龙有关系的缘故，

图5-8-2 画像石伏羲、女娲人首蛇身像

后来龙就成为皇帝的专用装饰图案，只有皇帝的建筑才能用龙的图案来装饰，只有皇帝才能穿龙袍。

唯一的一个例外就是祭祀孔子的孔庙可以用龙来装饰，这是因为孔子创立的儒家学说被历代统治者树为国家的正统思想，祭祀孔子被列为国家最高等级的祭祀之一，所以祭孔子的建筑——孔庙或文庙就成为最高等级的建筑，等同于皇家建筑。宋朝时崇奉孔子，祭祀孔子达到高潮，孔子家乡山东曲阜建造了有史以来规模最大的孔庙。明清时期继续修建，建筑艺术达到极盛。曲阜孔庙大成殿前的一排石雕龙柱精美至极，成为中国古建筑中龙图案装饰的典型代表（参见第四章第三节）。孔庙做龙柱最初的意图是为了向人们宣示祭祀孔子的规格之高等同于最高等级的皇家祭祀，久而久之孔庙建筑做龙柱成了习惯，反而是皇宫不做龙柱，只有孔庙、文庙做龙柱了。

凤凰

凤凰也是一种想象的、现实中没有的动物，它也是由多种元素组合而成。《说文解字》描写凤凰："凤，神鸟也。天老曰：'凤之象也，鸿前麟后，蛇颈鱼尾，鹳颡鸳思，龙文虎背，燕颔鸡喙，五色备举。出于东方君子之国，翱翔四海之外，过昆仑，饮砥柱，濯羽弱水，莫宿风穴，见则天下大安宁。'"中国上古时代就有过一些以鸟为图腾的部族，相传殷商的祖先就和玄鸟相关。《史记·殷本纪》中说："殷契母曰简狄，有娀氏之女，为帝喾次妃。三人行浴，见玄鸟堕其卵，简狄取吞之，因孕生契。"《诗经》中也说："天命玄鸟，降而生商。"（《诗·商颂·玄鸟》）玄鸟是一种黑色的燕子，大概也是和龙一样，经过多种图腾形象的综合产生了这种五彩缤纷的凤凰。这种"出于东方君子之国，翱翔四海之外……见则天下大安宁"的神鸟，理所当然地被人们看作是吉祥的象征（图 5-8-3）。然而随着文化的发展，这种美的吉祥的形象进一步向着道德的方向演化。《山海经》中关于凤凰的描述就更具有了道德品质的涵义："丹穴之山……有鸟焉，其状如鸡，五采而文，名曰凤凰。首文曰德，翼文曰义，背文曰礼，膺文曰仁，腹文曰信。是鸟也，饮食自然，自歌自舞，见则天下安宁。"（《山海经·南次三经》）很显然，这里的凤凰已经不只是一个吉祥的形象，而是一种道德品质的象征了。

图 5-8-3　中国古建筑上装饰的凤凰

狮子与辟邪

中国古代建筑的大门口往往都有一对石狮子，皇宫大殿前还有用铜做的狮子，用狮子守门无疑是因为它有一副威严的形象。但是如果我们要追根溯源，就会发现狮子原产于非洲、美洲等地，中国是没有狮子的。为什么中国人会用狮子来守门，而且如此普及？中国是何时开始用狮子守门的？这些问题实际上都是一些与文化传播相关的问题。狮子显然是来自外国，早在秦汉时代，就有外国使臣送给中国皇帝珍禽异兽作为礼物，皇帝将它们豢养在皇家苑囿之中。史载东汉章和元年（87），安息国王向中国皇帝进献狮子，翌年又有月氏国王献狮子给中国，因此人们一般认为中国从东汉时期开始有了狮子。一方面，也许人们一看到这种凶猛的野兽，便想到利用它的形象守卫家宅；另一方面，东汉年间佛教传入中国，狮子与佛教也有着千丝万缕的联系。传说佛祖释迦牟尼出生时，一手指天，一手指地，作狮子吼："天上天下，唯我独尊。"因此，人们认为"佛为人中狮子"。另外，狮子因为勇敢精进的精神而成为文殊菩萨的坐骑，佛家认为它是高贵尊严的"灵兽"，有护法辟邪的作用。所以，在佛教中狮子被认为是一种威严而吉祥的动物。在印度佛教中，狮子是一个重要的文化符号，成为一种重要的建筑装饰，最著名的要数鹿野苑的阿育王塔的石柱柱头。这座阿育王石柱的柱头是四只背对背的狮子，分别朝向四个方向怒吼，狮子背上有一座巨大的法轮，象征佛法向四面八方传播，这个造型后来成了佛教建筑的一个重要的装饰符号（图 5-8-4）。按理说中国人首先是通过佛教知道了狮子，因为佛教是在汉明帝时传入中国的，而西域的安息国和月氏国向中国赠送狮子是汉章帝时的事情，明帝在前，章帝在后。这就是说佛教传入中国时，中国人听说了狮子，但是没看见过，到汉章帝的时候才第一次看见了狮子。但是即使外国送了狮子给中国，它也只是被养在皇家御苑之中，一般人是很难看见的。所以绝大多数中国人都是没有见过狮子的，完全不知道狮子的形象，只能通过文字描绘来想象狮子。因此中国人做的狮子形象与真正的狮子相去甚远（图 5-8-5）。而西方雕塑中的狮子，包括今天一些现代建筑前做的狮子，都比较符合真实的形象（图 5-8-6）。中国人显然是按照东方人的形象来想象狮子的形象——扁鼻子、圆眼睛，而真正的狮子是高鼻子、三角眼，只是它头上的卷毛表示它来自外国。就像中国的佛祖雕像一样，他的面孔是中国人，只有头上的卷发表明他是外国人。

图 5-8-4　阿育王塔狮子柱头（湖南长沙麓山寺山门装饰）

图 5-8-5　中国的狮子形象　　　　　图 5-8-6　外国的狮子形象

　　有意思的是，日本人眼中的中国狮子也是一种想象中的动物，和真正的狮子是两回事。在日语中，中国狮子（大门口守门的狮子和节日里舞龙舞狮的狮子）叫作"シシ"（汉语"狮子"的读音），而真正动物的狮子叫作"ライオン"（英语 lion 的读音）。如果说古代的中国人只有少数见过真狮子，以讹传讹做出了中国形象的"狮子"，那么古代的日本人则可以说是完全没有见过真狮子了，他们受中国文化的影响知道了狮子（中国式样的狮子），认为这是一种和龙、凤、麒麟一样的中国传说中的神兽。当近代和西方交往以后看到了真狮子的时候，他们根本就没有认为这就是中国人说的狮子，而是把它当成了另一种动物，即英语中所说的"lion"了。

　　狮子的造型风格也是有差异的，最主要的差异是地域风格。一般来说北方的狮子比较粗犷，体量也较大；南方的狮子则做得比较精细，体量也比小。狮子的形象总的来说要么凶猛、要么威武，因为它们是用来守门镇宅的，但是也有少数特殊的情况，例如长沙岳麓书院文庙大成门前的一对狮子，没有一般狮子的凶猛威严，反而表现出一种可爱甚至妩媚的神态（图5-8-7）。无独有偶，上海豫园内的一对狮子，与岳麓书院文庙的那对狮子不仅动作、神态一模一样，甚至连一些细部做法，例如口衔飘带垂落到地等特殊造型都完全一样（图5-8-8）。上海和长沙的这两对狮子应该是出自同一个工匠之手，只是目前还没有考证出它们的背景。这说明中国古代建筑的一些具体做法和地方特色有时候是随着工匠的流动而流传的。

由此看来，狮子虽然是现实中存在的真实动物，但是在中国古代它实际上变成了一种想象中的动物，就像龙和凤一样。中国古代还有一种与狮子相关的神兽——辟邪，其形象像狮子，但带有一对翅膀。这种形象的辟邪也是在佛教和狮子传入中国以后出现的，尤其在南朝的时候比较盛行。南朝帝王陵墓多用辟邪做神道石像生（图5-6-5），而其他朝代则不多使用。大概是由于这个时期狮子刚传入中国不久，大多数人只是听说过狮子的形象，并没有亲眼见过狮子，于是就把狮子和中国古代传说中的辟邪联系起来，发挥想象，创造了这种形象。

图 5-8-7　湖南长沙岳麓书院的狮子雕塑

图 5-8-8　上海豫园的狮子雕塑

华表

相传上古时代的开明君王尧帝在自己的皇宫前竖立一根木柱，上面横着一块木板，谁对君王有意见就写在那块木板上，这根木柱叫作"诽谤木"。久而久之，诽谤木就成了皇宫前的一个标志，表示君王能够虚心听取老百姓的意见。随着建筑的发展，简陋的诽谤木逐渐演变为带有装饰性特点的构筑物，原来的木柱变成了雕龙石柱，上面横着的木板变成了华丽的云板，这就是我们今天看到的华表。"诽谤木"变成了华表，原来让人提意见的功能已经不存在，但是还有一点保留了下来——仍然表示皇帝体察民情含义的就是华表顶上的那尊神兽，叫作"犼"（图 5-8-9）。相传犼是龙子之一，喜好守望，把它放在皇宫

图 5-8-9 华表上的"犼"

前的华表上是为了守望和监督皇帝。天安门的前面和后面各有一对华表，后面一对华表上的犼叫作"望君出"，意思是告诫皇帝不要耽于宫中享乐，要出宫去看看社会，体察民情；前面那一对华表上的犼叫作"望君归"，意思是提醒皇帝不要只顾游山玩水，要及时回宫处理朝政。总之，犼代替了原来诽谤木的作用，表示对皇帝的监督。于是华表就成了皇权的象征，一般只是矗立在皇宫和皇帝陵墓前面。今天我们只能在北京故宫和各地的皇家陵墓才能看到华表，别处没有（今天北京大学西门内的一对华表是原来圆明园的遗物）。今天在有的地方城市建设中，在广场、大路旁随便用华表，这是不符合文化传统的。

第六章

生活方式与中国建筑

生活方式与建筑有着直接的关系。广义上的生活方式本身涉及很多方面，有社会活动、社交往来、商业活动、文化娱乐、家庭生活等，因此与生活方式相关的建筑也是种类繁多、丰富多彩的。

一、市民文化与城市建筑

关于城市广场

城市建筑是由城市文化决定的，而城市文化又是由城市中的市民生活和市民文化决定的。中国古代的城市文化有很多不同于西方的特点，其中比较突出的是中国古代城市中没有广场。西方古代城市中有很多广场，这是西方城市的特点，也是西方文化的产物。古希腊、古罗马时代实行民主制的城邦制度，全民爱好哲学和公共政治活动。哲学家们经常在公共场所面对公众发表演说，或者是当持不同观点的哲学家们相互辩论时，公众便兴致勃勃地聚集聆听。于是城市中就需要一些开阔的、可供人们聚集的场所。另外，西方人有社交的习惯，他们喜欢随时坐在街边聊天、喝咖啡，在西方城市中到处都是街边露天餐馆和咖啡座。因为有了这些需要，所以人们在规划建造城市的时候就有意留出一些比较空旷的地方来为人们的聚会和社交活动提供方便，这就是城市中的广场。其实西方城市中的广场一般都不大（图 6-1-1），因为它本来就是只供小型聚会和社交活动使用的。

而中国古代是封建专制社会，没有哲学家在公众面前发表演说的习惯，统治者也不允许公众聚集，因为公众聚集就有造反的可能。另外，中国古人也没有在公共场合社交的习惯。这些原因导致了中国古代的城市中一般没有广场。反而是一些少数民族聚居的城镇中可能有广场，例如云南丽江的四方街就是一个典型的城市广场（图 6-1-2）。很多少数民族有大家聚集在一起唱歌跳舞的习惯，所以少数民族聚居的城镇、村寨中大多有广场。云南丽江是纳西族聚居的地方，纳西族有群体聚集歌舞的习俗，所以丽江的传统城镇中就有了广场。湘西的土家族有跳"摆手舞"的习俗，因此土家族的传统村落中都有专供跳"摆手舞"的小型广场。汉族人的城镇村落中因为没有这种公众活动，所以也就没

图 6-1-1　西方城市中的广场（意大利佛罗萨中心广场）

图 6-1-2　云南丽江"四方街"（城市广场）

有这样的活动场所。

　　中国古代的一些节日活动，例如庙会等，其内容大多是商业性的，所以一般就在大街上进行，不需要专门的广场。一般只有皇帝主持的大型政治活动才有集会的形式，所以一般只有在皇宫里面和皇宫前面才有广场。例如北京紫禁城只是在太和殿前面和午门前面有广场：太和殿前的广场是皇帝朝会文武百官、举行重大典礼的场所（图6-1-3）；午门前的广场则是皇帝检阅军队的地方（图6-1-4）。古代战争爆发时，军队出发前会在这里接受皇帝的检阅；打了胜仗班师回朝，也要在这里举行"献俘"仪式。除此之外，在城市中别的地方都没有做广场的必要。在今天所能看到的古代著名都城，如长安城和北京城的平面图中，我们都看不到广场。今天的天安门广场是这个世界上最大的广场，是1949年以后为了大规模群众集会的需要，拆除了天安门前的一些建筑而建成的。古代的天安门前是没有广场的，是两条"L"形的长条建筑对称组成的一个"T"字形狭长空间，叫"千步廊"，是政府机构兵部、刑部等六部所在地（图6-1-5）。总之，中国古代的城市中是没有广场的，今天我们看到的城市广场都是近现代城市发展的结果，是适应城市生活和功能变化并在科学的城市规划指导下新建设的产物。

图6-1-3 北京故宫太和殿前广场

图 6-1-4　北京故宫午门前广场

图 6-1-5　过去的天安门（1906 年，从南往北看）

关于公共建筑

在中国古代，除了没有公共聚会和交往的广场，还有一点不同于西方的是，中国没有大型公共建筑。古希腊和古罗马时代有大型的剧场、竞技场、浴场、音乐厅、图书馆等，这是西方人爱好公共活动的产物。古希腊古罗马时代的剧场就是大型公共活动的场所（图6-1-6）；古罗马时代的竞技场和斗兽场动辄能容数万人（图6-1-7）；大型公共浴场也是如此，例如古罗马的卡拉卡拉浴场能够同时容纳数千人（图6-1-8），里面还有图书馆和音乐厅。这样的建筑在中国古代是没有的，中国古代不是不能建造那样大规模的建筑，而是没有这种需要，没有这种文化。中国古代没有这种大规模的公众活动，即使是戏剧演出，也是小规模、小范围的。中国人也没有像西方人那样大量人群的公共活动的兴趣和习惯，中国人的日常交往一般都是小范围、小规模的。如果要说中国古代也有公共建筑的话，那就只是小范围内、小人群内的公共建筑，例如祠堂、会馆等。人们可以在家族内部集资合力建造美轮美奂的祠堂，可以在商业行帮内聚集财力建造宏伟华丽的会馆，这些都是供小范围、小团体内部使用的公共建筑。但

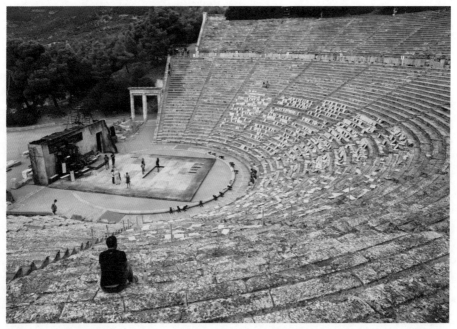

图6-1-6 古罗马剧场

图6-1-7 古罗马斗兽场

图6-1-8 古罗马卡拉卡拉浴场

是几乎没有人会愿意出资或者大家凑钱去建造一座供社会大众共同使用的公共建筑。我们今天能看到的图书馆、音乐厅、体育场、剧场等大型公共建筑都是近代以后从西方传入的。

因为中国古代没有经历过古希腊罗马时代民主制的历史过程，所以中国古代社会生活中缺少了公共活动的内容，由此也决定了中国人普遍缺少公民意识，缺少对公共利益的维护，以及对公共建筑、公共财产的爱惜，甚至缺少对公共场所行为规则的遵守和对环境卫生的爱护。我们习惯于"各人自扫门前雪"的社会生活态度，这种态度往往导致了一种自私心理，对于公众事务不关心。我们今天在保护文物古建筑方面困难重重的一个重要原因就是人们对于古建筑的冷漠态度。事实上，中国人并不是不喜欢文物古董，收藏古董在中国有着悠久的历史，有史书可考的在汉朝就有人收藏古物，唐宋时期更是盛行，宋朝宫廷里就收藏着历史上著名画家、书法家的作品和古董器物，而到明清时期收藏古董更是蔚然成风。清朝乾隆皇帝是著名的古董收藏家，在他的皇宫中，历代名画、书法、瓷器、青铜器、玉石、珠宝等堆积如山。后来在抗日战争中颠沛流离、今天分别保存在北京故宫博物院、台北故宫博物院以及世界各大博物馆中的著名的故宫珍宝，主要就是以当年乾隆皇帝所收藏的宝贝为基础的。民间的古董收藏虽没有皇宫那样的条件，但也是红红火火，很多著名的收藏家收藏的宝贝价值连城。直到今天，民间收藏的热度仍不减。人们都知道文物古董价值高。当官的和有钱的人对古董收藏趋之若鹜，一般老百姓即使没有能力收藏，也知道古董值钱。但是对保护古建筑感兴趣的人却不多，古代就是这样，今天仍然如此。古代改朝换代的时候，人们把前朝的宫殿烧毁却不感到可惜，但如果一幅古画要被烧掉，一定会有人把它收走。而在今天，仍然有不少人一边热火朝天地收藏古董，一边在城市开发建设的时候摧毁古建筑，这是一种矛盾心态。其中一个重要的原因就是人们缺少作为社会主人的公民意识，以及由此而产生的对公共艺术的冷漠态度。一件古董收藏品是属于个人所有的，而对于不属于自己的建筑，即使价值再高，毁掉也无所谓。

关于"市井"

中国古代城市生活和城市建筑离不开两个东西——"市"与"井"，"市井"

一词就是这样来的。所谓"市"即指与商业有关的建筑或设施，如市场、商铺、街道等。中国在宋朝以前的城市中实行"里坊制"（参见本书第一章第三节），街道两旁不准开商店，全部商业活动集中在城市中固定的一两个地方，这就是"市"，最著名的是唐朝长安城中的"东市"和"西市"。宋朝以后商业经济大发展，里坊制被打破，城市中街道两旁开起了商店，这种街边商铺也就成了一般城市平民生活的依靠。一家一户开个小铺面，做点小生意，维持生计。于是城市街道就形成了自然分割的一个一个小开间的铺面，临街面都不宽，向纵深发展。每一家占一个开间，大户人家有钱，可占两三个开间。前面临街开店，后面是住宅；或者两三层的楼房一层临街开店，后面做作坊，楼上住人：这就是中国古代城市中最普遍的街道商铺住宅——"前店后宅"或"下店上宅"（图6-1-9）。临街开店铺的一个重要的特点就是商店的柜台是直接朝向街道的，门板是一条条木板拼装上去的，白天可以全部卸掉，店面全开敞（图6-1-10）；晚上店门关闭以后还可以在柜台上方留一个小窗洞，夜晚街坊邻居有急事要买东西，可以开小窗户提供方便（图6-1-11）。

图6-1-9 传统街道商铺住宅

图6-1-10 临街铺面拼板门

图 6-1-11 临街柜台上部开窗

  至于"井"，它虽然不是建筑，但它是与建筑、城市及人们的生活直接相关的设施。中国古代城市中的生活用水大多来源于地下水，即打井取水。在今天中国各地的历史城镇、街区、村落中还留有大量的水井。这些古井有的已经废弃，有的至今仍在使用。另外，在很多考古遗址中也发掘出很多古代的井，它们都是古代城市建设和人们日常生活的真实反映，例如长沙市内贾谊故居中的古井。贾谊是汉朝著名政治家、文学家，虽然其故宅在历史长河中已经湮没无存（现在的贾谊故居是后来重建的），但是在其院落中发现的古井以及井中出土的"太傅古井"碑足以证明这里仍然是贾谊故居原来的位置（图6-1-12）。在一些城镇村落中，水井不仅仅是一种生活设施，因为大家都到这里来取水和洗涤，久而久之水井旁就变成了人们聚集的一个中心，人们在此聊天、拉家常（图6-1-13）。有的城镇村落中比较大的水井做成三级水池，第一级是从地下流出的新鲜水，仅供取水饮用，不准洗涤；水流到第二级，用来洗涤蔬菜水果和食物；接着水流到第三级，用来洗衣服和其他东西，最后再流走（图6-1-14）。大家自觉遵守规则，养成节约用水的习惯，同时这种做法也非常有利于生态环境的保护。

图 6-1-12　湖南长沙贾谊故居古井

图 6-1-13　城镇中水井旁成了人们聚集的场所

图 6-1-14 三级水井

二、观演文化与戏台建筑

看戏是文化娱乐生活的重要内容之一，广义上说的看戏，并不只是看戏剧、戏曲，而是指观看各种表演。在中国古代，戏剧文化发展较晚，正式在舞台、剧场演出的戏剧、戏曲比较晚才形成。元代的杂剧应该算是中国最早的在正式舞台演出的戏剧，而在此之前，除了表演给帝王们看的宫廷乐舞以外，民间老百姓能看到的就只有一些街头杂耍或者茶楼酒肆里小规模表演的曲艺，以及小曲、演唱之类的说唱艺术了。而在西方，早在两千多年前的古希腊罗马时代，戏剧艺术就很繁荣，出现了很多正规的露天剧场和室内剧场，戏剧演出成为一个地方的文化盛事（图6-2-1）。

中国古代的戏曲表演总体上分为两类：一类是民间娱乐型，一类是祭祀乐舞型。所谓民间娱乐型，是由最初的街头杂耍发展而来的茶楼酒肆中的曲艺表演等，今天我们能看到的相声、小曲、大鼓等各种说唱类曲艺以及杂技、魔术等都是从这一类发展而来的。所谓祭祀乐舞型，即庙宇中祭神时表演的节目。中国古代的祭神活动中有一种特殊的祭祀方式叫"淫祀"。所谓"淫祀"，即演戏给神看，给神以娱乐，所以这类表演都是在庙宇之中进行。

图6-2-1 古希腊雅典第欧尼索斯剧场

由此，中国古代的戏台建筑也就出现了两种类型：

一类是室内茶座式的，戏台在大厅中间，背靠一方，另外三方由茶座围绕。今北京虎坊桥的湖广会馆和天津的广东会馆内的戏台就属于这一类（图6-2-2、图6-2-3）。这类戏台显然是由早期的茶楼酒肆中的戏曲表演发展而来的，也就是我们常说的"戏园子"。

图6-2-2 北京
湖广会馆戏台

图6-2-3 天津
广东会馆戏台

中国人看戏与西方人不同。现代西方人把看戏当作一种正规的艺术欣赏和社交活动，是欣赏艺术和培养文明气质的地方。看戏的人规规矩矩排排坐，穿着考究的礼服，行为举止有礼貌。看戏的过程还有很多规矩，比如什么时候应该鼓掌，什么时候不能鼓掌等。古代中国人把看戏当作娱乐，既然是娱乐就要尽量自由随意、无拘无束。于是中国古代的戏园子里摆着八仙桌，看戏的人围着桌子坐，一边看戏一边吃东西、嗑瓜子、抽烟、喝茶、聊天、高声喧哗，显得乌烟瘴气。有一幅清朝的古画描绘了戏园子演出的场景，整个场面很乱，有喝茶的、抽烟的、聊天的、服务的，还有很多人四处走动。台上演出很热闹，台下几乎是同等热闹（图6-2-4）。过去茶馆戏园还提供热毛巾供人擦脸擦手，叫"毛巾把儿"。这边在演戏，那边吃喝着把"毛巾把儿"扔过来扔过去，服务周到，人是舒服了，但人们把艺术就不当回事了。西方人把演员看作受人尊敬的艺术家，以前中国人把演员看作供人娱乐的"戏子"，这一点大概也与这种看戏的方式和态度相关。因为过去酒楼茶馆里的小曲、杂耍等表演，就是我丢钱你演给我看，演员不受尊重。

另一类戏台是室外露天的，通常是一栋独立的建筑，周围是空旷的场地，供观众看戏。这类戏台最初出现在庙宇里，是供祭神表演的。因为庙宇中的戏台是演戏给神看的，所以戏台建筑的布局就比较特殊。中国古代的宫殿庙宇等建筑群沿中轴线上的建筑都是同一个朝向，即朝向前面的大门。而在有戏台的

图6-2-4 清朝光绪年间茶园演剧图

情况下就不同了，戏台与中轴线上的主要建筑朝向相反，戏台建在大门后面，背靠大门，与中轴线上的大殿面对面（图6-2-5）。人们进入庙宇大门便从戏台下穿过，进入庭院，正面是大殿，回过头是戏台（图6-2-6）。庙宇中的戏台是演戏给神看的，祠堂和会馆中的戏台也是如此，祠堂祭祀祖宗，会馆祭祀各种神祇，因此祠堂、会馆中戏台最初的性质与庙宇中戏台相同，也是用来"娱神"的。全国各地的庙宇、祠堂、会馆中的戏台大多都是这一类，只有少数商业气氛较浓的会馆内的戏台是属于戏园子那一类，如前述北京湖广会馆和天津广东会馆等。

图6-2-5 戏台与大殿的关系（湖南永州柳子庙戏台，张星照摄影）

图 6-2-6　戏台与大门的关系（上海三山会馆）

　　戏台面对大殿这种建筑格局，恰好形成一个理想的演戏和观戏的庭院空间。戏台对面大殿前的多层台阶和宽敞的庭院成为观戏的看台，两侧的厢房在有戏台的情况下一般就做成空廊，并常做成两层的厢楼，成为上下两层的看楼，类似于西方剧院中的包厢（图6-2-7）。本来演戏是"娱神"的，不是"娱人"的，人看戏只是跟着神沾点光。但事实上戏台建筑及其周围环境已经成为人们平常看戏、娱乐甚至公众集会的场所。尤其在祠堂、会馆这类建筑中，每逢节日或其他庆典活动时必有戏曲演出，成为庆典活动的主要内容。同时，不同的祠堂、会馆之间也往往以所请戏班的名气、演出的场数、排场的大小来互相攀比，显示自己的财力。例如山西省洪洞县水神庙的明应王殿内墙壁上刊有一幅元代戏班演出的大幅招贴画"大行散乐忠都秀在此作场"（图6-2-8），是古代戏曲演出的真实记录。南方地区一些村落祠堂的戏台后面墙壁上至今保留着过去戏班演出的戏码（节目单），例如安徽祁门坑口村会源堂（陈氏宗祠）、湖南桂阳昭金村魏氏宗祠等（图6-2-9）。这些都是中国古代戏曲文化发展的历史见证，是具有宝贵价值的历史遗存。

图6-2-7　戏台两侧厢楼（上海三山会馆）

图 6-2-8 山西省洪洞县水神庙明应王殿戏曲壁画

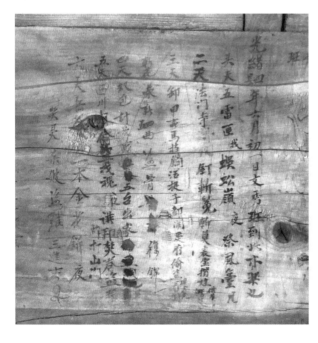

图 6-2-9 湖南桂阳昭金村魏氏宗祠戏台背板上保留着过去戏班演出的戏码

中国古代早期只有说唱类和歌舞类的表演，在任何场地都可以表演，不需要固定的、正规的戏台。需要戏台的、正式表演性的戏剧或戏曲形成较晚，因而戏台建筑也出现较晚。从文献记载来看，中国古代的戏台或戏园中最早见于史书记载的是唐朝佛寺中的"戏场"（参见廖奔《中国古代剧场史》，中州古籍出版社1997年5月出版）。宋朝开始出现在城市商业市场中的表演建筑叫"瓦舍勾栏"（有的叫"瓦子勾栏"），这就是我们今天能看到的茶馆戏园。宋朝以后，这种勾栏戏场逐渐衰落，主要的、数量最多的就是庙宇、祠堂、会馆中祭神的戏台了。山西省高平市王报村二郎庙戏台，建于金朝，被认为是国内现存最早的戏台。另外还有山西省临汾市的牛王庙戏台、洪洞县广胜下寺水神庙戏台等几座建于元朝的戏台，都非常宝贵。以后各朝代的戏台仍然以庙宇中的戏台为主，到了明清时期，绝大多数戏台都是在祠堂和会馆这类规模较大的民间建筑之中了。

戏台是一种艺术建筑，人们看戏本来就是欣赏艺术，附带对戏台建筑也以欣赏的目光来看待。所以戏台建筑都建得很华丽，造型奇特，雕刻精美，彩画艳丽，美轮美奂。不论是庙宇还是祠堂、会馆，凡是有戏台的，那么戏台一定是这个建筑群中最华丽的。例如安徽亳州的山陕会馆，又叫关帝庙，因为其戏台的华美被称为"花戏楼"。在当地人心目中"花戏楼"甚至比山陕会馆本身更有名（图6-2-10）。又如四川自贡的西秦会馆戏台，建筑造型之宏伟，装饰之华丽登峰造极（图6-2-11）。

图6-2-10　安徽亳州"花戏楼"（山陕会馆戏台）

图 6-2-11　四川自贡西秦会馆戏台

　　传统戏台建筑形成了一种固定的式样，平面呈"凸"字形，向前突出的部分是舞台，后面是化妆间和准备空间。舞台与后台之间有木板屏风分隔，左右各有一个小门洞供演员出入。门洞上方往往写有"出将""入相"的门额。舞台面积都不大，这是由中国古代戏剧的表演形式决定的。中国古代戏剧与西方戏剧的区别之一是基本上没有大场面，西方的歌剧、舞剧动辄数十人、上百人上场，表现一个宏大的场面（图 6-2-12）。而中国戏剧是以一种象征性的手法来表现的，一个将军带着几个兵卒就表示千军万马了。有俗语形容中国戏剧中的场面——"一个圆场三千里，八个龙套百万兵"，指的就是这个意思。所以中国传统的戏台也就不用太大，能供几个人在台上表演就可以了。

图 6-2-12　西方歌剧演出（意大利维罗纳角斗场中演出威尔第歌剧《阿依达》）

三、特殊的生活与特殊的建筑

席地而坐与垂足而坐

今天我们可以看到，日本人、韩国人和朝鲜人的生活方式都是进屋脱鞋，在家里坐地上、睡地上。这种"席地而坐"的生活方式实际上是源自中国，中国古代就是这样的。中国古代的文字记载，还有大量考古出土的画像石和画像砖上的形象描绘，都证明中国古代原来都是采用席地而坐的生活方式。甲骨文中有很多与建筑相关的文字，里面都有一个跪着的人的形象，例如"宿"字写作"🀄"，"客"字写作"🀄"，这个跪着的形象不仅仅是行礼时的动作，而且是一般日常生活中在地面上跪坐的样子。出土的古代陶俑中有很多跪坐的形象，画像砖、画像石上的人物，凡在室内的也大多是跪坐或席地而坐的（图6-3-1)，中国古代的很多绘画作品中的人物也大多如此（图6-3-2)。所谓"席地而坐"是在地面上铺着席子，人坐在席子上，甲骨文中的"宿"字（"🀄"）就是画的一个人跪坐在席子上。如果有多人在场，例如接待客人时，一个人坐

图 6-3-1　画像砖、画像石上的跪坐形象

图 6-3-2　古代绘画中的席地而坐（李唐《晋文公复国图》局部）

一张席子，这叫一"筵"，我们今天所说的"筵席"就是这样来的。席子前面摆一张矮桌叫几案，进餐时每人一份食物放在自己面前的几案上，实行分餐制（图6-3-3）。日本人把一张席子（大约1米宽2米长，正好供一人坐卧）叫作"一叠"，日语读音是"榻榻米"。人们把日本人的住宅室内地面叫"榻榻米"，本来就是一张席子（一叠）的意思，相当于中国古代的一筵。同样，今天日本的分餐制宴席也是这种古制的延续。

图 6-3-3　古代"筵席"

　　席地而坐的生活方式对建筑的影响比较大。第一，因为人坐在地上、睡在地上，所以室内没有桌子、椅子，也没有床铺，只有坐席上面的几案和存放衣物的箱子、柜子，室内的家具就少了很多，房间也就不需要太大。第二，因为人总是坐在地上，所以室内空间就不要太高，太高了人的空间尺度感就不对了。今天日本、韩国和朝鲜以及中国境内的朝鲜族的传统住宅建筑都比较低矮，不仅建筑和室内空间较低矮，就连门窗也开得比较低矮。日本著名建筑史学家伊东忠太在其所著《中国建筑史》中，通过孔子《论语》中的一段记载分析了当时建筑的窗户形式。孔子的弟子伯牛病了，孔子前去探望，没有进屋，站在屋外隔着窗户与躺在床上（地板上）的伯牛握手。由此可知那个时代建筑的窗户不高。第三，人坐地上，室内地面要特别注意防潮、保暖，所以建筑的室内地面都要抬高，地下架空，下面做烟火道，在室外的台基旁边留有烧火口。冬天在火口烧火，整个室内地面都是暖的，既防潮又保暖，这种住宅是很舒适的。实际上中国东北，包括满族人居室内的火炕，在一定意义上也可以说是部分延续了古代席地而坐的生活方式（不是在整个地面上坐卧，而是在炕上坐卧）。例如沈阳故宫后部的清宁宫就是满族传统住宅形式的代表，室内沿墙边有宽阔的火炕（图 6-3-4）、低矮的窗户和厚厚的墙壁，墙下部有烧火用的火口（图 6-3-5）。

图6-3-4　沈阳故宫清宁宫室内沿墙边宽阔的火炕

图6-3-5　沈阳故宫清宁宫室外墙下部烧火的火口

中国古代从"席地而坐"向坐椅子、睡床铺的"垂足而坐"的转变开始于魏晋南北朝时期。魏晋南北朝时期西域的少数民族大量进入中原地区，这些少数民族大多是游牧民族，带来了架在地面上的临时坐凳和床铺（类似于今天的"马扎"和行军床）。大概是因为垂足而坐相对于席地而坐来说人的腿感觉比较舒服，所以中原地区的汉族人开始接受这种生活方式。因为这种坐凳、床铺来自于西域少数民族，所以当时人们把这种坐法叫作"胡坐"，把这种床铺叫作"胡床"。后来在长期的生活实践中，人们逐渐把那种马扎式的"胡坐"的坐凳和"胡床"改造成了更加实用、更加美观、正规的坐椅和床铺，就变成我们今天所看到的传统家具了。这种由席地而坐到垂足而坐的转变有一个较长的过程，大约到唐朝才转变过来。在很多古画中的建筑室内生活场景中，甚至到宋朝还常见有席地而坐的画面。

太师椅与沙发的文化差异

中国古代由席地而坐发展到垂足而坐，然而垂足而坐到后来又走上另一个极端，即人要坐得高，以显示庄重严肃，最典型的就是后来出现的"太师椅"。太师椅雕刻精美，成了一件艺术品。然而更耐人寻味的是这种太师椅是直角形的，即坐板和靠背呈 90 度直角。人坐在上面时必须挺直腰板，挺胸垂足地端坐，即所谓的"正襟危坐"（图 6-3-6）。这种坐姿实际上是很不舒服的，坐久了会很累，腰酸背疼，所以太师椅是只好看不好坐。皇帝的座椅雕刻象征最高权威的龙凤图案，故叫作"龙椅"。龙椅的形状更加"变本加厉"，不仅是直角的，而且坐板很大，进深很大，后面虽有靠背，但是人根本就靠不着；座椅很宽，两边虽有扶手，但是根本就扶不到（图 6-3-7）。龙椅坐着这么不舒服，但是中国古代又必须这样，才能体现人的尊严和地位。相对来说，

图 6-3-6 让人正襟危坐的太师椅

图 6-3-7 皇帝的 "龙椅"

西方的沙发则让人坐得很舒服，因为它是按照人体的尺度和形状来制作的，而且是软质材料。然而沙发虽然舒适却不庄重，人坐在里面呈半躺斜靠的姿势，一副慵懒的形象。清朝后期，洋人给慈禧太后送了一套精心制作的沙发，慈禧很喜欢，因为它比起太师椅来实在是太舒服。但是不能把它放在正式的殿堂里，只能放在后殿卧房里面。在殿堂上当着众人的面坐沙发不庄重，只有在自己的卧房里才能享受这种舒适。洋人还给慈禧送了一辆轿车，她也同样是感到新奇高兴但不能坐，因为司机坐在她前面，这成何体统？在中国古代，人的坐位是有着文化含义的。

"闺房" 与 "绣楼"

中国古代礼制文化中讲究 "男女授受不亲"，把男女之间的界限划分得非常清楚、严格。男人在未经过一系列正式的礼仪程序之前是不能看到自己未来的妻子的，到了举行婚礼仪式的时候都还不能看，因为新娘有 "盖头" 盖着。直到婚礼完毕进入洞房才能掀开 "盖头" 看见自己的妻子。而姑娘在未出嫁之前更是藏在深闺"秘不示人",任何男人都看不到,即所谓的"闺女""闺秀"。因此,凡是家中有闺女的,只要经济条件允许,家里就一定要有"闺房""闺楼"或"绣楼"。闺房、绣楼一般都在民居宅院的后部或者在楼上,以表示藏得深。闺房在楼上的,往往还在楼梯上楼的出口处的地板上做盖板,可以把盖板盖上,就像把门关上一样,别人就上不去了(图6-3-8)。有时考虑到闺女整天在绣楼里闷得慌,在有条件的地方会将绣楼做得对外开敞,让闺女能够看到远处的风景。例如湖南会同县的高椅村就有一座这样的绣楼,二楼有一个直接对外的小阳台,能让闺房里的人出来散散心、观观风景。从这座建筑外墙圆拱形小窗的造型和装饰明显可以看出,这家主人受到一些西洋建筑的影响。虽然受到西洋文化的影响,但是"闺女不能出闺房"这种中国传统观念却被一直坚守(图6-3-9)。

图6-3-8 闺楼有盖板的楼梯口

图6-3-9 湖南会同县高椅村绣楼

公益建筑——凉亭、风雨桥、鼓楼

农耕文明的社会是一个温情脉脉、纯朴善良的社会。中国古代虽然没有宗教观念中积德行善的神谕，但是儒家思想中仁者爱人的思想与宗教中行善的观念异曲同工。"老吾老以及人之老，幼吾幼以及人之幼"的观念深入人心，而且这种观念似乎越是在偏僻落后的地区，越是表现得明显。

在我国南方很多地方都有凉亭和风雨桥，这些都属于公益性建筑，即由民间自发捐资建造的为他人提供方便的建筑。凉亭一般建在大路边上，所谓的"大路"并不是现代的公路，在古代叫作"驿道"，即比一般乡间小道稍宽一点，能够骑马奔跑或者马车能走的道路。这种道路是地区之间、甚至一省与他省相连接的重要通道。道路边上相隔一定距离就有供人住宿歇息的驿站，所以叫"驿道"。在驿道经过的地方，每隔一定距离就有当地老百姓建的凉亭，供人休息，并可以遮风避雨。各地建造的凉亭式样、风格不一，例如湘南地区的凉亭都是两道封火山墙夹着一个两坡屋顶的硬山式建筑，前后墙上各开一道拱门，青砖墙体比较封闭（图6-3-10）；而湘西侗族地区的凉亭则是全开敞的木造

图6-3-10　湘南地区的路边凉亭

两坡屋顶，有的亭中还有水井，叫"井亭"。井边放着竹勺，供路人喝水解渴（图6-3-11）。过去还有人织了草鞋挂在亭子里，供路人随意取用。这些反映了

图6-3-11　湖南通道县侗族地区的凉亭中有水井（高雪雪摄影）

侗族人民热心公益的淳朴民风。更有趣的是在侗族村寨里的水塘中我们还常看到"鱼凉亭"，给鱼乘凉，充分表达了侗族人的仁爱之心（图6-3-12）。

所谓"风雨桥"，也就是廊桥，桥上盖有屋顶，可以遮风避雨。风雨桥在我国南方很多地区都有，例如福建、浙江、安徽；尤其是西南少数民族聚居的地区最多，如广西、贵州、四川、湖南西部等。在这些少数民族地区中，尤以侗族地区风雨桥最多。苗族、土家族、瑶族地区也都有风雨桥，但从数量之多、规模之大、建筑之精美程度来看，都是以侗族为最（图6-3-13）。这种风雨桥已经不仅仅是一种交通设施，而是成了一种类似于凉亭的公益性建筑。风雨桥的桥廊内两侧都设有坐凳，供路人休息。除了过路行人之外，当地农民在田间

图 6-3-12　侗族村寨水塘中的"鱼凉亭"（高雪雪摄影）

图 6-3-13　侗族风雨桥（湖南通道县普修桥）

劳动休息时也可以坐在风雨桥中（图6-3-14）。侗族的风雨桥上往往还建有桥亭，里面供奉着神像，桥成为了一种公共活动的场所。

说到公益建筑，就必须提到侗族的鼓楼。这是侗族村寨中的一种公共建筑，一般建在村寨的中心广场上，是村民们聚集的场所（图6-3-15）。鼓楼内有一面大鼓，村中有事召集村民就在这里击鼓，所以叫"鼓楼"。村民在此召开公共集会，节日里在此演戏，日常劳动之余在此休息，老人们在此闲聊家常等。总之，它就是一个村寨的"客厅"，平时人们一般都在此活动。鼓楼中心地面上有一个很大的火塘，冬天可烧火取暖，周围有固定的坐凳，给人们提供方便（图6-3-16）。

图6-3-14 供人休息的风雨桥（高雪雪摄影）

图6-3-15 侗族村寨中的鼓楼（高雪雪摄影）

图6-3-16 侗族鼓楼内的场景（高雪雪摄影）

驿站和驿馆

中国古代有一种特殊的建筑，现在已经很少见到了，这就是驿站，或叫驿馆，其性质类似于今天的旅馆和宾馆。古代最早的驿站是由国家政府设置的，主要是为了国家地方政府之间传递公文信件和军事命令等文件而设，所以有的地方叫作"邮亭"或"邮邑"。今天江苏省有一个高邮市，就是因为秦朝时在此建了一个高台，并把邮亭建在高台上而得名。古代的驿站沿着交通要道设置，每隔一定距离设一个，供传递文件的差役停留食宿。驿站有专人管理，备有房间和马匹。遇到传送紧急公文、重要军事情报或命令的时候，就采用驿站之间接力式的"快递"。差役骑快马跑到一个驿站，人和马歇息，驿站的人和马接过公文继续往下一站跑，这样就可以保证人和马可以休息但传递的文件不停留。由于古代城镇之间相隔较远，这种每隔一定距离设置的驿站有时就设在了人烟稀少的荒郊野外。南宋诗人陆游的《咏梅》中"驿外断桥边，寂寞开无主。已是黄昏独自愁，更著风和雨。……"的诗句就描写了驿站所处地方的荒凉。

在今天，河北省怀来县还保存着一个"鸡鸣驿"，这是目前国内保存下来的最大的一个古代驿站。它已经不是一个一般的驿站，而是由驿站发展而成的一座小城镇。"鸡鸣驿"因坐落在鸡鸣山下而得名，是自西北进入京城北京的交通要道，始建于元朝，是当年成吉思汗率兵西征时在通往西域的大道上建立的一个重要驿站。到了明朝永乐年间，鸡鸣驿由一个军事性的驿站扩建为西域货物进京的一大中转站。明成化八年（1472）建筑土城，城墙周长2000多米，高12米，设有东西两个城门，城门上有城楼，四角有角楼。今城南仍保存有"南官道"，即当年驿卒传令的干道。明隆庆四年（1570），将土城墙改为砖砌城墙。清朝康熙年间，进一步修建城内建筑，并专设"驿臣"主管驿站事务。目前鸡鸣驿古城中的建筑大多仍然保存完好，已经成为国家级重点文物保护单位（图6-3-17）。

　　随着社会经济的发展，商品流通和人员流动增加，光有政府的驿站已经不能满足需求，于是民间开始自己建设商业性、服务性的驿馆。虽然"驿馆"和"驿站"在名称上只是微小差别，但实际上有了性质上的不同。原来的"驿站"

图6-3-17　河北怀来县鸡鸣驿（葛毅轩摄影）

是政府传递公文的一个"站"，后来的"驿馆"则是民间商业服务的一个"馆"，这就已经和今天的旅馆、宾馆一样了。古代的驿馆和今天的旅馆所不同的是，驿馆的建筑形式基本上还是传统民居住宅的形式，庭院周围是小房间，就是把民居住宅的住房变成客房而已，只是在建筑的入口门庭及门窗装修等处比一般民居住宅显得更加商业化一些。湖南省双牌县坦田村保存下来的一个驿馆，是一个难得的古代小型驿馆的实物。从建筑外观和院落格局上来看，它与一般民居区别不大，但其入口大门做成具有装饰性的圆形，比一般民居做得更艺术化，体现出商业化的特点（图6-3-18）。

图6-3-18　湖南双牌县坦田村驿馆

湖南永州老城区内河街有一座类似于驿馆的建筑，主要是接待河上行船跑运输的船工，其建筑格局已经很像近代的旅馆了（图6-3-19、图6-3-20）。据当地老人回忆，这座驿馆后来甚至变成了"青楼"。其实在古代很多商贸发达的河运码头、商埠市镇，这类带有"青楼"性质的驿馆旅店是常有的。例如在湖南的洪江古镇，这类驿馆旅店比较集中，今天保存下来的也还有不少。

图 6-3-19　湖南永州内河街驿馆

图 6-3-20　湖南永州内河街驿馆内部

四、"席不正不坐"

孔子说过"席不正不坐"（参见《论语·乡党》），意思是说在与人交往的时候如果座位关系没有摆正就不坐。"君赐食，必正席先尝之"（同上），以表示恭敬。"席"就是古代席地而坐的坐席，主人招待客人的时候，每个人坐一张席子，前面摆一张几案。我们今天所说的"席位""主席"等名词就是从这里演变来的。席位的摆放位置是有严格的礼制规定的，因为它代表着人的身份地位和相互间的关系（上下级关系、主人与宾客的关系等）。

在中国古代建筑中，人的座位的方位和朝向有很多讲究。例如帝王的宫殿和他的宝座都是坐北朝南的，北向是尊上的方向，帝王"南面而王"。所以有时把帝王登基称帝叫作"面南"，即面向南边。如果按照传统礼仪，在老百姓的家里围桌吃饭的时候，长辈和晚辈的位置、主人和客人的位置都是有讲究的。例如在堂屋中吃饭，以面对大门的位置为尊上位置。湖南长沙岳麓书院讲堂的墙上至今仍镶嵌着一块刻有《岳麓书院学规》的石碑，其中有一条是"行坐必依齿序"，即要求学生们在行坐活动的时候必须严格遵守前后位置关系，不能乱（图6-4-1）。今天在韩国的一些书院中仍然延续着中国古代的儒家礼仪，在举行书院祭祀活动时严格遵守席位关系，甚至为此还要事先学习、演练（图6-4-2）。

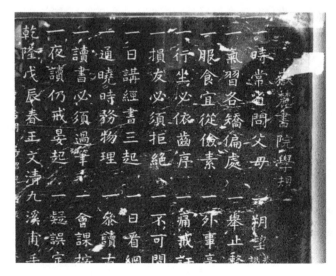

图6-4-1 刻有《岳麓书院学规》的石碑

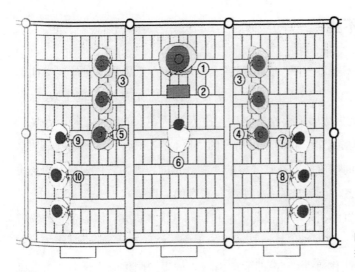

图 6-4-2 韩国书院严格
按顺序排列座位

孔子说："以之居处有礼，故长幼辨也；以之闺门之内有礼，故三族和也；以之朝廷有礼，故官爵序也。……室而无奥阼则乱于堂室也；席而无上下则乱于席上也；车而无左右则乱于车也；行而无随则乱于涂也；立而无序则乱于位也。昔圣帝明王诸侯辨贵贱长幼远近男女外内莫敢相逾越。"（《礼记·仲尼燕居》）礼制所讲究的就是"上下有礼，长幼有序"，地位关系不能搞乱。所以孔子说"席不正不坐"，席位关系没有摆正，就意味着地位关系没有摆正。

在中国古代建筑中，关于方位关系还有很多特殊的规定。例如在堂室之中，哪个位置是主位，哪个位置是次位，哪个位置是宾客位；进门的时候主人走哪儿，宾客走哪儿；进门以后主人站哪儿，宾客站哪儿等；关于这些都有明确的规定（图 6-4-3）。因为这种位置关系是一种正式的礼仪制度，所以中国古代建筑中曾经广泛采用"东西阶"的做法。所谓"东西阶"，就是建筑前面正门处的台阶不是我们今天看见的那样只有正中间一部台阶，而是有并列两部台阶。建筑坐北朝南，前面有左右两部台阶，一个偏东，一个偏西，所以叫"东西阶"。接待客人的时候，主人走东阶，也叫"阼阶"，进屋后站在东边；宾客走西阶，进屋后站在西边。我们今天把请客叫"做东"，就是这样来的。孔子说"室而无奥阼则乱于堂室也"，其中"奥"和"阼"就是房间里的两个方位，"奥"是堂室的西南角，"阼"是东南角。这种"东西阶"制度在后来的历史发展中逐渐消失，今天已经基本上看不到实物了，但是在韩国的一些古建筑中仍然保存

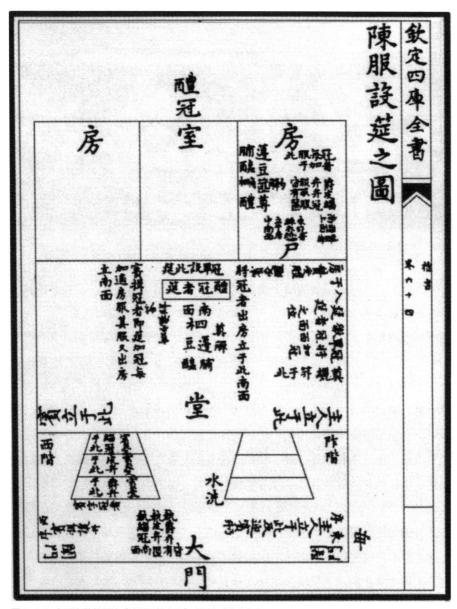

图6-4-3 标明行礼位置的"陈服设筵之图"（引自《礼书》）

着这种古制。韩国古代受中国文化影响，尤其推崇儒家思想。在韩国的古建筑中还时时能够看到儒家礼制的影响，例如韩国的一些古代书院建筑中仍然保留着东西阶（图6-4-4），从匾额对联中也能看出儒家思想的印记。

图6-4-4 韩国书院中的"东西阶"（道东书院讲堂）

在中国古代，人们在建筑中的位置关系是社会地位的象征，位置关系的明确性也是所有人都明白的，只要看到某人坐在那个位置就知道他的地位高低。司马迁的《史记》中有《廉颇蔺相如列传》一篇，文中写到蔺相如由于"完璧归赵"的功绩，惠文王"以相如功大，拜为上卿，位在廉颇之右"。这意味着布衣出身的蔺相如的地位一下子高过了老将军廉颇，因而引起廉颇的不满。从这里可以看出当时右边的地位高于左边，今天我们还常用到"无出其右"这个成语，意思是没有人能超过他。在历史发展过程中，这左右位置代表的地位高低关系是变化的，在前述廉颇蔺相如的故事中是以右为尊，但是后来大多数史书记载则是以左为尊。例如在地方学校与文庙孔庙的位置关系中就明确是"左庙右学"，以左为尊。但要注意的是，中国古建筑中的左右关系是以坐在殿堂主位上朝向前面时的左右为准，而不是我们平时面朝殿堂时的左右。我们看到长沙岳麓书院与文庙的关系是左庙右学（图1-5-6）；北京国子监（皇帝讲学的地方）这个真正的最高学府，也是左庙右学（图4-1-1）。天津文庙是府学和县学两座文庙并列在一起，由于府学地位比县学高，所以府文庙在县文庙的左边，而且府文庙用黄色琉璃瓦，县文庙用青灰瓦（图6-4-5）。

古代礼制中关于皇宫建筑的规划制度是"左祖右社"。所谓"左祖右社"，是指皇宫的左边是祭祀祖宗的祖庙，右边是祭祀社稷之神的社稷坛。从今天国内唯一保存下来的皇宫——北京故宫来看，显然左边的太庙（今劳动人民文化

图 6-4-5 天津文庙并列两条轴线，近处（左边）是县文庙，远处（右边）是府文庙

宫）比右边的社稷坛（今中山公园）重要，不论从建筑规模，还是从建筑的华美程度上来看，太庙都远超过社稷坛。中国古代文化中唯物的现实主义倾向比较明显，对于神的看重远不如对现实人伦关系的看重，对祖先的崇拜和敬重远超过对神的崇拜和敬重。所以"左祖右社"实际上表明了中国人对于敬祖宗的重视程度超过对于敬神的重视。

总之，在中国古代建筑文化中，方位的观念是很明确而且很重要的。之所以这样，还是因为中国传统建筑以庭院和群体组合为基本特征，建筑极少有单栋独立的，都是以围合成庭院、组成建筑群的形式出现。既然是群体组合，就必有地位上的主次、高低之分，谁在主要位置，谁在次要位置，必须分清楚。皇宫中以皇帝为主，皇帝的殿堂居中；家族中以家长为主，家长的正房居中；寺庙中以主神为主，主神所在的殿堂居中，如此等等。建筑的方位、朝向等，就反映了人的地位和人际间的关系。

五、"堂"与火塘

在中国古代语言中有一个字具有特殊的意义——"堂"。这个表面看来属于建筑的名词，实际上远远超出了建筑本身的意义。在中国古代建筑中，最重要的建筑就是殿堂。在宫殿、寺庙、园林、民居等各种建筑类型中，最重要的、处在中心位置上的建筑就是殿堂。"殿"和"堂"是同一性质的建筑，但规格和规模不同。规格较高，规模较大的叫"殿"；规格较低，规模较小的为"堂"。"殿"是由"堂"发展而来的，最初是民居住宅中的厅堂，后来发展到大型建筑宫殿、寺庙，就变成了殿堂。

在中国古代以家族为基本单位的居住建筑——民居住宅中，堂是最重要的建筑，在北方叫"正屋"或"正房"，在南方叫"堂屋"或"正堂"。在一个民居建筑群中，堂屋一定是在正中间，它是全家聚集的中心，家长或者家族中地位最高的老人一般住在堂屋两边的主要房间中。堂屋中最重要的位置是神龛，里面供奉着家族祖宗的牌位（图 6-5-1）或者"天地君亲师"的

图 6-5-1 民居堂屋神龛（湖南长沙黄兴故居）

神牌。神龛后面墙上挂着匾额对联，中间挂着家族先人的画像或者装饰性的图画，神龛前面摆着八仙桌，两旁摆着太师椅，这里被合称为"中堂"（图6-5-2、图6-5-3）。这里是家中最神圣的地方，家中地位最高的长辈就坐在这里接受家人的跪拜。由此还在传统语言中产生出一些相关的称呼或称谓，例如称祖先为"堂上"，称父母为"高堂"，称别人的父亲为"令堂"，称同家族但不同父母的兄弟为"堂兄""堂弟"，南方有的地方称妻子为"堂客"（意思是进入这个家里来的外人），如此等等。在这里"堂"显然就是家族的意思，是家族的象征。只是到后来，这种家族的中心发展演变为国家政府机构的权力中心，清朝时就把某一级政府机构的官员称为"中堂"。

图6-5-2 民居"中堂"
（安徽合肥李鸿章故居）

图 6-5-3 民居"中堂"（安徽黟县西递村）（黄磊摄影）

　　"堂"的产生和完善，是宗法家族制的产物。在完备的家长制形成以前，同时也是完整的庭院式家族住宅建筑形成之前，是没有"堂"这一概念的。而是有另一个象征性的东西来代表家族或家庭，这就是火塘。火塘是相对比较原始状态下的民居建筑中才有的，今天在一些少数民族的民居中仍有留存，特别是南方的少数民族。火塘是家人聚集的地方，在生活方式较为原始的时代，一家人围着火塘一边烧煮食物，一边吃；冬天的时候人们围坐在火塘边上取暖、聊天。因此，火塘就变成了家族中人们日常聚会的场所，重要的事情在此商量决定。一些少数民族甚至将火塘神化，例如湖南西部的苗族就把火塘看作是家屋内最神圣的地方。苗族民居一般为三开间，按照中国传统住宅的一般观念，正中间进门的堂屋是最神圣的地方，但传统的苗族民居却不是这样，最神圣的地方是旁边一间的火塘边上。火塘边上正对着旁边山墙的一根中柱，那一小块地方是供奉祖宗的地方，一般不允许人去那个位置。家人围坐在火塘边的时候，那一方也不能坐人，只能坐在其他三方。在这种传统苗族民居中，正中的堂屋就不是很重要的地方了，最重要的地方是旁边的火塘。在家屋内举行的祭祖仪式的空间朝向就不是纵向的（朝向堂屋正面），而是横向的，朝向旁边房间的侧墙面。因为这一特点，传统的苗族民居中三开间的房屋中没有墙壁分隔，即家屋内三间房屋是横向相通的（图6-5-4）。不仅如此，我们在调查中还发现，早期的苗族住宅中不仅没有墙壁分隔，甚至还通过屋顶内部构架的特殊处理使房屋中间没有柱子。这些显然都是为了满足房屋内横向进行的祭祀活动的需要。

图6-5-4　传统苗族民居内部三开间之间没有墙壁分隔，以满足横向的祭祀空间需要（高雪雪摄影）

　　然而从调查的情况来看，我们发现近一百年以来，苗族民居的内部布局悄悄地发生了变化——在火塘边祭祖宗的活动不见了，变成了在堂屋正中间祭祖宗，这显然是受到了汉族文化的影响所致。今天的苗族民居基本上都是在正中间的堂屋祭祖宗，已经看不到过去那种在火塘旁边祭祖宗的情形了。与此同时，民居建筑的格局也在发生变化。古老的民居屋架中间没有柱子，而后来的民居屋架中间都有了柱子，因为已经不再朝着火塘边祭祖宗，室内不受遮挡的横向的仪式空间不需要了。而中间有柱子的屋架相对比较容易做，于是后来的人们就都做这种有柱子的屋架了。再往后发展，今天新建的苗族民居已经在横向的三开间之间，即中间堂屋与两旁的主屋之间有了墙壁分隔，有的甚至连旁边房间里的火塘都没有了，说明苗族古代传统的在火塘边祭祀祖宗的习俗已经完全消失了。

与苗族毗邻的土家族，也是中国南方最大的少数民族之一。他们的传统民居中也保留着火塘，而且今天仍然保留着全家围绕着火塘吃饭的生活方式。但是在土家族民居中，全部都是在正中间堂屋里祭祖宗，我们完全找不到他们过去用其他方式祭祀祖宗的痕迹。因为苗族、土家族等民族都是有语言而没有文字的，关于他们的生活方式的细节我们无法从文字记载中来考证，只能通过对民居建筑的考察来证实。对比土家族和苗族民居中火塘与堂屋的关系，我们能够发现：土家族在较早的时候就已经受到汉族文化的影响，在堂屋中祭祖宗了；而苗族则是在最近一百多年的时间内才改变为在堂屋中祭祖宗的。

　　说到火塘，还有一个有意思的现象就是侗族的"火铺"。在湘西新晃和芷江一带居住的侗族叫"北侗"（在湖南怀化的通道、靖州地区居住的侗族叫"南侗"），是侗族的一支。北侗民居中的火塘做法特殊，它不是做在地上，而是做在一个从地面架起来的木制平台上，这个平台长宽各2米多，高于地面50～60厘米，火塘就做在这个平台的中间，叫作"火铺"。火铺做在房间的一角，两方靠着墙壁，它不仅是一家人围坐吃饭、烤火取暖的地方，而且还在这火铺上做饭（图6-5-5）。最特别的是，人们在火铺上围坐火塘周围的时候，每人坐的位置是有规矩的，不能乱坐。家中的老人或男主人坐在火塘靠墙的里边，这里是"上方"，家里其他人坐在火塘靠墙的另一边，女主人坐在火塘的外边；如果家中来了客人，则客人坐在上方，家里人坐在旁边；如果客人多，则尊贵的客人坐在上方，其他客人坐在旁边，家里人就搬凳子坐在火铺外边（图6-5-6）。北侗民居也是在堂屋中祭祖宗，火铺仅作为家人聚集的场所，但是火铺上这种位置观念也表明它与祭祀有一定关系。

　　不论是堂屋，还是火塘，它们都是作为一个社会基本单位——家的活动中心。火塘显然比较原始，是最初家庭聚会的场所。我们可以想象在原始的狩猎时代人们围绕着篝火、火堆进行各种活动（烧烤、取暖、聚谈、祭祀仪式等）的情景。由室外的篝火发展到室内的火塘，它仍然是家人的活动中心，具有了神圣性和权威性。再往后发展，人们的生活条件改善，文明进步，不再需要围绕着火来进行活动了，于是家族的聚集中心就变成了堂屋。但是在一些经济社会发展较缓慢的地方，今天仍然保留着以火为中心的生活习俗，这无疑是文明发展过程的一个例证。

图 6-5-5　在火铺上做饭的场景（高雪雪摄影）

图 6-5-6　火铺上的座位规矩（高雪雪摄影）

六、农耕文化的政治表达

中国古代是一个农耕社会，以农业立国，农耕文明的一些特征在建筑领域留下了完整的印记，最突出的表现就是坛庙祭祀。在"坛"和"庙"这两类祭祀建筑中，"坛"主要是用来祭祀自然神灵的，如天坛、地坛、日坛、月坛、社稷坛、先农坛等，而这些自然神灵全都是和农耕文化以及农耕所需的地理气候等因素直接相关的。古代建都城首先要选定天坛、地坛等祭祀建筑的位置。以古都北京为例，南有天坛，北有地坛，东有日坛，西有月坛，这种布置除了满足皇帝亲自祭拜的需要以外，还有一种观念上的信仰，即天地日月各路神灵共同保佑着中央的皇帝，同时也是保佑着这个以农耕为本的国家。除了祭祀天地日月的"坛"，最能体现农耕文化的就是社稷坛和先农坛。

"社稷坛"中的"社"指社神——土地之神，"稷"指稷神——五谷之神。中国古代是农业国，土地和粮食至关重要，有了土地，有了粮食，就会国泰民安，天下太平。以至于后来人们在语言中习惯于把"社稷"一词等同于国家政权了，所谓"江山社稷"，就是这样来的。因此作为一国之君的皇帝必须隆重地祭祀社神和稷神。《礼记·祭仪》记载："建国之神位，右社稷而左宗庙。"春秋战国时代的《考工记》中正式确定了皇宫规划中"前朝后寝，左祖右社"的制度。在今天北京故宫的布局中我们还能完整地看到"左祖右社"的痕迹——天安门的东边是太庙（皇帝的祖庙叫"太庙"），即今天的劳动人民文化宫；天安门的西边是社稷坛，即今天的中山公园（图 1-2-9）。社稷坛的建筑形式也很特别，一个方形的土台，四周围以石块，台上填土。按照东、南、西、北、中五方分别填埋不同颜色的土壤：东边青色，南边赤色，西边白色，北边黑色，中央黄色。这是中国传统的阴阳五行学说中的"五方五色"观念的表达，是天下四方土地的象征。五色土的中央有一根方形的石桩子，大部分埋在地下，只露出顶上的一点儿，这根石桩子就是"社神"的牌位（图 2-6-4）。祭社稷也就是祭土地，这是我们中国人把农耕文化社会化、政治化的一种表达方式。

农耕文化的政治表达的另一种方式就是皇帝的"亲耕"。古代皇帝作为这个农业之国的最高统治者，为了表达对于立国之本——农业的重视，每年都要"亲耕"。所谓"亲耕"，就是在每年春耕开始的季候，皇帝要亲自主持一个仪式，自己下田，驾着牛和犁耙亲自犁一段田地，这就表示今年的春耕开始了。皇帝的"亲耕"和先农坛祭祀有直接的关系，"亲耕"仪式是在先农坛举行的，先农坛是用来祭祀"先农"神的坛庙。对"先农"之神的祭祀可以上溯到周朝，"先农"也就是传说中的神农，是古代中国的"国之六神"之一。"国之六神"是指风伯、雨师、灵星、先农、社、稷，都是与农业耕种相关的神灵。每年仲春亥日，皇帝要亲领文武百官到先农坛举行"藉田礼"以祭祀先农。皇帝先在神坛祭拜过先农神后，再在俱服殿更换礼服，随后到亲耕田举行亲耕礼。今天北京先农坛里有一块一亩三分大的田地就是当年给皇帝亲耕用的，人们平时俗话中说的"一亩三分地"就是由此来的。皇帝亲耕礼毕后，再回到观耕台上观看王公大臣们耕作（图6-6-1）。观耕台是一座简单的正方形平台，边长16米，台高1.9米，每边有九级台阶可供上下。先农坛里面还有神仓院，到了秋天，皇帝亲耕的田里收获以后，就将谷物存放在神仓院，供京城里其他祭祀时使用。

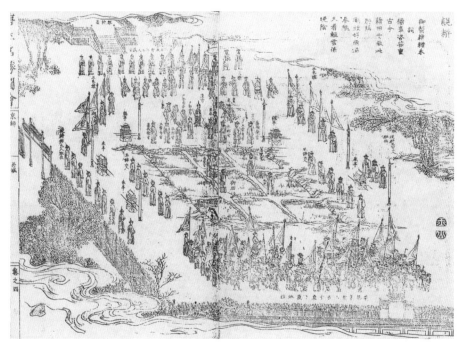

图6-6-1 "亲耕"仪式（引自《唐土名胜图绘》）

更有意思的是，在祭祀先农的同时，还有祭祀"先蚕"的仪式。"蚕"代表丝织，先农的祭祀由皇帝主持，而先蚕的祭祀则由皇后主持。京城里除了有先蚕坛，还有先蚕坛。和皇帝"亲耕"一样，皇后要"亲蚕"。"男耕女织"，这正是农业社会最典型的特征。在日本的皇宫中，今天还在延续着"亲耕"和"亲蚕"的传统。

七、照壁、仪门、"太师壁"

在中国的传统住宅和庙宇建筑中，人们常会看到一种特殊的建筑物——照壁。所谓"照壁"，也叫"影壁"，是建筑物前面矗立的一面墙壁，它正挡在建筑大门前面，使人不能从大门外面直接看见大门里面。重要的、大型的建筑，例如一些寺庙、文庙、王府，照壁直接立在大门外正前方（图 6-7-1）；民居院

图 6-7-1 庙宇前的照壁

落，例如北方四合院，照壁比较小，竖立在大门里面，人走进大门以后面对照壁，被迫转弯从旁边绕过照壁才能进到院内（图6-7-2）。

图 6-7-2 四合院内的照壁（天津杨柳青石家大院）

建筑前面做照壁首先是出于风水的考虑，即建筑内部不能没有遮拦直通外面，否则屋内的"气"会跑掉，"财"也会跑掉，若朝向不好还会面对外来的"煞气"。总之，是防着里面的"气"跑掉，也防着外面的"气"冲犯里面。这种出于风水观念上的说法还是比较"形而上"的，而真正"形而下"的直接建筑学上的原因就是视线问题。因为中国传统的庭院式建筑中轴线贯通，当大门打开的时候，外人站在大门外就可以直接看到里面堂上的场景，这当然是很不好的，所以要用照壁来遮挡一下。古代皇亲国戚的宅第——王府前面的照壁气势宏伟，装饰华丽，由一般遮挡的功能演变为权力、地位的象征。著名的山西大同的九龙壁，就是这种王府的照壁（图6-7-3）。较少有人知道的是，湖北襄阳

图 6-7-3 山西大同九龙壁

城内也有一座大型照壁，当地人叫"绿影壁"，也是一座王府的照壁。这座王府是明朝襄阳王（明仁宗的第五个儿子襄宪王）的府第，明末农民起义领袖李自成也是在此称王登基。这座影壁长20多米，高7米多，厚1米多。壁面用绿矾石雕凿，白矾石镶边，共雕有99条蟠龙，十分精美，是目前国内唯一的大型石雕龙影壁（图6-7-4）。北京故宫、北京北海、山西大同等几座九龙壁都是用琉璃制作的，只有这座是用大块石头雕凿的。

　　除了照壁（影壁），中国传统建筑中还有一种特殊建筑物，叫仪门。所谓仪门，就是进了大门以后的第二道门。仪门矗立在庭院中间，两旁是空的，并没有与院墙相连。它并不具有实际的作用，是一种权力和地位的象征。平时仪

图 6-7-4 湖北襄阳"绿影壁"

门是关闭的，一般人和家人进大门后从仪门两旁绕过去，只有贵宾和重要人物来的时候才打开仪门从中间走过去（图 6-7-5）。这种有仪门的宅院都是身份地位高的贵族府邸，一般官员、富商和老百姓的宅院是没有的。但是一般人家的住宅也需要正面的遮挡，有的就采用屏门的形式，即在进大门的门厅中做一个类似屏风的隔扇，平时是关闭的，只在重要的时候打开（图 6-7-6）。还有的干脆就做成固定的屏板，不能打开，人进入大门后只能从两旁走到后面去。

在中国传统建筑中还有一种"太师壁"，常用在庙宇、书院和民居宅第中。所谓"太师壁"，实际上就是置于堂屋中的屏板。当堂屋的后面还有庭院或房屋，要从堂屋中穿过到后面去，就把堂屋的后墙壁做成太师壁，即从两旁开门或留出往后面去的通道。太师壁往往是整个建筑的中心，若是庙宇，这里就是做神龛供神的地方；若是书院，这里就是讲学的神圣的地方（图 4-4-8）；若是宅第，这里就是供奉祖宗，举行各种仪式的场所，叫作"中堂"。

无论是建筑前面的照壁，还是大门内的仪门、屏门，或是正堂中的太师壁，都是中国建筑特有的中轴线布局方式的产物。

图6-7-5 山东曲阜孔府仪门

图6-7-6 屏门

第七章

民俗文化与民间建筑

一、雅俗之分——三种文化

中国古代建筑的分类方法可以有多种，可以按照使用功能分类，例如宫殿、寺庙、园林、民居等；可以按照建筑形式分类，例如殿堂、楼阁、亭、塔、轩、榭等；还可以按照结构形式分类，例如木结构、砖木结构、砖石结构等；如果按照文化类型来分类，可以分为"官文化""士文化""俗文化"三类。

所谓"官文化"，是指宫廷的、政府的或者说官方的文化。其艺术就是一切和国家政治相关的宫廷艺术，其建筑就是宫廷建筑和政府的建筑，例如皇宫、皇家园林、皇家寺庙、地方政府的衙署等。所谓"士文化"，就是文人知识分子的文化。其艺术就是包括所有文学艺术在内的文人的艺术，其建筑也可以被归为文人建筑，例如私家园林（我们可以把它叫作"文人园林"）、书院、藏书楼、风景建筑（如岳阳楼、黄鹤楼、滕王阁等）、文人宅邸等。所谓"俗文化"，是指民间的文化，其艺术就是各种民间艺术，其建筑就是民间建筑，包括祠堂、会馆、一般寺庙、民居住宅等。

官文化的特征是一切从政治需要出发，突出文化艺术的政治属性。在中国古代以礼治国的封建政治体制和思想观念之下，官方的艺术首先突出的是艺术为政治服务。官文化在建筑上的体现是多方面的：在城市规划中突出皇宫或政治权力中心的地位；在皇宫和地方政府的衙署建筑上一切以官式建筑的等级制为第一要务；皇家园林里的建筑以金碧辉煌的色彩装饰来体现皇家的气派（图7-1-1）；皇家寺庙也在建筑造型和色彩装饰上表达不同于其他寺庙的等级规制。

代表知识阶层特征的士文化与官文化有很大的差别。虽然中国古代当官的都是读书人，"学而优则仕"，但是历史上知识分子作为一种社会阶层，他们在思想意识上却总是试图和官方划清界限。他们自恃清高、批判现实、讽刺官场，喜爱琴棋书画、诗词文章。在建筑方面，文人建筑以朴素淡雅的清新格调独树一帜。他们不追求官式建筑的等级地位，也不要金碧辉煌的豪华装饰来表现权力和财富，而是以朴素的形象来表达自己的清高。文人园林、文人宅邸、书斋、书院建筑等，都以粉墙黛瓦的清新为基本的格调，朴素到甚至没有过多的装饰，

图 7-1-1 金碧辉煌的皇家园林（北京颐和园）

却显得气质高雅，令人心旷神怡（图 7-1-2）。

俗文化是民间老百姓的文化。他们既没有表达政治权力地位的要求，也没有文人们那么深的文化修养和高雅气质。他们只是直白地表达自己对于吉祥欢乐、幸福美好生活的向往和追求。这种表达甚至是稚拙的、粗俗的，往往

图 7-1-2 粉墙黛瓦的文人建筑（江苏南京瞻园）

被文人们瞧不起，但谁也不能否认它们的质朴。民间年画上大胖小子抱鲤鱼、喜庆吉祥的福禄寿三星、招财童子恭喜发财，扭秧歌时大红大绿的服装和绸带，民间歌舞中锣鼓喧天、高声喧闹等，这些都是民间艺术中质朴的审美趣味的表达（图 7-1-3）。同样，在祠堂、会馆、民间庙宇、民居住宅等民间建筑中，以吉祥图案来表达对于幸福生活的向往，以各种装饰来表达对于财富的追求，都是直接的、毫不掩饰的。在一些民间建筑上我们甚至可以看到关于"摇钱树"和"聚宝盆"的直接描绘。"摇钱树"就是树枝上挂着一串串铜钱，"聚宝盆"就是一只盆里装满了金元宝，民间审美趣味竟是如此直白（图 7-1-4）。中国古代对于建筑的等级规定使得一些民间建筑受到了限制,尤其是祠堂、会馆这类建筑。一些有钱或有势的人很想要通过建造宏伟的建筑来显示自己的地位，但受到建筑等级制的限制而不能在建筑规模上有所突破，于是就在装饰上下功夫，把建筑装饰得美轮美奂，以豪华显示自己的财富和社会地位（图 7-1-5）。

图 7-1-3 民间艺术的趣味（民间年画）

图 7-1-4 民居建筑上的"摇钱树""聚宝盆"的雕刻（湖南祁阳龙家大院）

图 7-1-5 民间祠堂建筑装饰（湖南汝城县金山村卢氏家庙）

官文化、士文化、俗文化是三种不同类型的、不同层次的文化,中国传统的建筑和艺术都可以归纳为这三类文化。以这种分类方式来考察中国的传统文化和传统建筑,能够更加深刻地把握其文化背景和文化内涵,而且三种文化形态在今天仍然有着明显的表现。官方建筑继续注重权力意志的表现。我们常看到一些地方政府的建筑极度地宏伟气派,甚至模仿天安门,模仿白宫,这实际上是古代建筑等级观念中的"僭越"心理的体现。而一般商业性建筑,总是以高大的体量、奢华的材质来显示财富,互相攀比,成为当今俗文化的代表。

二、宗法观念与居住方式

中国古代是一个宗法社会,宗法是以家族血缘为纽带来维系的,宗法关系就是家族血缘关系。我们常说的"祖宗",实际上是一个综合的关系名词,而不是一个简单名词。《礼记》中说："别子为祖，继别为宗。"所谓"别子"，就是嫡长子之外的其他儿子，嫡长子叫"宗子"，其他的儿子就叫"别子"。中国古代的家族继承关系是嫡长子继承父业，而其他的儿子就要分家出去独立建立家庭。那个分出去独立建立家庭的儿子就成为那个新建立起来的家族分支的"祖"，这就是所谓的"别子为祖"。这个"别子"的第一个儿子——嫡长子将来又继承他的家业，成为"宗子"，这就是"继别为宗"。其他的儿子又分出去再成立新的家族分支，又开始新一代"别子为祖，继别为宗"。所以中国古代各朝代的皇帝的庙号都有一个规律，凡是开国第一个皇帝都叫"××祖"，如"汉高祖""宋太祖"等；后来继位的皇帝都叫"××宗"，如"唐太宗""宋徽宗"等。"祖"和"宗"是分得很清楚的。

按理说分支家族不断分出去成立另一个家族，而新建立的家族又不断地建造新的居住建筑，因此按照传统宗法关系建立的家庭及其居住方式本应该是由嫡长子承传的直系单一家庭，即只有一家，但可以是几代人。兄弟成家以后一般都应该搬出去独立居住，组成另一个独立家庭。但是在南方，情况往往并不是这样。多兄弟的家庭，成家以后的兄弟并不分出去独立居住，而是继续留在原来的家里居住，和原来的家庭一起组成一个大家族聚居的共同体，这就是中国南方农村常见的"大屋"。

这种大屋的平面布局和家族的结构相吻合，或者说住宅建筑的平面结构是模仿家族的结构而建造的。其平面布局通常是"丰"字形或者"王"字形，中间一竖（中轴线）是这个家族的主干，从大门到前堂、过堂、正堂等，少则三进，多至五进。中轴线两旁横向伸出若干条横轴线，当然，并不是严格的"丰"字或"王"字的三横，两横或四横的都有，但总的格局是一纵几横。每条横轴线又有若干进堂屋，每进堂屋的两旁都有供居住用的正房和厢房。纵轴线是家族的主干，居住着辈分最高的长辈和嫡长子的家庭。每条支轴线代表家族的一个分支，居住着分支的家庭。堂屋中供奉祖宗牌位，纵轴线上的主堂屋供奉家族共同的祖宗；支轴线上的堂屋供奉着分支家族的祖宗。这种大家族像大树一样的分支方法运用到住宅建筑的布局上，也是浑然天成。

这样的大宅在南方各省都有，例如笔者设计修复的江西省上栗县的张国焘故居就是"王"字形平面。张国焘的爷爷有六个儿子，老爷子住在中轴线上，六个儿子各自的家庭分别住在左右两边的三条横轴线上（图 7-2-1）。在湖南也有很多这样的大宅，例如湖南双峰、涟源等地至今保留的一些清朝湘军将领和富商的大宅也大多是这样布局的。最著名的当属湖南岳阳的张谷英村。元末明初，一个叫张谷英的人从江西来到这里，看中了这里的风水，在此定居。家族发达，子孙繁衍，至今已有 28 代，村中现有两千多户，六千多人，全部是张谷英的后人，所以叫"张谷英村"。最有特点的是这里的建筑，全村上千户人家，民居建筑首尾相接连成一个整体。实际上这个庞大的民居建筑群是由二十多代人从明朝到民国的数百年中相继建成的，却像是统一规划、一次建成的一样，布局有规则，有规矩，建筑风格式样统一，让今人叹为观止。无怪乎人们称它为"天下第一村"，今天已经被列为全国重点文物保护单位和国家级历史文化名村。它的民居建筑之所以能形成目前这种特色，关键在于几百年中村中的人（一个大家族）按照前面所述家族分支繁衍的方式来规划建造自己的住宅。张谷英村中的民居按照"丰"字形布局，由很多个"丰"字组成，每一个"丰"字成为一个相对独立的组团，两个组团之间又互相连接，这样就使整个村子连

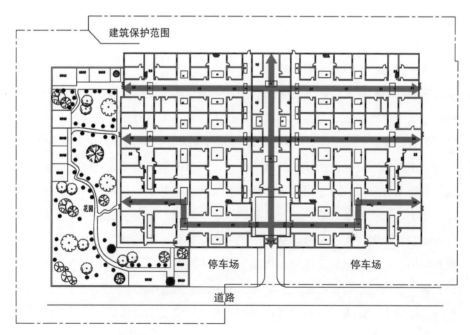

图 7-2-1 江西上栗张国焘故居平面图

成了一个整体（图7-2-2、图7-2-3）。在这种大片相连的民居中，过道和巷道起着互相连通和分隔的作用。过道是每条轴线的建筑内部横向的通道，也是纵向轴线与横向轴线的建筑之间的通道。巷道是两条相邻的平行轴线的建筑之间或两大片建筑之间的分隔线，同时也是两片建筑之间的通道。正因为有了这些过道和巷道，所以在那些大家族聚居的民居大宅中往往四通八达，不用走露天道路就能彼此连通（图7-2-4）。

图7-2-2 湖南岳阳
张谷英村鸟瞰

图7-2-3 湖南岳阳
张谷英村民居内院

图 7-2-4 湖南岳阳张谷英村中的巷道

　　这种大屋之所以大多出现在南方，是因为中国古代北方不断发生民族间的战争，迫使大量中原地区的汉族人南迁。因为移民的原因，人们为了自我保护，采用聚族而居的形式，互相帮助，互相照应，于是南方这种大家族聚居的现象非常普遍。

上述家族分支而又聚居的居住方式是汉族特有的文化现象，因为汉族是一个最注重家族关系的民族，而其他少数民族在家族关系上相对来说没有汉族那么讲究。少数民族大多是独立小家庭的社会结构，兄弟结婚成家就分出去独立建房居住，很少有大家族聚居的情况。但南方有些少数民族受汉族文化的影响，也采用大家族聚居的生活方式。最典型的是生活在湖南西部新晃、芷江一带的"北侗"民族（侗族的一支）。北侗民族的居住方式中有一个特殊之处，即分家以后的兄弟家族喜欢聚居在一栋住宅之内，而不分出去独立建房。之所以说"喜欢聚居"，是因为这种情况并不是全部。笔者曾经调查过一个村落的全部住户，约有半数是这种兄弟家族同住一栋屋的情况。北侗民居有一个最大的特点，那就是"火铺"（参见第六章第五节）。"火铺"是家庭内的公共活动场所，做饭、吃饭、取暖、闲聊等都在火铺上进行。一个家庭只有一个火铺，如果这栋住宅里有多个兄弟家庭共住，那就有多个火铺，有几个家庭就有几个火铺。我们在那里看到，两个火铺、三个火铺、四个火铺的都有（图7-2-5），这就是说有两

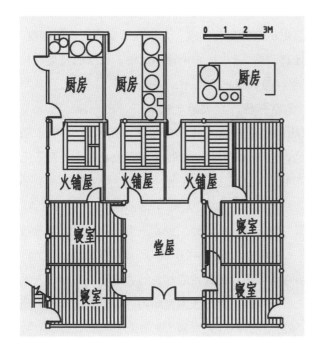

图 7-2-5 北侗民居平面图（多个火铺的情况）

个、三个、四个已婚的兄弟家庭共住在一栋房子内。这也从另一个方面说明了中国传统的"分家"的概念——分灶。分家并不一定要分开住，只要分灶、分开吃饭就是分家了，因为分开吃饭就意味着经济上分开了。这种同住在一栋屋里，每家一个火铺分开吃饭，分家而不分住的居住方式，和汉族的那种一纵几横的大屋实际上具有同样的含义。

三、祠堂——祖先崇拜和家族意识的体现

中华民族是一个具有强烈的祖先崇拜意识的民族，祭祀祖宗是中国人自古以来的传统。早在三四千年前的商朝就有了祭祀祖宗的仪式和专用建筑，商朝甲骨文中就有了"宗"字，写作"宀"。一座房子里面供着祖先的牌位，这就是"宗"，也就是后来的宗庙、家庙、祠堂。《孝经注疏·卷九·丧亲》中说："宗，尊也；庙，貌也。言祭宗庙，见先祖之尊貌也。""宗"是人，而"宗庙"就是祭祀、纪念人的建筑了。在民间，宗庙成为所有建筑中最重要的一类，"君子将营宫室，宗庙为先，厩库为次，居室为后"（《礼记·曲礼下》）。

中国古代很早就形成了祭祀祖宗的完备制度，包括建造宗庙的等级制度，以及宗庙建筑的位置排列和迁移制度。《礼记》中详细规定了宗庙的建造和排列制度："天子七庙，三昭三穆，与大祖之庙而七；诸侯五庙，二昭二穆，与大祖之庙而五；大夫三庙，一昭一穆，与大祖之庙而三。士一庙。庶人祭于寝。"（《礼记·王制》）宗庙的数量按照人的社会地位划分等级。"庶人祭于寝"，即平民百姓不建宗庙，只是在自家住宅的堂屋里祭祖宗。"天子七庙""诸侯五庙"等制度，不仅包括数量上的规定，还有一套完整的排列和迁移制度。以"天子七庙"为例，"大祖"（即"太祖"）之庙居中，后面的二世、三世、四世等按照"左昭右穆"的方式排列，即二世、三世、四世、五世等按左、右、左、右的顺序排列在太祖两边（图7-3-1），"七庙"即可以排到第七世，再排下去就要迁移了。如果第八世死了，就开始迁移左边的昭庙，二世进入太祖旁边的夹室内，四世进入二世庙内，六世进入四世庙内，八世就进入六世庙内。下次九世死了，就开始迁移右边的穆庙，三世进入夹室，五世进入三世庙内，

如此类推。这样就保证了太祖之庙
"百世不迁",因为他是值得永远感
戴的最初的先祖。而其他各代则"易
一世而一迁",这样就能保持对于最
近的血缘宗亲的祭祀。这种设计和
规定确实非常巧妙而周密。

不过《礼记》中所规定的这种
宗庙制度在历史上往往并没有得到
真正完整地实施,随着历史的变迁,
这种制度也逐渐废弃了。例如今天
的北京太庙,即明清两朝的皇家宗
庙、皇帝祭祖宗的地方,就不是按
照"天子七庙"的形制来布局的,
而是在中轴线上分布着三座殿堂,
里面分别供奉着历代皇帝。

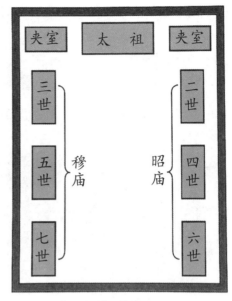

图 7-3-1 "天子七庙"的排列方式

老百姓也不是按照《礼记》中规定的那样不能建庙,"庶人祭于寝",而是
纷纷建起了家族祠堂。不过在家族祠堂里的神龛上,我们倒是常常可以看到祖
先牌位的排列方式——太祖在正中,二世、三世、四世、五世等按照"左昭右
穆"的方式排列于太祖的左右两边。

在中国古代宗法社会,家是最重要的社会单位,因此作为家的代表的祠堂
也就具有了非常重要的地位和作用。祠堂是一个家族最重要的地方,家族中的
重要事情都必须在祠堂中进行。家族中有人结婚,必须到祠堂去举行婚礼;家
族中有人去世,必须到祠堂去举行葬礼;家族内部有重要事情,族长在这里召
集族人共同商讨。所有家族事务都到祠堂去解决,这种做法表明了一种观念,
即凡事"必告于先祖",当着祖宗的面进行,同时也是告诫后人不要忘记根本。
所以很多家族祠堂的名称也都具有这种含义,例如"报本堂""敦本堂""叙伦堂"
等(图 7-3-2)。

祠堂具有教育功能,其主要目的就是让人知道自己的"本"和"根",所谓"报
本反始",首先是要让人感受到祖先的崇高,对他感恩戴德;其次就是君臣父

图 7-3-2 祠堂的堂名

子的宗法伦理，这是由家及国的社会伦理体系。很多祠堂神龛中供奉的并不是
祖先个人的牌位，而是一个写着"天地君亲师"的合祀牌位。这里的"天"和"地"

是万物之本;"亲"(祖宗)是人伦
之本;"君"和"师"是社会政教
之本。战国时期思想家荀子说的
"礼有三本"就是指这三者。既然
祠堂具有这种教育功能,它也就
成为一种理想的办学场所。古代
私家办学的地方叫"塾",最早的
"塾"就出现在祠堂里。古代祠堂
大门两旁有门房,叫作"塾"(图
7-3-3)。大门外两旁的分别叫"门
外东塾"和"门外西塾",大门
内两旁的分别叫"门内东塾"和
"门内西塾"。后来私家办学的"家
塾""私塾"大概就是由此演变而
来的。古代提倡"礼教",而祠堂
这种行礼的场所也就是最适合办
学的场所。例如广州陈家祠,新

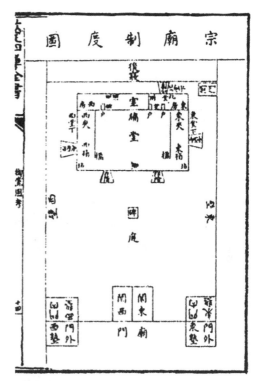

图 7-3-3 祠堂(宗庙)中的"塾"

建之初就在里面办学,成为陈氏族人读书的地方,所以又叫"陈氏书院"。另外,
祠堂的教育功能还体现在警戒性的教育上。若是家族内出了不肖子孙,族长就
在这里召集全体族人,当着大家的面执行"家法",以警示告诫其他人。

中国古代宗法社会是男权社会,因为宗法制的家族传承是男性(嫡长子)
继承的,族权、夫权等都是归男人所拥有。在宗族和家族中女人是没有地位的,
女人不进族谱,不进祠堂。因为女儿是要嫁到别人家去的,是别人家的人;而
外面娶进来的媳妇又与丈夫家不同姓,不是本家人。一般来说,族谱和祠堂里
的牌位是没有异姓的,只有在极为特殊的情况下才会有个别的特例。例如安徽
歙县棠樾村有一座专门为女性建造的祠堂——清懿堂,也叫"鲍氏女祠",就是
为村中鲍氏家族的女性们建造的。古代棠樾村的鲍氏家族是望族,男人们都有
大出息,要么读书做官,要么经商致富,为国家做出了很大的贡献,屡屡受到
朝廷的表彰和嘉奖。而女人们则在家相夫教子,操持家务,并且友爱乡邻,乐

善好施，也受到了朝廷的特别表彰。于是朝廷专门建造了一座女祠来祭祀这些为鲍氏家族作出了贡献的女性（图7-3-4）。

图 7-3-4 安徽歙县棠樾村鲍氏女祠——清懿堂（黄磊摄影）

祠堂是一个家族或姓氏的代表，体现了一个家族或姓氏在地方上的地位、势力、威信和荣誉。因此祠堂之间的互相攀比就成为一种难以避免的现象。各家各姓聚集族人，倾尽财力物力，务必把祠堂建得壮美无比，一定要超过别的家族。在这方面，广州市内的陈家祠达到了登峰造极的地步，因为它是广东省七十二县的陈姓的总祠，集中的财力是其他祠堂难以相比的。其建筑规模之宏大、建筑用材之精、装饰之华美都可以说是国内首屈一指。仅就装饰而言，石雕、木雕、砖雕、泥塑、彩画等传统装饰工艺全部用上，还有极具当地特色的著名的广东石湾陶瓷，以及西洋式的铸铁艺术和玻璃工艺等，全部用于建筑装饰。从屋脊、墙头、墙面到梁枋构架、柱头、柱础、门窗、栏杆、台基、踏步等，凡是能装饰的地方全部做满装饰，真可谓"无以复加"（图7-3-5），可以说广州陈家祠是国内古建筑装饰豪华之首。其次还有安徽绩溪县的胡氏宗祠，因为明清以来此家族中出过很多重要人物，所以祠堂建得非常宏伟，它是国

图 7-3-5 广东广州陈家祠装饰（李思宏摄影）

内最华美的祠堂之一。当然，从建筑规模和装饰的豪华程度上还不能和广州陈家祠相比，但其最具特色的装饰艺术是木雕，其精美程度可以说冠绝海内（图 7-3-6）。另外还有各地家族祠堂，虽不能和那些著名的祠堂建筑相媲美，但是在建筑上也都是尽可能地做得豪华壮丽。例如湖南省汝城和洞口两个县的古代祠堂建筑很多，今天保存下来的还有很多，而且都在偏远的乡村，那些建筑的华丽程度都超出人们的想象（图 7-1-5）。

图 7-3-6 安徽绩溪胡氏宗祠木雕装饰

近代以来，还有一种特殊的现象，一些地方的家族祠堂建成了西洋建筑式样。祠堂本来是中国特有的建筑类型，西方人没有祭祖宗的传统，宗族祠堂是中国专有的。不曾想到的是，在这种最中国化的建筑中却出现了西式建筑风格，尤其是这种西式建筑风格的祠堂往往还出现在一些比较偏远的地方。例如湖南洞口县曲塘乡的杨氏宗祠外立面完全是西洋式建筑造型，立面正中大门的顶上还做了一只展翅飞翔的"老鹰"，这就更是西洋建筑的文化符号了（图7-3-7）。湖南汝城县城内有一座朱氏宗祠（图7-3-8），既不像教堂，也不像剧场，倒有点像一座办公建筑。不管它像什么，实际上纯粹就是追求一种气派。这种现象一方面表明，近代西洋文化传入中国，在很大程度上已经被中国人接受。这些祠堂的主人或者留学国外，接受了西方教育；或者在外做官，见识了西洋建筑的宏伟气派。总之，他们受到西方文化的影响并真心接受了它。另一方面，这种现象也表明了民间对于建筑艺术的态度并无固定的观念和固定的模式。若是皇家的建筑或者官府的衙署，一定会要严格考证历史、遵循制度；但在民间就没有了那些讲究，觉得哪样漂亮、威武、气派，就按照哪样来做。例如在贵州三穗一个很偏僻的乡村，有一座小祠堂，那座建筑的外观造型和式样风格完全无法形容，有罗马式的拱券、巴罗克的涡卷、中国的龙凤神仙，甚至还有阿拉伯式的"洋葱头"造型，五花八门，花花绿绿（图7-3-9）。虽然建筑体量不大，但是非常显眼，老远就可以看见，而这就是建筑主人希望达到的目的。

图7-3-7 湖南洞口曲塘杨氏宗祠

图 7-3-8 湖南汝城县朱氏宗祠

图 7-3-9 贵州三穗何氏宗祠

　　不管这些建筑外观做成什么样，有一点是不变的，即文化的内涵——祭祀祖宗是不变的。所以这些外表采用西洋风格的祠堂，其内部却仍然是中国式的，中国式的厅堂、厢房，连背靠大门、面对殿堂的戏台也是中国式的。例如湖南洞口县曲塘乡的杨氏宗祠，大门外观是完全西洋式的，但就在这个西洋式大门的后面是一个中国式的戏台（图 7-3-10），这个戏台面对正殿，正殿、厢房等也都是中国式的。人们认为，西洋建筑虽然外观威武气派，但是当人们进入祠堂里面去见祖宗的时候，可就不能是西洋式的了。所以西洋元素仅仅用在建筑外观上，建筑里面必须是中国式的。看来在建筑上也是"中体西用"的。

图 7-3-10 湖南洞口曲塘杨氏宗祠大门内戏台

四、会馆——商业文化与民间艺术的交汇

会馆是中国封建社会后期出现的一种新的建筑类型，它是商业经济发展的产物。中国古代一直实行"重农抑商"的政策，鼓励发展农业，抑制商业发展。直到宋朝，商业经济才得以兴起，元、明、清继续发展，中国封建社会的最后几个朝代才是真正的商业经济发展的黄金时期。而会馆这种建筑的出现正是商业经济发展的证明。会馆是古代异地流动的商人建造的一种公共建筑，供联谊聚会、商务活动、文化娱乐活动所用，并为异地流动的商人提供生活方便。据考证，会馆正式出现在明朝中期。明朝刘侗、于奕正所著《帝京景物略·卷四首善书院》中有《稽山会馆唐大士像》一文，其中说："尝考会馆之设于都中，古未有也，始嘉隆（明嘉靖、隆庆）间，盖都中流寓十土著，游闲屡士绅，……用建会馆，士绅是主，凡入出都门者，藉有稽，游有业，困有归也。"到目前为止，尚未见有关会馆的更早记载。刘侗是明朝的进士，所写的又是明朝的事情，其记载当不会有误。

会馆分为两类：行业性会馆和地域性会馆。行业性会馆由同行业的商人们集资兴建，例如盐业会馆、布业会馆、钱业会馆等；地域性会馆是由旅居外地的同乡人士共同建造的，例如江西会馆、福建会馆、湖南会馆、山西会馆、广东会馆等。古代凡是商业较为发达的地方都会有很多会馆。会馆数量最多、分布最集中的要数北京，因为各地的人都要前往京城办事，不论是地方官吏、外地商人、还是赶考的学子都云集于京城，所以全国各地的人都在北京建会馆。据清朝学者李虹若所著《朝市丛载》中记载，清朝光绪年间有准确名称和地址的会馆多达 392 所，后来还有会馆继续建设。各地在京建会馆的数量不均衡，最多的是江西人建的会馆，有 60 多所，其他省份有 30 多所到几所的不等。建会馆的名义也各不相同，有的以省的名义，有的以城市的名义，例如湖南人在北京就建有湖南会馆、长沙会馆、浏阳会馆等 10 多所会馆。这些地域性会馆是地域文化的产物。旅居一地的同乡人共同集资建造会馆，提供一个聚会联谊的场所。有的会馆甚至还为同乡提供食宿便利，进京的地方官员、旅行的商人、赶考的学子等都可以在会馆里借住。北京的地方会馆中还有专门为赶考的学子建造的会馆，甚至连名称都叫作"××试馆"，例如"天津试馆""遵化试馆""广

州试馆"等。以至于清末时很多社会活动或政治革命活动都在北京的这些地方会馆中进行。例如当年康有为就在南海会馆中办杂志,从事戊戌变法的活动;谭嗣同组织戊戌变法的时候就住在北京的浏阳会馆中;孙中山联合各派势力组建国民党就在北京虎坊桥的湖广会馆中。今天这些会馆都已经被列为重点文物加以保护。

　　会馆建筑与前述祠堂有一个共同特点,即互相攀比的倾向。祠堂是家族、姓氏之间攀比,会馆则是商人集团或地方势力之间攀比。行业会馆是商人集团之间的攀比,药材业会馆建筑华丽,泥木行业会馆一定要超过它,而盐商的会馆则要建得更加华美。地域会馆是地方势力之间的较量,湖南人的会馆好,江西人的要比它好,山西人的则要更加好。这种攀比的心理倾向促使会馆建筑一个比一个宏伟华丽。例如四川自贡的西秦会馆由山西盐商建造,其建筑造型之绮丽宏伟,其装饰艺术之华美,都可以说是全国会馆之最(图7-4-1)。清朝山西商人(晋商)是全国势力最强的商人集团,从全国各地现在保存下来的会馆建筑来看,几乎最大、最宏伟的会馆都是山西商人的,或者山陕商人的。例如河南社旗的山陕会馆、河南周口的山陕会馆、安徽亳州的山陕会馆、河南开封的山陕甘会馆等,都是全国最大、最豪华的会馆之一(图7-4-2)。

图 7-4-1 四川自贡西秦会馆(王峰摄影)

图 7-4-2 河南开封山陕甘会馆

　　会馆建筑之所以宏伟，还有一个原因，是因为会馆大多是以庙宇的形式出现的，会馆中都有祭神的殿堂，会馆的名称也多以"××庙""××宫"相称。

行业会馆祭祀行业的祖师爷，例如泥木建筑行业以鲁班为祖师，所以泥木行业的会馆都叫"鲁班殿"；药材行业祭祀药王孙思邈，所以药材行业的会馆多叫"孙祖殿"；屠宰行业祭祀张飞，所以屠宰行业的会馆多叫"张飞庙"，四川富顺有一座"恒侯宫"，祭祀张飞（恒侯），就是屠宰行业的会馆。地域会馆也有祭祀，祭祀地域共同的神灵。山西、陕西人敬关公，山陕商人在全国各地建的会馆都是关帝庙；福建人信奉妈祖，福建人在全国各地建的会馆都叫"天后宫"（"天后"即妈祖）（图7-4-3）；湖北人祭大禹，所以湖北人的会馆多叫"禹王宫"；江西人信仰的地方保护神是一个叫作"许真君"（许逊）的神人，俗称"福主"，因此全国各地的江西人会馆都叫"万寿宫"（图7-4-4）。民间信仰文化在会馆建筑中也得到充分地体现。

会馆建筑中还有一类特殊的建筑——戏台。如前所述，中国古代的戏曲最初是由庙里的祭神活动之一的"淫祀"发展而来。会馆中普遍建有戏台，同时会馆中也要祭神，戏台建筑的做法也是和庙宇中的戏台一样，背对大门，面朝

图 7-4-3 湖南芷江天后宫

图 7-4-4 贵州镇远万寿宫

正殿。会馆中的戏台看起来好像也是为了"娱神",演戏给神看,其实不然。
会馆这种建筑出现得很晚(明朝以后),这时候中国的戏曲文化已经发展得比较完善了，已经脱离了最早的祭祀娱神的原始阶段，变成了一种世俗化了的民间文化娱乐活动。因此会馆里的戏台，虽然仍然保留着原来的建筑格局，但是实际上它已经不是以娱神为目的，而是一开始就是为了人的娱乐活动而建造的了。而且会馆中的戏台一般都做得非常华丽，雕梁画栋、泥塑彩画、五彩缤纷，极尽豪华之能事。

近代以后，有的会馆中的戏台干脆脱离了庙宇中戏台建筑的传统做法，不是背靠大门，面对正殿，而是在会馆后面专门建造一栋大建筑，把戏台放在大厅中间，这座建筑就变成了一个完整的戏院，民间叫"戏园子"。而这座专门为戏台而建的大建筑就成为整个会馆中最大、最重要的建筑，成了整个会馆的中心。原来会馆以祭祀大殿为中心的建筑格局也被改变了，完全世俗化、商业化、娱乐化了。这种以一个大"戏园子"为中心的会馆中最著名的，就是北京虎坊桥附近的湖广会馆和天津的广东会馆。北京湖广会馆保存完好，其戏院已经成了今天北京城中最大的传统戏院（图 6-2-2）。天津广东会馆的戏院也是国内保存最完好的古代戏院之一，今天已经成了戏剧艺术博物馆（图 6-2-3）。

五、生活的乐趣

水的乐趣

中国人的自然观是喜好山水之乐的，在村落民居中尤以水的重要性更为突出。当然，水是人的日常生活所必须的；然而除了必须以外，人们似乎还将更多的精神意义寄托于水。山泉和水井是村落最重要的生活设施，也是人们日常聚集的场所，类似于一种社交场所。在丘陵山地，村落往往是依伴着山泉而建的，这里不仅是村落的人们生活用水的来源，而且成了一种文化的象征。以湖南永兴县的板梁村为例，发源于村后山崖下的雷公泉环绕村前流过，全村人把它看作村落风水格局的象征（图 7-5-1）。如果有文化纪念意义的地方有泉水，那么这水就会被认为是文化的源泉。湖南道县楼田村是宋朝著名理学家周敦颐的家乡，村边山崖下有一股清泉从村前流过，因为这里

图 7-5-1 湖南永兴县板梁村雷公泉

走出了周敦颐这样著名的大学者，人们就把这股泉水称为"圣脉"。湖南长沙岳麓书院内有一座百泉轩，轩外有一个池塘，汇聚岳麓山上各路山泉（图 7-5-2），在百泉轩内又有"文泉"石井，意为聚集百泉之文脉（图 7-5-3）。浙江绍兴的青藤书屋是明朝著名画家徐渭的私宅，小小的园子里有一个方形水池，名曰"天池"。徐渭自称"天池山人"，其书房的窗户就悬在水池之上（图 7-5-4），他作画的书桌就面临窗户，两旁挂着他手书的楹联"一池金玉如如化，满眼青黄色色真"。

　　文人们对水的喜好或许是出于"仁者乐山，智者乐水"的性格特征，而民间老百姓对水的喜好则往往是因为对生活环境之美的追求。安徽黟县的宏村利用村中一股天然泉水挖掘成半月形的水塘，称为"牛胃"，然后在村西吉阳河上筑一座石坝，引河流之水入村，连通一幢幢民居宅舍，贯穿全村，这就是所谓的"牛肠"。弯弯曲曲的"牛肠"，穿庭入院，构成一幅幅美妙的生活画

图 7-5-2 湖南长沙岳麓书院百泉轩园林

图 7-5-3 湖南长沙岳麓书院"文泉"石井

图 7-5-4 浙江绍兴青藤书屋

卷。这里虽有风水之说，但实际上是人们对于生活的便利和环境之美的追求（图 7-5-5）。湖南会同县的高椅村也是一个保存得很好的古村落，在周边古老民宅的环绕之中并排两方鱼塘——"红鱼塘"和"黑鱼塘"，在优美的民居群落之中平添了几分生活的乐趣（图 7-5-6）。

图 7-5-5 安徽黟县宏村中的水（黄磊摄影）

图 7-5-6 湖南会同县高椅村红鱼塘、黑鱼塘

庭院的乐趣

中国传统建筑最重要的特征之一是庭院，大到宫殿寺庙，小到民居住宅都是由庭院所构成。宫殿、寺庙的庭院是为了仪式的需要，以宏伟庄严为主要特征，而民居住宅的庭院则以小巧精致、充满生活乐趣为要旨。中国古代各种住宅、园林的庭院，除了在建筑本身的造型、风格等方面表现出艺术性之外，还以其他各种手法来表达艺术和生活的乐趣。

盆景是中国古代就有的一种园林艺术，专门用来装点小范围内的生活环境，例如小庭院，甚至室内，不能用大尺度的园林做法，于是人们用做在花盆里的小景来取代。在民间，这种盆景艺术也被广泛用于装点庭院环境。咫尺庭院，种上几杆竹子，堆上几块石头，就是一片小天地（图 7-5-7）；高墙之内，摆上几盆植物，立刻有了几分生机，消除了空旷庭院的生硬（图 7-5-8）；大片墙壁上镶嵌一点雕刻装饰，或者做一些趣味性的匾额对联，便有了一点文化气息（图 7-5-9）。

图 7-5-7 庭院竹景

图 7-5-8 高墙内的盆景（黄磊摄影）

图 7-5-9 庭院墙面上的装饰（广东广州玉岩书院）

　　漏窗在中国园林建筑中很常见，民间也常用它来做庭院装饰。在庭院围墙上装一个具有装饰性的漏窗，庭院内外互相对景，还可以欣赏漏窗上精美的雕花，确实是一种艺术的享受（图 7-5-10）。除了漏窗，居室门窗也是人们用来改变庭院环境的手法。因为庭院的乐趣有时不仅在于庭院本身，很多时候人是坐在居室之内看庭院的。人在居室之内，透过门窗看庭院，又是一番景象。在中国传统建筑中，面对庭院的门窗一般都是隔扇门、隔扇窗。所谓隔扇门、隔扇窗，就是一个开间两根柱子之间连续的多扇门或多扇窗，也就是说一个开间中没有墙壁，全部是门或全部是窗。隔扇门窗的大部分是透空的花格，具有很强的装饰性。透过这种隔扇门或隔扇窗看庭院，景色断断续续，加上隔扇门窗上的花格，产生一种特殊的美感，使庭院和室内都显得更加清新和幽静（图 7-5-11）。湖南凤凰县

图 7-5-10 庭院漏窗

城中的陈家祠，其正殿的门更是特别，做成椭圆形的花格。人坐在殿堂中，透过椭圆形花格，看到殿堂前面的庭院和对面的戏台，景致尤为特别（图 7-5-12）。

图 7-5-11 透过门窗看庭院（安徽歙县棠樾存养山房，黄磊摄影）

图 7-5-12 湖南凤凰县陈家祠正殿椭圆形花格门

楼居的乐趣

中国古代由于地广人稀，不缺少建房屋的土地，所以本来是很少有楼房的。到了宋朝以后，城市商业经济发展，城市人口聚集，这时一些地方地皮紧张，就需要建楼房了。于是城市中商业繁荣、人口稠密的地方开始大量出现楼房。在此之前，楼房主要是佛教寺庙中的塔和用于收藏经书的楼阁，以及宫殿和风景名胜地的供登临眺望的楼阁建筑，除此之外就很少有楼房了。李白的诗《夜宿山寺》写道："危楼高百尺，手可摘星辰。不敢高声语，恐惊天上人。"虽然是夸张，但是也使人们对高楼建筑产生奇妙的想象。民间也有"仙人好楼居"的说法，说明人们对于楼阁建筑有着奇特而美好的印象。宋朝以后，楼房逐渐在民间普及，人们便常在自己的生活环境中以楼阁建筑来寻求某些乐趣。

楼居的乐趣首先在于它能眺望远方，打破周边不利的居住环境所带来的枯燥和单调。例如湖南凤凰县营盘村是著名的"石头寨"，村内所有建筑都由石头建成，地面是石头，墙壁是石头，甚至连屋顶上盖的瓦都是石头片。人们常年居住在这种环境中确实会感到枯燥，于是便采用楼居的方式来改变这种状况。在石头建筑上面再做木楼阁，这样人在楼上就可以看到村外周边的青山绿水。地处我国西南山区的贵州、广西、云南、四川以及湖南西部的农村中都建有很多"吊脚楼"，它一方面有防潮通风的功能，另一方面就是为了满足人们眺望景色的需要（图7-5-13）。做得讲究的吊脚楼还在楼阁外的走廊边上做"美人靠"的座椅栏杆，想象着"美人"坐在那里凭栏远眺时的情景，定是一番生动有趣的景象（图7-5-14）。

在湖南湘西，除了吊脚楼以外，还有一些特殊的天井楼阁，即被围绕在封闭高墙之内的楼阁。在湘西南的洪江古镇，由于防匪盗的缘故，产生了一种封闭性很强的住宅建筑形式，叫"窨子屋"。"窨"是井的意思，那种建筑确实像井一样，四周高墙围合，中间是一个两层高的天井，真的像一口"井"（图7-5-15）。由于需要防匪盗，所以外墙上尽量少开窗或不开窗，因此采光通风就只有靠天井了，于是就形成了一种围合式的楼阁。别的楼阁一般都是四面朝外，这种楼阁却是四面朝内，正好相反（图7-5-16）。这种天井楼阁全靠天井采光通风，但又要防南方山区的大雨，要适当遮盖，于是就出现了洪江所特有的天井屋

图 7-5-13　湘西民居吊脚楼（湖南溆浦县乌峰村）

图 7-5-14 楼阁上的"美人靠"栏杆
（江苏吴江同里镇退思园）

图 7-5-15 "窨子屋"中的天井

图 7-5-16 天井中的楼阁

顶（图 7-5-17）。在湘西北的土家族聚居地区，还有的在天井上面耸立着一个小屋顶，并不能上人，只供通风采光，形成一种有趣的建筑造型，被当地人叫作"冲天楼"（图 7-5-18）。

图 7-5-17 "窨子屋"的屋顶

图 7-5-18 湘西龙山"冲天楼"

村居的乐趣

人类的居住需求总是这样的：住在农村，贫困落后了，向往城市；住在城市，喧嚣嘈杂了，向往农村。如果从哲学上来理解，这实际上表达的是两种价值取向：居住在农村主要是体现人与自然的关系，居住在城市主要是体现人与人的关系，就看人需要哪一种。

中国传统的自然观是"天人合一，顺应自然"，这种自然观是天然的、自发的。在中国古代，即使是乡村农民都具有保护环境的自觉意识，今天在很多地方都还能看到古代保留下来的"护林碑"。他们把保护森林、禁止砍伐，以及相应的表彰、惩罚等各种村规民约刻在石碑上，立在村口路边，告诫村民以及路过的行人（图 7-5-19）。即使是到了现代，村庄里的农民建造房屋的时候仍然要在房屋周边留出一定面积的空地种植树木，叫作"风景林"。农家小院掩映在山坡田野树林之中，景色非常迷人（图7-5-20）。尤其是在一些少数民族的村落，特殊的建筑风格点缀在山野河流之间，加之少数民族特有的生活方式和风俗习惯，组成一幅幅特殊的风情画卷，人与自然和谐共存，令人流连忘返（图7-5-21）。

中国古代是农业社会，又重视文化，于是便有了一个常被人谈及的名词——"耕读"。很多村落的传统民宅都喜欢用"耕读传家"作为大门对联的横批或匾额。古代很多读书人是从农村走出来的，而当他们在外做官遭遇挫折的时候，最终的选择往往是归隐田园，回到老家，以耕读为乐，同时也由此带动农村的读书风气。例如湖南辰溪县的五宝田村，山坡上有一个古村落，山坡下的农田中有一座"耕读所"，即村中办的学校，古朴的建筑与优美的田园风光组成一幅恬静的山村画卷（图7-5-22）。耕读所的门额上书"三余余

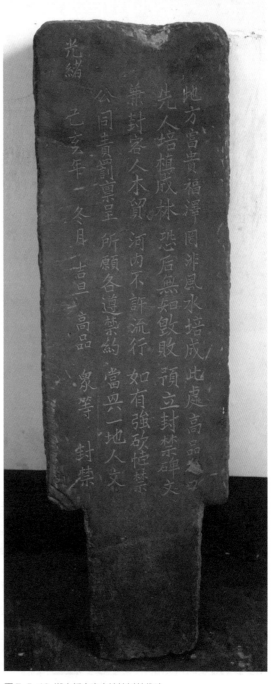

图7-5-19 湖南绥宁寨市镇护树禁伐碑

图 7-5-20 农村住宅风景林（湖南涟源县三甲村）

图 7-5-21 贵州黎平侗寨

图 7-5-22 湖南辰溪县五宝田村

三",“三余"指“冬者岁之余、夜者日之余、雨者晴之余",告诫读书之人要珍惜时光,勤奋学习,学足“三余";“余三"意指“三年之耕而余一年之食,九年之耕而余三年之食",教育人们要勤俭持家、以备饥荒。“三余余三"包含了“读"和“耕"两方面的内容,含义深刻,而且具有很高的文学性(图 7-5-23)。湖南新化县楼下村自古读书风气兴盛,出过不少人才。今天村中仍然保留着大量古民居,其中一栋楼阁建筑,在两面朝外的窗边白墙上分别写着一副对联“揽古楼春色,挹沦溪清流"“阳春烟景,大块文章"。对联不仅文采好,书法漂亮,而且不用纸,直接用毛笔写在白墙上,足见其潇洒和自信(图 7-5-24)。宁静的村居是读书的好去处,我们中国的古人深谙此道。

图 7-5-23 湖南辰溪县五宝田村耕读所"三余余三"门额

图 7-5-24 湖南新化县楼下村楼阁对联

第八章

地域文化与地域建筑

一、"土"与"木"的差异

在中国传统语言中，"土木"一词指的就是建筑，古代史书中常说的"大兴土木"，就是大搞建设。然而，在笔者看来"土木"一词还有更深的含义，它实际上与中国古代建筑的起源有关。"土"和"木"是指建筑的两个起源，一个北方，一个南方。北方建筑起源于"土"，南方建筑起源于"木"。

一般认为华夏文明起源于黄河流域，这种说法有点片面。从建筑的起源来看，应该说中国文明的发源地有两处——北方的黄河流域和南方的长江流域。而"土"和"木"就正是这两种文明在住宅建筑上的表现。

北方地理气候寒冷而干燥，在生产力水平极其低下的原始时代，住洞穴是最好的选择，史籍中就记载了我们的先民"穴居野处"的经历。到现在为止，不仅中国是这样，世界各地的考古发现都证明，在寒冷地带的原始住民都有"穴居"的习惯。洞穴周围厚厚的土石，把洞内和洞外的空气隔开，起到天然的保温隔热作用，住在洞内冬暖夏凉。所以直到建筑技术已经相当发达的时代，一些地方的人们还在坚持着"穴居"的生活方式。西北黄土高原上的陕西、山西、河南的部分地区，今天仍然沿用着窑洞作为居所。而窑洞实际上就是古代穴居的一种延续，只是比古代做得更讲究、更精致了而已（图8-1-1）。原始时代最初的穴居就是借自然的山洞居住，随着人口数量的增加，自然山洞不够了，于是人们开始自己挖洞来居住。开始是模仿自然山洞，在山坡或崖壁上沿水平方向向里面挖；后来人们发现平地也可以挖，即先垂直于地面向下挖，然后再横着向水平方向挖；再后来，人们发现可以不需要横向挖洞，只要垂直向下挖一个坑，然后用树枝支撑架在上面，用茅草搭一个棚子盖在地坑的上面。这种"房子"就只有一半在地下，一半在地上了，我们把这种居住方式叫作"半穴居"。在日本也有类似的考古发现，他们叫"竖穴式"住宅。再后来人们发现在平地上并不需要向下挖，而是可以用土堆筑起一个围子，再在这个围子上支撑木架，搭盖茅草棚。这就变成了完全的地面建筑了，这个用土堆筑起来的围子就是最初的建筑的"墙壁"的雏形。陕西西安半坡和河南郑州大河村等处出土的原始村落遗址证明了这一发展过程，这些村落遗址中发现的建筑基址大多处在从半穴居向完全地面建筑演变的过程中。一些较小的住宅仍然是室内地面比室外地面低，周围有土堆筑起来的"墙壁"，正是"半穴居"的形式（图 8-1-2）。而村落中央最大的房子和周围一些较大的房子，据考古推测可能是村中的公共建筑和较为重要的人居住的房屋，其室内地面就和室外地面处在同一个平面上，建筑已经完全在地面上了。

图 8-1-1 窑洞民居

图 8-1-2 河南郑州大河村遗址

与北方相反，南方的地理气候是炎热、潮湿，多山多水。人们居住首先需要解决的是通风、防潮、防雨、防虫蛇等问题。最初人们是在树上借用大树的枝丫来搭建窝棚，这种类似于鸟巢的居住方式叫"巢居"，我国很多史籍上都有原始先民"构木为巢"的记载。然而真要找到一棵有着巨大枝丫、足以在上面搭盖窝棚的大树也是不容易的。于是人们发现，可以借助几棵靠得比较近的小树，在几棵树之间绑扎横向的木棍，做成一个悬空的小小平台，然后再在平台的上面搭盖茅草屋顶，实际上这几棵小树就变成了支撑建筑的"柱子"。由此人们又想到，既然可以利用小树来作支撑，那也可以自己在地上树起几根木柱，再在上面做平台、做屋顶，这就变成了用木柱架空，上面做房子的"干栏式建筑"，南方称其为"吊脚楼"。这种建筑形式满足了南方地区炎热潮湿气候下的居住需要，对于西南地区的山区尤其适用，因为这些地区不仅气候条件不利，地形地貌也带来很多限制，山多田地少，像贵州、四川、云南、广西以及湖南西部都是这类地形。有的地方山地甚至占到90%，只有10%左右的平地。这很少的一点宝贵的平地只能用来种粮食，绝不能让住宅建筑再占据，于是住宅就只好建到山坡上去。所以西南地区的这些省份，干栏式民居数量最多，很多山地村落、城镇民居建筑大多数是"吊脚楼"。下层架空做平台，平台上面再做住宅建筑，既通风凉爽、防潮防雨防虫蛇，又不占平地，很好地满足了南方山地民居住宅的特殊需要（图8-1-3）。随着经济和建筑技术的发展，人们用砖木结构

图 8-1-3 山地吊脚楼
（湖南永顺县沙土湖村）

来解决防潮、通风等问题的方法不断改进,不一定非要靠底层架空的形式来解决,于是建筑也就落到地面上来,用砖木结构的房屋取代了纯木结构的吊脚楼,这毕竟还是建筑技术的进步。原始时代干栏式建筑的考古实例是浙江余姚河姆渡发现的新石器时代的原始村落遗址,村落处在一片低洼潮湿地带,整个村子的建筑都采用立柱下面架空,上面做建筑的方式,即典型的干栏式建筑(图8-1-4)。

从上述南北两方建筑的发展进化过程来看,北方的居住方式由最初的"穴居"发展到"半穴居",再由"半穴居"发展到完全的地面建筑,仿佛是从地里面长出来;而南方的原始居住方式则由最初的"巢居"发展到干栏式建筑(吊脚楼),再由干栏式发展到地面建筑,仿佛是从树上落下来的(图8-1-5)。从地里长出来就是"土",从树上落下来的就是"木","土木"二字就代表了中国建筑的起源。

图8-1-4 浙江余姚河姆渡遗址

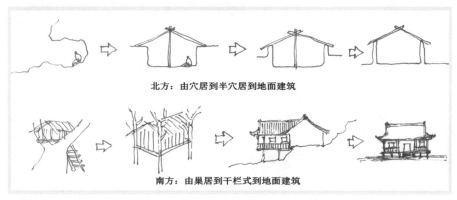

图8-1-5 我国南北建筑起源及发展的过程

"土"和"木"是中国建筑的两种起源,同时也是两种不同的建筑风格。中国幅员辽阔,东南西北各地的建筑风格各不相同,在千百年的历史长河中,各地的建筑形成了各自独特的地域风格。建筑的地域风格的丰富多彩是中国古代建筑最具魅力的特征,以至对今天的建筑设计都有很大的影响,今天很多现代建筑师在做建筑设计的时候还在从传统的地域建筑风格中吸取营养。然而在中国传统建筑千姿百态的地域风格中,最重要、最基本的就是南方风格和北方风格,其他各种地域风格都是建立在这两大类风格的基础之上的。

　　北方建筑起源于"土",是一种"土"的风格。所谓"土"的风格,就是厚重、敦实,厚厚的墙壁,厚厚的屋顶,小小的门洞、窗洞,屋顶翼角起翘比较平缓,细部装饰也比较粗犷。南方建筑起源于"木",是一种"木"的风格。所谓"木"的风格,就是轻巧、精细,薄薄的墙壁,薄薄的屋顶,开敞通透的门窗,高高翘起的屋顶翼角,细部装饰也极其精致细密(图 8-1-6 ～图 8-1-9)。

图 8-1-6 北方建筑厚重敦实,"土"的风格(北京礼士胡同)

图 8-1-7 南方建筑轻巧秀丽，"木"的风格（浙江绍兴鲁迅故居）

图 8-1-8 北方石雕粗犷质朴（天津杨柳青石家大院）

图 8-1-9 南方石雕精巧细腻（上海豫园）

　　这两种风格特征并不只限于真正的"土"建筑和"木"建筑本身，事实上在原始社会以后，随着社会经济和建筑技术的发展，北方建筑由"土"建筑（洞穴）逐渐发展为砖木结构建筑，南方建筑也由原始的纯木结构发展为砖木结构，南北两方逐渐趋同，但是"土"的风格和"木"的风格却仍然延续着，直到今天，我们所能看到的北方和南方的传统建筑仍然如此。北方建筑是敦实厚重的"土"的风格，南方建筑是轻巧精致的"木"的风格。这两种风格的差异，显然是由材料性能的差别决定的。木材的特点是易于加工，易于雕琢。即使是原始时代，七千年前的河姆渡遗址的干栏式建筑中就有了卯榫构件，随着经济发展和技术进步，后来的木构件加工和雕琢当然就更不用说了。而土就不具有这种性能，不论是原始时代的穴居、半穴居住宅，例如与余姚河姆渡遗址差不多同时代的西安半坡遗址中的原始住宅，还是后来的窑洞住宅或夯土建筑，都只能做很简单粗糙的加工，根本谈不上任何雕琢。只有后来土建筑变成砖石建筑的时候才有了雕刻。

材料的性能虽然是导致"土"和"木"两种风格差异的初始原因，但是地域气候条件所造成的自然特征也是一种不可忽视的因素。北方建筑厚重敦实、南方建筑轻巧精致的差异在日常生活中也可以看到。北方人往往体格高大、性格粗犷，南方人也体格相对矮小、性格细腻；就连北方的蔬菜瓜果也常常硕大粗壮，南方的蔬菜瓜果普遍瘦小纤细。自然界万事万物的特性与它们所生长的自然环境有着直接的关系，建筑也是如此。

二、中原文化与楚文化

先秦时代是中国文化全面成形的时代，诸子百家所提出的哲学思想、社会政治和文学艺术等观念意识在这一时代全面呈现于世人面前。而后来两千多年的历史文化，似乎只是对它们的继承和发扬，再也没有创立出新的东西。

在文学艺术领域，这一时代形成的两大倾向——现实主义和浪漫主义也已经表现出明显的特征和差异。这两大倾向也同样出现在北方的黄河流域和南方的长江流域。中国古代自先秦时期开始，地域文化的差异性便明显地表现出来。其中最具代表性的就是黄河流域的中原文化和长江流域的楚文化。中原文化的特质是现实主义，其文化思想方面的典型代表是《诗经》；楚文化的基本特征是浪漫主义，文化思想方面的最主要代表就是《楚辞》。

《诗经》是中国古代第一部诗歌总集。先秦时代帝王们为了了解民情，派官吏们到各地去"采风"，获得各地的民歌民谣，再加上部分贵族们写的宫廷乐歌和宗庙祭祀乐歌，共同组成了这部诗歌总集。《诗经》的内容分为"风""雅""颂"三大部分。"风"就是描述各地民俗民风的歌谣，包括了北方黄河流域的齐、韩、赵、魏、秦（今天的山西、陕西、河南、河北、山东）等15个地区的民歌，所以叫"十五国风"，共有160篇，占了《诗经》整个篇幅的一半多（《诗经》共305篇），是《诗经》中的主要部分。《诗经》是现实主义的，描写的内容大到国家祭典仪式、朝廷活动，小到人们日常生活、劳动生产、男女爱情等，都是现实生活中的事物和场景。在哲学思想方面，它产生于中原文化背景下的以孔子和孟子为代表的儒家思想，也是完全以现实主义的态度来看待世间事物的。孔子"不语怪力乱神"（《论语》），提倡周人"尊礼尚施，事鬼敬神而远之"（《礼记·表记》）的态度。孟子说："充实之谓美，充实而有光辉之谓大，大而化之之谓圣，圣而不可知之之谓神。"这里孟子所谓的"圣而不可知之之谓神"实际上是在告诫人们，那种不可知的领域已经不是人们应该追求的目标了。中原文化从哲学思想到文学艺术都是现实主义的。

《楚辞》也是一部诗歌总集，它产生于南方长江流域的楚国，以屈原的《离骚》等著名篇章为主，加入了宋玉等一批后来人模仿屈原诗歌体裁的作品集合而成。《楚辞》从叙述的内容到写作的词句章法都与《诗经》大不相同。其内容大多是来自民间传说、神话故事，甚至有的直接来源于祭祀鬼神的巫术仪式上的巫歌，借此以表达个人的情感和对现实政治的讽喻，情感色彩浓厚，充满浪漫气息。《楚辞》中包含大量神话传说的内容——光彩照人的"东皇太一"、诡谲神秘的"山鬼"、凄凄悲情的"湘君、湘夫人"等，天上、地下、人间、鬼神皆在其中，色彩斑斓、奇幻无比。古代湘楚大地山川奇丽，土著民族文化交融，民风淳朴而稚拙，从贵族上流社会到民间百姓普遍信仰鬼神巫术，祠祀之风盛行，《汉书·地理志》等史籍中均有记述。东汉王逸在《楚辞章句》中解释屈原作《九歌》的意图时指出了屈原的辞赋和楚巫文化的关系："昔楚国南郢之邑，沅湘之间，其俗信鬼而好祠。其祠必作歌乐鼓舞以乐诸神。屈原放逐，窜伏其域，怀忧苦毒，愁思沸郁，出见俗人祭祀之礼，歌舞之乐，其词鄙陋。因为作《九歌》之曲，上陈事神之敬，下见己之冤结，托之以讽谏。"屈原是把粗俗鄙陋的祭神巫歌提升到了文学艺术的高度，但是不可否认的是，楚地巫文化中本身包含的那些浪漫情调正是文学艺术绝好的题材内容。

中原文化对于神话是一种淡漠的态度，因而中国古代的主流文化中几乎没有神话的地位，中国古代神话也就支离破碎、不成系统，只有"盘古开天地""后羿射日""嫦娥奔月""精卫填海"等零零碎碎的几个故事而已。完全不能和有着完整体系的古希腊神话、古罗马神话、古代印度神话相比。然而在南方，楚地巫文化却对神话倾注了高度的热情，这里有着中国古代最美丽动人的神话传说。后来随着楚文化的衰弱，丰富多彩的楚地神话被淹没在历史长河之中，没有在中国历史上产生多大的影响。

秦灭六国，统一天下，楚国灭亡，楚文化受到重创。由于当时的长江流域相对于中原来说还属于比较落后的地区，各朝各代建都也大多是在北方中原地区。加之汉朝"罢黜百家，独尊儒术"，代表中原文化的儒家占据思想领域的统治地位，其他文化逐渐式微，甚至被淹没。在后来的两千多年中，中原文化始终是中国文化的主流，南方的楚文化不但没有成为主流文化，反而奄奄一息。因而中国古代文化中的浪漫主义因素也就没有得到应有的发展，以至于影响到整个中国古代文化艺术和民族性格的形成和基本特征。例如中国人缺少浪漫气质、缺少幽默感、中华民族（汉民族）不善歌舞等，都与整个文化艺术中缺少浪漫主义有一定关系。

中国古代艺术中的浪漫气质只在南方楚文化中保留下来一些历史的印记，例如湖北随州曾侯乙墓出土的大型青铜编钟，包括大小 65 个编钟，音域跨五个八度，12 个半音，是古代世界上最大的一件乐器，应该说在当时达到了世界音乐的巅峰。这件巨大乐器的出土震惊了全世界，被称为世界性的奇迹。在美术方面，湖南长沙马王堆汉墓出土的大量器物正是楚文化艺术最典型的代表，马王堆汉墓帛画的内容表现的是天上、人间和地下的神秘故事，这在其他地方的绘画艺术中很难见到。墓中出土的大量漆器，表面都绘有精美的图案。绘画的表现方式也是大量舞动的曲线，色彩是以红、黑两色为主，充满浪漫和神秘的气氛（图 8-2-1）。汉墓中三层棺椁的中间一层棺椁上画满了大量流动的云彩纹样，云彩之间的缝隙里飘浮着一个龙首人身的小精灵，反复出现了几十次。

图 8-2-1 湖南长沙马王堆汉墓帛画

有的骑马，有的射箭，有的抓鸟，有的演奏乐器，神态动作极其精彩，惟妙惟肖。
它出现在两千多年前的西汉，是到目前为止我们所能看到的汉朝以前的绘画作
品中最精彩的"神品"（图 8-2-2）。从现代考古发掘的实物大体上可看出中国
古代的地域文化特征，在艺术领域是南方强于北方，而在政治、军事方面则北
方强于南方。

图 8-2-2 湖南长沙马王堆汉墓棺椁上的彩绘局部

　　北方中原文化的现实主义风格和南方楚文化的浪漫气质也同样表现在建筑
艺术上，而且又正好与前述"土"和"木"两种风格互相吻合。中国建筑的重
要特点之一是曲线形屋面和起翘的屋角，但北方建筑的屋角起翘比较平缓，显
得朴实、庄重（图 8-2-3）；南方建筑的屋角起翘则又尖又高，显得轻巧华丽，
透出一种浪漫气质（图 8-2-4）。北方建筑的山墙式样变化不多，且造型风格厚
重朴实；南方建筑的山墙式样则远比北方多，丰富多彩，造型变化多端，每个

图 8-2-3 北方建筑的屋角起翘平缓
（北京故宫乾清宫）

图 8-2-4 南方建筑的屋角起翘高耸
（湖南张家界普光寺）

地方都有不同的造型（图 8-2-5）。在南方建筑的山墙造型之中，尤以湖南的造型最为奇异，例如湖南地方传统建筑中流行的一种弓形封火墙（湖南俗称"猫弓背"）就是一种最为奇特的造型，而且只有湖南才有，显然这种奇特的造型也是一种浪漫气质的表现（图 8-2-6）。

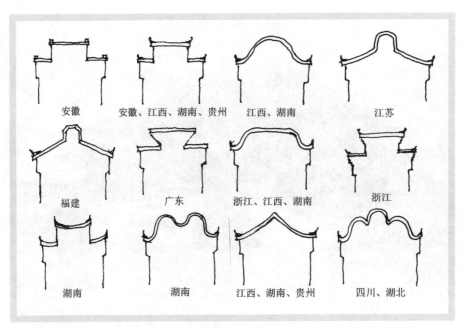

安徽　　　安徽、江西、湖南、贵州　　江西、湖南　　　　江苏

福建　　　　　　广东　　　　浙江、江西、湖南　　　　浙江

湖南　　　　　　湖南　　　江西、湖南、贵州　　　四川、湖北

图 8-2-5 各地封火山墙造型

图 8-2-6 湖南弓形封火山墙

三、本土文化与移民文化

东晋葛洪的《西京杂记》中记载了一件趣事：刘邦夺得天下，建立汉朝，定都长安。他的父亲这时已经成了"太上皇"（皇帝的父亲），但仍居住在家乡沛县的乡下。刘邦想把老父亲和家人接来长安同住，安享天年。然而老父在乡下住惯了，眷恋故土，不愿到城里去。于是刘邦请来一个叫胡宽的工匠，在长安附近模仿他家乡沛县的建筑场景建造了一座新丰城。老父及家人男女老幼迁来一看，和家乡一模一样，不用指点就能找到自己家门。不仅如此，就连从家乡带来的狗羊鸡鸭也都能认识自己的家，大家都非常高兴，于是就定居下来。我们也许会问，仿造建筑是否真能做到如此程度？这个故事也许有些夸张，但是此事也足以说明一个问题，即人们对于自己所熟悉的生活环境和建筑场景的感情，这也是人之常情。这就是我们常说的人们对家的归属感和"邻里""乡里"的亲切感，这种感情与人们长期生活于其中的建筑及周边环境有密切关系。

古代中国是一个农业社会，中华民族是一个农业民族，农业民族的最大特点就是世代固着于土地，并由此而产生对土地的深深依恋。中国人也是世界上家乡观念最强的一个民族，不论走到哪里都要成立"同乡会"之类的组织。俗语说的"老乡见老乡，两眼泪汪汪"，就是对中国人的家乡观念的通俗写照。这与西方人家乡观念之淡漠形成了鲜明的对比，欧洲人到美洲去寻找"新大陆"，美国人从东部跑到西部去寻找金矿、开辟牧场，都是勇往直前，把家乡抛在脑后。在一般情况下，中国人是不会离开故土的，即使是由于各种原因离开了故土，最终还是要尽量回到故乡，即"落叶归根"。

但是这种依恋故土的情感常常被残酷的现实打破，人们不得不离开故土，而且往往是永远地离开，再也不能回到故乡了。在中国历史上，由于战争、灾荒等原因曾经多次出现大规模的移民，这种移民多数情况下都是永久性的，即永远离开故土，到别处去生存，并且子孙后代就生活在那里了。实际上今天中国南方各省的汉族人大多数是北方汉人的后裔，因为中国历史上发生的战争大多是在北方，在几千年的历史中北方民族不断南下，进入中原，与汉族争夺生存空间。早在春秋战国到秦汉时期，中原地区就不断受到来自北方的匈奴人的侵扰。汉朝著名军事将领霍去病就因为打败匈奴，平定边关，为国家立下了大功而被封以崇高的地位。东汉以后，又有匈奴、鲜卑、羯、氏、羌进入中原地区，展开一场混战，即"五胡乱华"，这最终导致民族大融合，文化大交流。唐宋时期北方又相继产生了辽、金、西夏等少数民族政权国家。后来一个更加强悍的民族——蒙古族兴起，统一了北方，进而南下，消灭宋朝，最终建立了元朝。再后来，东北又兴起一个骁勇善战的满族，南下统一中国，建立了清朝。只是在近代才有洋人从东边的海上打过来，在此之前中国数千年的历史上几乎所有的战争都是发生在北方。这种战争导致大量北方汉人被迫南迁，今天南方各省，如广东、福建、江西、安徽、湖南、贵州、四川等地的汉族人，大多是北方汉人的后裔。

这种被迫的大规模移民，导致了中国传统民居中一种特殊类型的民居建筑的出现，这就是客家人的"土楼"。土楼是一种特殊的民居建筑，其中最著名的是福建的圆形土楼。其实土楼这种类型的建筑远不止福建一地有，建筑形式也远不止圆形一种。在福建、广东、江西等省的很多地方都有土楼，建筑形式也各不相同。这些地方有很多客家人，他们并不是少数民族，而是古代从中原地区迁来的移民。其实在客家人之前已经有很多北方汉人迁移来到南方，只是因为在较早的时候，这里人口稀少，剩余土地较多，迁来的移民比较容易选择一块地方落脚定居。而后来人口增加，土地没有多少富余了。这时候来的移民就只能迁往山区和比较偏远的地方了,这些人就被当地人称为"客家人"。客家人的处境是艰难的，由于土地有限，他们不得不与当地的原住民争夺生存空间，常受到原住民的排挤，在山区还常有土匪的袭扰，因此他们就抱团聚居，创建了这种具有很强的防御功能的土楼式民居。小的土楼可能是由一个家族共同建造，大的土楼则可以住数百户人家，有可能是由一个村子的人共同建造（图 8-3-1）。

土楼式民居不论是圆形还是方形，都有一个共同的特点——对外的墙壁很厚，有时可以厚达将近一米。下面一二层对外不开窗，里面不住人，做牛栏、猪圈或柴草杂屋，上层才对外开窗、住人。有的朝内各层都做走廊，绕行一圈，户户相通（图 8-3-2）。也有的各层没有贯通走廊，土楼分割为一套套垂直单元。土楼内部中心往往是一个祠堂，供奉着全土楼住户的共同祖先，也是土楼内的公共活动场所，在心理上也明确地表达了一种内聚的向心力以及内部团结、一

图 8-3-1 福建圆形土楼

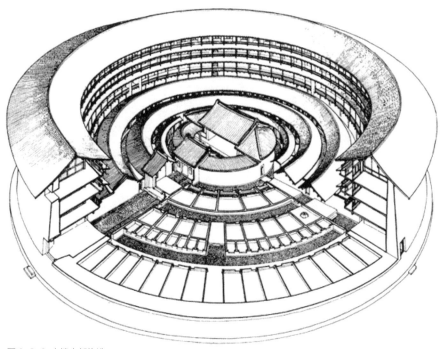

图 8-3-2 土楼内部构造

致对外的意志。福建永定等地的圆形土楼是最具特色的典型代表，但也有不少方形的土楼。在江西的赣州地区也有很多土楼（当地叫"围屋"），都是方形的，而且有的土楼在四角上高耸出一个个小小的望楼，类似于碉堡，更具有防御性的特点（图8-3-3）。广东也有客家围屋，造型风格又有所不同，但文化根源都一样——防御，自我保护。

图8-3-3 江西方形土楼（赣南围屋）——江西龙南县"关西围"（黄浩摄影）

移民文化还在另一个方面表现出来，这就是会馆。这种在中国封建社会后期才出现的新的建筑类型，是商业发展的结果。商业的发展导致大量商人的流动，而外地来的商人又常受到当地势力的排挤，于是以地域为单位建起会馆，联络同乡、内部团结、自我保护。这种地域性的会馆是地域文化的产物，也是地域间文化交流的最明显表现。一个地方的人到了另一个地方，他们不仅要内部团结、自我保护，而且要延续自己家乡的文化——宗教信仰、风俗习惯、生活方式等。这些都在他们自己建造的会馆建筑中体现出来，主要体现在会馆的建筑造型、装饰艺术等方面。例如山东烟台"天后宫"（福建会馆）的屋顶就是典型的福建闽南式"燕尾脊"的造型，与山东本地的建筑风格截然不同（图8-3-4）。不仅如此，据记载其建筑材料也是从福建海运过来的。又如湖北襄阳的山陕会馆，屋顶上用不同颜色的琉璃瓦拼出菱形图案，这是把山西传统建筑的做法完全照搬到湖北来了（图8-3-5）。河南周口、社旗的山陕会馆、开封的山陕甘会馆、安徽亳州关帝庙（山陕会馆）等的琉璃瓦屋顶也都是这种做法（图8-3-6）。这些都表明了一个地方的人对自己家乡风物和文化的感情，而会馆这类代表地域人文的建筑就寄托着人们对于这种地域文化的感情。

图 8-3-4 山东烟台"天后宫"（福建会馆）

图 8-3-5 湖北襄阳山陕
会馆屋顶

图 8-3-6 河南社旗山陕会馆屋顶

　　此外，会馆建筑又要融入当地文化。一地的商人到了外地，多少会接受当地文化的影响，何况一地的建筑有它特殊的美感和艺术性。例如湖北襄阳的山陕会馆，前面对称布置两座钟鼓亭，在青砖砌筑的小四方高台上建一座亭子，这是典型的山西建筑做法，旁边连接着一堵院墙，院墙上有连续三道弓形小屋檐，这又是湖北和四川的建筑特征（图8-3-7）。这是一座山陕人在湖北建的会馆，所以既有山陕的特征，又有湖北的特征。会馆建筑不同于其他各种建筑类型的最特殊之处，就在于它是不同地域的建筑文化交流融合的结晶。

图 8-3-7 湖北襄阳山陕会馆钟鼓亭和院墙

四、民居建筑的地域性

中国传统民居的最大特征就是地域特征，各地的民居都有各自的做法，从建筑的平面布局组合、建筑造型、结构做法，直到细部装饰等都有明显的地域特征。不仅不同的省之间不一样，甚至一个省内各个地方也不相同。

关于地域文化的概念和范围划分，我们不能以今天的省、市、县的行政区划来看。千百年来形成的地域文化，并不是一条今天画出来的行政区划界线就可以划分的。以著名的徽州民居为例，"徽州"这个地域概念并不等同于今天的安徽省，而是今天安徽南部的歙县、黟县、绩溪、休宁等县和江西北部的景德镇、婺源等，它们的文化是相同的，建筑风格也是相同的。与此类似，湖南的东部与江西的西部毗邻，这两个地方的文化是很相近甚至相同的，两地的村落民居建筑风格相同，甚至连方言都相同。今天的行政区划是按照管理需要来确定的，而历史文化的地域性则是因地理关系、地形地貌的特征而形成的。一种文化往往是在两座山脉之间的一条河流的流域内产生的，因为古代交通落后，人们的日常活动范围很少翻越大山，基本上被限制在河流流域相对平坦的地域范围内。在这个范围内的人们互相交流密切，有共同的语言、共同的生产生活方式、共同的风俗习惯、共同的艺术审美趣味，建造同样的房屋，制作同样的食物等，这就是地域文化。

在民居建筑中体现出来的地域特征可以表现在很多方面，可以是建筑的平面布局的不同，可以是建筑的造型风格的差异，也可以是所用的建筑材料不一样等。这些差异的产生可能有各方面的原因，有地理气候的原因，有生产生活方式的原因，还有某些特殊的社会历史的原因。例如，同样是四合院，北方的四合院宽敞，院中栽种植物，摆着石桌、石凳，可供人活动（图8-4-1）；而南方的天井院，狭小闭塞，天井只供采光通风，不能供人活动（图8-4-2）。这是因为北方气候寒冷，干燥少雨，需要多争取阳光；而南方气候炎热，潮湿多雨，要尽可能防雨防晒。西北黄土高原地区今天仍然延续着窑洞的居住方式，尤其是一些地方采用地坑窑洞的居住方式。这是因为这一地区极度干旱少雨，又寒冷，窑洞里冬暖夏凉，而又基本上不需要考虑防雨、防潮的问题（图8-4-3）。相反，西南山区地带的贵州、云南、四川、广西以及湖南的湘西，山地多平地

图 8-4-1 北方四合院内景

图 8-4-2 南方天井院内景

图 8-4-3 西北地坑窑洞式民居

少，山林茂密，气候炎热，空气潮湿，所以仍然延续着古老的干栏式民居（吊脚楼），底层架空，人居楼上，凉爽通风又防潮（图 8-1-3）。这些都是因为地理气候的原因而形成的地域性特征。辽阔的草原地区流行的是毡包式住宅，即"蒙古包"。其实蒙古包远不止蒙古族使用，新疆的哈萨克等民族也都大量使用毡包式住宅。这些以放牧为主的民族，逐水草而居，随时都要迁移流动，于是采用这种可拆卸搬运的毡包式住宅。这是因为特殊的生产生活方式而形成的地域性特征。而前面所述福建、江西、广东部分地区流行的土楼式客家民居，则是因为历史上移民的原因而形成的。除此之外，在建筑的材料、结构技术、工艺做法等物质层面和宗教信仰、艺术装饰、居住习惯、风俗民情等精神层面上，各地民居建筑都体现出明显的地域特征。

在千百年的历史发展过程中，为了适应不同的地理气候条件，以及各种特殊的生活方式和生活条件，中国各地的传统民居创造出了千姿百态的建筑形式，成为中华民族文明史上的瑰宝，也是中国古代建筑史上最丰富多彩的一页。

五、地域建筑与地域环境

园林艺术是一种适应地理环境的建筑艺术。中国南北方的地理环境差异巨大，因而南北方的园林艺术也有很大的差异。

北方气候寒冷干燥，树木植物受季节影响较大，水源也相对较少，除了河流经过的地方外，其他地方较少有水面。南方气候温润，水源很多，河湖港汊溪流山塘随处都有，植物生长茂盛，即使是冬天也到处都有绿色，因此南方造园林有着得天独厚的条件。事实也是如此。在北方地区，除了皇家园林以外，私家园林较少，即使是在那些著名的山西晋商大宅中也很少有园林的布置。山东曲阜孔府内的铁山园、山东潍坊十笏园、天津杨柳青石家大院等少数著名园林，是北方私家园林的典型代表。而在古代的南方城市中，私家园林比比皆是，最著名而且保存得较好的是江浙一带的江南园林，尤以苏州园林为最。其他的南方城市古代也是有很多园林的，但后来大多被破坏而不存在了。例如长沙，据史书记载和从保存下来的一些老照片来看，原来城中是有很多园林的，而今天却一座都没有了。

皇家园林依仗着权力可以占地广大，做大片湖面，气魄宏伟。其建筑风格也是皇家的气派，红墙黄瓦或者红柱绿瓦，琉璃彩绘，装饰隆重。北方的私家园林则没有皇家那么大的气派，加之受气候限制，水源较少，植物较少，所以北方私家园林在景观环境艺术的经营上很难有太大的作为（图8-5-1）。与之相反，南方的私家园林则得天独厚。气候温润、植物丰茂、水源充足，为山水园林提供了优越的自然条件（图8-5-2）。尤其是江浙一带，水源之丰沛使之成为著名的水乡。城市之中河流纵横，形成了别具一格的水乡城市面貌（图8-5-3）。所以南方造园风气尤盛，艺术水平也高，让连身处北方的皇帝也非常羡慕。

图 8-5-1 北方私家园林（天津杨柳青石家大院）

图 8-5-2 南方私家园林（苏州拙政园）

图 8-5-3 南方水乡城镇（江苏吴江同里镇）

　　历代皇帝南巡，都对南方的景色大加赞赏。尤其是清朝乾隆皇帝多次下江南，对江南的自然景色和人文风貌赞不绝口，羡慕之至。古代交通不便，下一次江南至少得花几个月时间，皇帝即使艳羡江南景致也不可能常去，于是就把很多南方的著名园林建筑景观照搬到北方，在皇家园林里模仿再造一处同样的景致。今天在北京颐和园、北海、中南海、承德避暑山庄，以及被毁掉了的圆明园这些皇家园林里面，我们可以看到很多"园中之园"，就是当年模仿江南园林造出来的。例如颐和园中的谐趣园、北海中的濠濮涧、圆明园中的狮子林等（图 8-5-4）。有的甚至把江南某处著名的建筑景观直接照搬过去，例如承德避暑山庄里的金山岛就是模仿江苏镇江金山寺的格局，烟雨楼就是完全模仿浙江嘉兴南湖烟雨楼（图 8-5-5），甚至承德避暑山庄内整个湖泊区

图 8-5-4 皇家园林的"园中之园"（北京颐和园中的谐趣园）

图 8-5-5 河北承德避暑山庄烟雨楼（仿浙江嘉兴烟雨楼）

的建筑都是模仿江南的建筑风格，因为这里的景物是以水为主，这是南方的景色。更有意思的是，乾隆皇帝特别喜欢苏州，于是在北京颐和园的万寿山后面模仿苏州的城市街道风貌做出一条"苏州街"，让宫中的太监宫女们装扮成市民的样子在那里做买卖，皇帝到了那里就像到了苏州一样（图8-5-6）。但是毕竟宫女太监们不可能说苏州话，所以皇帝真的到了这条"苏州街"，顶多也只是看看苏州式样的房屋建筑而已，不能真正领略苏州的风情。

地域建筑的背后一定有地域的文化，还必须要有地域的环境，否则只是一个模仿的外形，而没有内在的灵魂。

图 8-5-6 北京颐和园后山的"苏州街"

图片目录

第二章 中国哲学与中国建筑

第三章　中国宗教与中国建筑

第四章　中国教育与中国建筑

第六章 生活方式与中国建筑

第八章 地域文化与地域建筑

注:

图名后有①者选自王军. 城记[M]. 北京：生活·读书·新知三联书店，2003.

图名后有②者选自傅熹年. 中国科学技术史：建筑卷[M]. 北京：科学出版社，2008.

图名后有③者选自潘谷西. 中国建筑史[M]. 北京：中国建筑工业出版社，2004.

图名后有④者选自日本建筑学会. 日本建筑史图集[M]. 东京：彰国社，1996.

图名后有⑤者选自刘敦桢. 中国古代建筑史[M]. 北京：中国建筑工业出版社，1984.

图名后有⑥者选自安章宪，李相海. 书院[M]. 坡州：Youlhwadang出版社，2002.

图名后有⑦者选自沈福煦. 建筑概论[M]. 北京：中国建筑工业出版社，2006.

图名后有⑧者由作者团队测绘制作。

内文及图片目录里未标明引用出处或摄影人名字的，除少量作者不详外，均由作者本人摄影或制作。

参考文献

[1] 刘敦桢. 中国古代建筑史[M]. 北京：中国建筑工业出版社，1990.

[2] 维特鲁威. 建筑十书[M]. 北京：知识产权出版社，2001.

[3] 安章宪，李相海. 书院[M]. 坡州：Youlhwadang出版社，2002.

[4] 伊东忠太. 中国建筑史[M]. 上海：上海书店，1984.

[5] 李诫. 营造法式[M]. 梁思成，注释. 北京：中国建筑工业出版社，1980.

[6] 陈志华. 外国建筑史[M]. 北京：中国建筑工业出版社，1996.

[7] 傅熹年. 中国科学技术史：建筑卷[M]. 北京：科学出版社，2008.

[8] 贺业钜. 中国古代城市规划史[M]. 北京：中国建筑工业出版社，1996.

[9] 梁思成. 清式营造则例[M]. 北京：清华大学出版社，2006.

[10] 梁思成. 图像中国建筑史[M]. 天津：百花文艺出版社，2001.

[11] 廖奔. 中国古代剧场史[M]. 郑州：中州古籍出版社，1997.

[12] 柳肃. 礼制与建筑[M]. 台北：台湾锦绣出版社，2003.

[13] 柳肃. 湘西民居[M]. 北京：中国建筑工业出版社，2008.

[14] 日本建筑学会. 日本建筑史图集[M]. 东京：彰国社，1996.

[15] 李昉，等. 太平御览[M]. 上海：上海古籍出版社，2008.

[16] 午荣. 新镌京版工师雕斫正式鲁班经匠家镜[M]. 海口：海南出版社，2003.

[17] 计成. 园冶[M]. 北平：中国营造学社，1932.

[18] 刘侗，于奕正. 帝京景物略[M]. 北京：北京古籍出版社，1983.

[19] 李渔. 闲情偶寄[M]. 北京：中华书局，2007.

[20] 李虹若. 朝市丛载[M]. 北京：北京古籍出版社，1995.

修订版后记

得知此书已在市面脱销，说明拙著尚能受人欢迎，甚感欣慰。受清华大学出版社再版之邀请，对本书内容做了一次全面的修订。在一些章节段落作了少量的增补和修改，对部分图片作了更换和增补，使本书更为完善。

近年来在建筑学教学和城镇村落历史建筑的保护工作中，我日益感到对建筑文化性理解的重要性。建筑本来就是一种文化，是文化的重要组成部分。它是一种物质文化，却深深地打上了精神文化的烙印，任何一种建筑的背后一定都有文化的原因，它是政治、哲学、宗教、文学艺术、生活方式等各种文化因素共同作用的产物。

一个民族若无自己的文化就无法立足于世界民族之林。我多年从事建筑历史和古建筑的教学和研究，也在尽最大努力保护文物古建筑和文化传统。但是我也一直认为中国的传统文化并不都是好的，其中有很多不好的因素，可谓之"不良基因"，有一些至今仍然被我们继承着。这本书是笔者多年教学和研究的积累，总的来说就是从文化的角度来思考建筑的问题，好的和不好的都值得我们认真总结分析。中国文化太博大，中国建筑太精深，涉及的内容太宽泛，以至于此书写到停笔，尚觉得意犹未尽，还有很多想要说的没有说出。不禁想起日本著名建筑史家伊东忠太在他的《中国建筑史》中说的中国建筑之研究方法，大意是：欲研究中国建筑，必读尽中国全部典籍，而欲读尽全部典籍又实不可能。中国建筑史研究的先驱者刘敦桢先生也讲过类似的话，他当年在中国营造学社担任文献部主任，可谓遍览群书，学富五车，仍然慨叹典籍之不可穷尽。而除古代典籍之外，尚有如此众多的古建筑实物遗存，在这些古建筑上遗存的材料结构的科学信息和造型风格及装饰的艺术信息，都足以让人付出一生的精力。由此可见中国建筑史和古代建筑研究之难，可以说是无人能够穷极。但也正是因为这不可穷极的目标，吸引着研究者们尽全力前行。要是真有这样一天，一切都已明了，人们揭开了全部知识之谜，那科学、文化以及全部人类文明也就失去了前进的动力。然而好在这一天永远也不可能到来，文明的研究者们永远有做不完的事情。

柳肃

2019 年 9 月 30 日

写于长沙岳麓山下